뇌의 가장 깊숙한 곳

The Spiritual Doorway in the Brain
by Kevin Nelson

Copyright ⓒ 2010 by Kevin Nelson
Korean translation Copyright ⓒ 2013 by Bookhouse Publishers Co.

All rights reserved including the right of reproduction in whole or in part in any form. This edition published by arrangement with Gail Ross Literacy Agency, LLC through Milkwood Agency. All rights reserved.

이 책의 한국어판 저작권은 밀크우드 에이전시와 Gail Ross Literacy Agency를 통한 저작권자와의 독점 계약으로 한국어 판권을 (주) 북하우스 퍼블리셔스가 소유합니다. 저작권법에 의하여 한국 내에서 보호를 받는 저작물이므로 무단 전재와 무단 복제를 금합니다.

Image credits:

Images p. 65(down), p. 84(down), p. 95, p. 160, p. 177, p. 195, p. 197, p. 199(up), p. 199(down), p. 209(up), p. 209(down), p. 234 and p. 261. Courtesy the author; Image p. 63. Used with permission of Professor Charles Lieber; Image p. 65(up). Adopted with permission from Zeman, A. "Persistent Vegetative State." *Lancet* 350(1997): 795~799; Image p. 84(up). Adopted with permission from Addis, D. R., M. Moscovitch, M. P. McAndrews. "Consequences of Hippocampal Damage Across the Autobiographical Memory Network in Left Temporal Lobe Epilepsy." *Brain* 130(2007): 2327~2342; Image p. 101(up) and p. 101(down). Damasio, H., T. Grabowski, R. Frank, A. M. Galaburda, A. R. Damasio. "The Return of Phineas Gage: Clues About the Brain from the Skull of a Famous Patient." *Science* 264(1994) ; 1102~1105; Image p. 207. Gazzaniga, M. S., J. LeDoux, *The Integrated Mind*. New York ; Plenum Press, 1978; Image p. 207: Bradford Cannon Papers, 1923~2003, H MS c240. Harvard Medical Library, Francis A. Countway Library of Medicine Boston, Mass. ; Image p. 235. Adopted with permission from Maquet, P., P. Ruby, A. Maudoux, G. Albouy, V. Sterpenich, T. Dang-Vu, M. Desseilles, M. Boly, F. Perrin, P. Peigneux, S. Laureys. "Human Cognition During REM Sleep and the Activity Profile Within Frontal and Pariental Cortices: A Reappraisal of Functional Neuroimaging Data." *Progress in Brain Research* 150(2005): 219~227.

30년간 임사체험과 영적 경험을 파헤친
뇌과학자의 대담한 기록

뇌의 가장 깊숙한 곳

케빈 넬슨 지음 | 전대호 옮김

해나무

도로시 넬슨, 레이먼드 F. 바버라 넬슨을 사랑으로 기억하며

어느 누구보다 소중한 나의 부모님께

차례

머리말 · 9
병상 곁에

물질적 기초

1장 **영적 경험이란 무엇인가?** · 25
공포에서 핀볼 게임과 데이지 꽃밭까지

2장 **세 가지 의식 상태** · 51
영적 각성이 일어나는 자리

3장 **분열된 자아** · 77
어떻게 우리는 나 자신이 존재한다는 거짓 증언을 하게 되는가

통로에서

4장 **임사체험의 다양성** · 119
이야기들

5장 **죽음의 문턱에 이른 뇌** · 151
빛과 피

6장 **오래된 메트로놈** · 189
공포에서 영적 환희로

7장 **꿈과 죽음이 만나는 곳** · 229
무엇이 나올까?

3부

뒷면

8장 합일의 아름다움과 공포 • 273
신비주의자의 뇌 속 깊숙한 곳에서

후기 • 317
새로운 지혜의 탄생

주註 • 324

참고문헌과 자료출처 • 339

감사의 말 • 371

옮긴이의 말 • 374

찾아보기 • 377

:: 일러두기
1. 본문에서 굵은 글씨로 표시한 내용은 원저자가 강조한 것이다.
2. 책과 장편의 제목은 『』로 묶었고, 단편·시·논문·기사명은 「」로, 영화·신문·잡지명은 〈 〉로 묶었다.

머리말

병상 곁에

> "여러분의 원수인 악마가 으르렁대는 사자처럼 먹이를 찾아 돌아다닙니다."
> —베드로전서 5장 8절

내가 이 책을 처음 구상한 것은 30여 년 전 앨버커키의 뉴멕시코 대학 병원에서 신경과 수련의로 일할 때였다. 신경과 수련의는 1년 동안 내과를 담당하는데, 내가 진료한 환자 중에 당뇨병과 심장병을 앓는 조 에르난데스 Joe Hernandez라는 히스패닉계 남성이 있었다. 조는 일생의 대부분을 외딴 남서부 사막에서 노동자로 보낸, 세파에 시달린 흔적이 역력한 사내였다. 우리는 배경이 전혀 달랐지만 금세 친해졌다.

나는 시카고에서 북쪽으로 320킬로미터 가까이 떨어진, 미시건 호반의 보수적인 네덜란드계 개신교 마을 그랜드헤이븐 Grand Haven의 수수하지만 안락한 집안에서 컸다.

청소년 시절 뇌 연구에 매료된 나는 신경학자가 되기 원한다는 사실을 자각했다. 내가 공부하고 싶은 것은 가정의학도, 심장외과학도, 다른 어느 전공도 아니었다. 미시건 주에서 나는, '자아'라고 불리는 생각과 느낌과 지각과 기억의 혼합물을 뇌가 어떻게 통합하는지 연구하는 신생 분야인 행동신경학에 매력을 느꼈다. 행동신경학은 뇌의 특정 부위를 자극하거나 무력화하면 어떻게 되는지를 연구했다. 예컨대 뇌의 오른편이 손상된 뇌졸중 환자는 왜 몸의 왼편을 완전히 망각하는지, 혹은 올리버 색스가 널리 알린 사례에서처럼 남성 환자가 자기 아내를 모자로 착각하는 일이 왜 일어날 수 있는지 연구했다.

그런 연구는 내가 원하던 바였다. 나의 학부 졸업논문은 암컷 쥐의 뇌에서 아주 작은 구역 하나를 화학적으로 자극한 다음에 녀석이 수컷의 교미 시도를 허용하는지 보는 실험에 관한 것이었다. 다른 행동신경학자들과 마찬가지로 나는 특정 행동이 정확히 뇌의 어느 위치에서 어떻게 비롯되는지 알아내고자 했다.

행동신경학자들은 뇌 기능이 기원하는 위치를 알아내는 연구를 통해서 우리가 우리 자신이라고 여기는 그 무엇이 복잡하지만 상당히 연약한 종합 과정이고 그 과정을 뇌가 지휘한다는 것을 밝혀냈다. 무언가가 그 과정을 교란하면, 우리의 실상reality과 자아감은 신속하고도 극적으로 부서진다. 우리 대부분은 우리의 '자아'가 이를테면 레오나르도 다빈치가 그린 모나리자처럼 구체적이고 일관적이라고 여기지만, 신경학자가 보기에 자아는 피카소가 입체파 화풍으로 그린, 그의 애인이자 예술적 영감의 원천인 도라 마르를, 조각난 면들을 얼기설기 모아놓은 혼합물을 더 닮았다. 혹은, 인상파 회화에 비유하자면, 우리 신경학자들은 자아를 모네의 수련과 비슷하다고 여긴다. 얼핏 보면 자아는 정합적인 듯하지만, 자세히 들여다보면 자아의 조화로운 외관이 착각임을 알 수 있다. 먼 곳에서 보았을 때 수련이었던 대상이 실은 연결 없이 띄엄띄엄 떨어진 부분들의 집단인 것이다.

나는 바로 이런 자아의 분열성을 연구하고 싶었다. 뉴멕시코 대학병원 신경과 수련의로서 조를 진료하면서 나 자신이 그런 분열적인 존재라고 느꼈다.

내가 조를 담당한 지 얼마 되지 않았을 때 그는 심각한 심장마비를 겪고 일주일 넘게 집중치료실에 머물렀다. 솔직히 나는 그가 회복하리라고 생각하지 않았지만, 고비를 넘기자 무척 안도했다. 나는 그가 강인한 정신력과 적절한 의료행위 덕분에 살아남았다고 생각했다. 그러나 조는 자신이 생명을 부지한 까닭을 전혀 다르게 설명했다. 퇴원한 조가 얼마 지나지 않아 후속 검진을 위해 나를 찾아왔을 때 그 설명을 들었다.

"선생님, 선물입니다!" 조는 나를 보자마자 대뜸 이렇게 외치면서 사진 한 장을 내밀었다. 정말 실감나게 그린 유화를 촬영한 사진이었는데, 그것은 자화상이었다. 집중치료실에 있는 자신의 모습이었다. 조명이 눈부셨다. 그의 병상 곁에 의료장비들이 놓여 있었다. 정맥 주사약 병이 매달려 있고 관이 그의 양팔에 연결되어 있었다. 조는 그 당시 생사의 갈림길을 헤매는 중이었다. 그런데 그는 자신을 멀쩡히 깨어 있는 모습으로 묘사했다.

그가 누운 병상의 발치에 악마가 서 있었다. 뿔이 나 있고 빨간 망토를 걸친 모습으로. "내 영혼을 가져가려고 왔었어요." 조가 설명했다. "하지만 여길 보세요. 나의 수호천사예요." 후광을 드리우고 날개를 펼친 천사가 악마와 조 사이에 있었다.

"악마가 더 셌어요. 내 영혼을 채가려는 참이었죠. 그때 나의 구세주 예수가 나타났고, 악마는 사라졌어요. 나는 크나큰 안도감을 느꼈어요. 내 건강과 영혼이 안전하고, 내가 지상에서 좀더 살게 되리라는 걸 알았으니까요. 예수가 나를 구하러 왔어요. 선생님, 이건 기적이에요!"

"아마 꿈을 꾼 모양이에요." 나는 최대한 부드럽게 대꾸했다. 나는 조의 임사체험을 신화와 환각의 묘한 혼합이라고 판단했다. 내가 받은 신경과의사 수련에 의거하면 그는 환각을 겪은 것이었다. 그러나 조의 믿음은 굳건했다. 그의 체험은 진짜였다.

그 후 몇 달 동안 나는 조의 그림을 자주 떠올렸다. 나에게 충격적인 것은 그림이 묘사한 체험의 생생함과 강렬함이었다. 그것은 평범한 환영이나 꿈과 뚜렷이 구분되는 점이었다. 나는 풋내기 의사였지만 환각을 겪은 환자들이 나중에 돌이키면서 그것이 환각이었음을 대개 깨닫는다는 사실을 알고 있었다. 그러나 조는 자신의 영혼을 둘러싼 싸움이 집중치료실에서 정말로 일어났다고 확신했다.

모네의 붓질을 융합하여 수련을 지각하는 뇌가, 죽음에 접근한 조가 본 초현실적인 광경의 원천이기도 하다는 것을 나는 알고 있었다. 애송이 신경학자였던 나로서는 피카소의 방식을 모범으로 삼아 조의 영혼을 놓고 싸우는 뇌 과정들을 재구성하는 것이 자연스러운 대응이었다. 조에게 매우 중요했을 종교적 체험은 과연 뇌의 어느 위치의 활동에서 유래했을까?

1970년대 후반의 신경학은 이 질문에 대해서 거의 혹은 전혀 답을 주지 못했다. 왜 그럴까? 나는 궁금했다. 하지만 이런 질문들을 제쳐두고 근육과 신경의 병에 중점을 두는 통상적인 신경과 수련을 받았다. 그러나 세월이 흐르면서 조의 체험이 나에게 지울 수 없는 인상을 남겼다는 사실을 깨달았다. 그 체험이 유발한, 죽음 근처에서의 뇌의 활동에 관한 질문들을 떨쳐낼 수 없었다. 나는 조의 것과 유사한 체험들에 귀를 기울였고, 놀랍게도 신경과학자들과 기타 분야의 존경받는 의사들이 그런 체험을 흔히 접한다는 것을 알았다. 그들은 충격을 받아서 그런 체험을 애써 숨기거나 마지못해 누설하는 경우가 많았다. 마치 그것이 과학과 충돌하는 괴상한 예외이거나 부끄러운 비밀이라도 되는 것처럼 말이다. 나는 막연하나마 언젠가 책으로 엮겠다는 생각으로 그런 체험에 관한 이야기를 모으기 시작했다. 또한 간헐적이고 산발적인 보고가 있긴 하지만 전반적으로 신경과학이 임사체험과 내가 파악하기에 그와 관련된 다른 체험들을 무시하는 이유에 대한 의문도 간직했다. 신경과학은 예컨대 자기 몸을 벗어나는 체험(20명에 한 명꼴로 체험한다), 죽은 친척이나 영적인 스승을 보는 체험, 흔히 신이나 우주와 하나가 되는 느낌과 관련이 있어서 '합일Oneness'의 느낌이라 불려온 충만한 행복감을 무시하곤 했다.

나의 동료들은 뇌에서 영성이 드러나는 방식을 대체로 무시하거나 심지어 조롱했다. 물론 그럴 만한 이유가 있었지만, 신경학이 영적인 세계를 비웃는 경향은 비교적 최근인 20세기 초에 신경학과 정신의학이 별개의 분야로 분리되면서 기원했다(흔히 망각되지만, 프로이트는 신경과의사로 의학 수련을 시작했다). 정신의학은 주관적 체험과 정신을 담당 범위로 삼았고, 신경학과 신경학자들은 오로지 물리적인 뇌에 초점을 맞췄다.

너무나 중요한 인간 경험의 한 부분을 신경과학이 고의로 무시하고 일축하는 것은 내가 보기에 어처구니없는 일이었다. '뇌의 10년'이라 불리는 1990년대에는 특히 그러했다. 그 십년 동안 살아 있는 뇌를 보여주는 기술은 우리가 바라거나 상상하는 정도를 넘어서 폭발적으로 발전했다. 기능성 자기공명영상fMRI과 양전자방출단층촬영PET은 뇌가 말하기, 기억하기, 복잡한 생각, 신체 운동, 섹스, 꿈 등의 과제를 수행할 때 어떻게 작동하고, 활성화하는 부위와 그렇지 않은 부위가 어디인지를 처음으로 볼 수 있게 해주었다. 뇌 기능의 위치를 밝혀내고 주관적 체험에 관여하는 주요 구역들을 밝혀내는 우리의 능력은 비약적으로 발전했다.

조의 그림이 유발한 질문들은 여전히 내 안에 살아 있었다. 임사체험과 기타 영적인 사건들의 바탕에 깔린 물리적 뇌 과정을 탐구할 수 있을까? 경외감, 종교적 환상, 이른바 고양된 혹은 변화된 의식 상태를 경험할 때 뇌의 어느 부분이 활동하는지 알아낼 수 있을까? 종교적 믿음이나 의심의 신경학적 토대는 무엇일까? 수많은 사람에게 삶의 의미와 목적을 제공하는 경험들, 우리의 역사와 문화가 형성되는 데 엄청나게 큰 역할을 한 경험들을 과학적으로 이해하는 데 필요한 수단이 이제 마련된 것이 아닐까?

과학에서 흔히 그렇듯이, 이런 질문들을 나만 궁리하는 것은 아니었다. 비록 신경학자들은 임사체험과 기타 영적 체험에 대한 연구를 꺼렸지만, 다행히 다른 분야의 전문의들은 그렇지 않았다. 순환기내과 전문의와 방사선과 전문의, 암 전문의가 임사체험 중의 뇌 활동에 대해서 과감한 추측을 내놓는 모습을 보면서 나는 씁쓸한 위안과 전문가로서의 우려를 동시에 느꼈다. 그들의 과학 오용이 내가 익히 아는 오해와 신화로 이어질 때, 뇌사 상태에서 기적적으로 온전하게 되살아난 사람이 소개되는가 하면 신의 존재를 증명하고 우리 모두가 사후세계에 이를 것임을 증명하는 임사체험 따위가 거론될 때, 나는 당황했다.

임사체험에 관한 이 모든 열띤 추측이 제기된 배경에 우리가 겪는 문화 전쟁이 있다는 게 우연일 리 없다. 신을 시대착오적 관념으로 생각하고 모든 영적 체험을 위험한 망상으로 여기는 사람들과 종교를 인생의 핵심으로 여기는 사람들 사이의 간극은 갈수록 벌어지고 있다.

이 불미스러운 국민적 드라마를, 보건 담당자, 연구자, 임상의사, 켄터키 대학교 교수의 입장에서 지켜보던 나는 뇌가 어떻게 작동하는지 제대로 아는 신경과학 전문가가 영적 체험의 본성을 긍정적으로 설명하는 시도를 해야 한다는 판단을 내렸다. 조의 체험이 야기한 질문은 내가 수년간 수집한 임사체험 이야기들과 더불어 우리 인간성의 너무나 중요한 한 부분의 배후에 있는 뇌 과정들 중 적어도 몇몇을 파헤칠 실마리가 될 법했다.

당연한 말이지만, 나는 뇌 안에서 신적인 것과 영혼의 위치를 알아내려 한 최초의 인물이 아니다. 그런 노력은 아마도 인간 진화의 여명기에 시작되었을 것이다. 선사시대의 여러 사회에서 두개골에 구멍을 뚫는 수술이 이루어졌음을 보여주는 분명한 고고학적 증거가 있다. 우리는 그런 수술이 뇌와 영적 세계 사이의 관계에 대한 탐구와 관련이 있다고 상당한 정도로 확신한다.

의학의 아버지로 불리는 고대 그리스의 히포크라테스는 훗날 아주 널리 퍼진 생각을 일찍부터 옹호했다. 그것은 영성의 위치가 대뇌피질이라는 생각이다. 대뇌피질은 두개골 바로 아래에 자리 잡은 우리 뇌의 한 부분으로, 크고 주름이 잡혔으며 여러 뇌엽으로 나뉘어 있고 호두처럼 생겼다. 대뇌피질은 뇌에서 가장 나중에 진화했고 가장 고도로 발달한 구조물이며 언어, 기억, 추론, 문제 풀이, 그리고 신경심리학자들이 '실행적 의사결정executive decision-making'이라고 부르는 기능을 담당한다. 이 기능들은 우리를 다른 동물들과 가장 명확하게 구분해준다.

데카르트는 히포크라테스의 생각에 동의하지 않았다. 그는 솔방울샘을 '영혼의 자리'로 지목했다. 그가 보기에 솔방울샘은 우주의 신적이고 비물질적인 측면을 물질적 영역으로 끌어들이는 일종의 변환기였다. 흥미롭게도 현대 신경학은 솔방울샘을 '어둠의 기관organ of darkness'이라고도 부른다. 솔방울샘은 수십억 년 전의 양서류와 파충류에서는 머리 꼭대기에 위치한 빛 감각세포들의 집단, 즉 '제3의 눈'이었지만, 진화 과정을 거쳐 조류와 포유류에서는 두개골 안으로 들어갔고 지금 인간에서는 멜라토닌 생산을 담당한다.

데카르트의 주장에 아랑곳없이 대뇌피질이 '영혼의 자리'라는 편견은 19세기 내내 유지되었다. 신경과학계의 거장이며 현대적인 두뇌 영역 탐구의 아버지인 폴 브로카는 오로지 대뇌피질에만 매달렸다. (대뇌)피질에 대한 강조는 오늘날의 신경과학에서도 여전하다. 그럴 만한 이유가 있다. 대뇌피질은 인간 경험의 수많은 요소를 종합한다.

조가 집중치료실에서 체험한 바를 이해하기 위한 과학적 접근법을 진지하게 모색하기 시작할 무렵, 나는 대뇌피질을 영혼의 자리로 보는 편견을 공유하고 있었다. 그러나 연구 방향이 독특한 탓에 전혀 다른 관점도 견지하고 있었다. 말하자면 피질 바깥을 주목하는 경향이 있었다. 내가 주로 연구하는 것은 자율신경중추들, 특히 감정 및 생존 반사와 밀접하게 연결된, 심장과 폐를 통제하는 뇌 구역들과 과정들이었다. 그 구역들은 피질보다 더 원시적인 부분인 뇌간과 변연계에 있다. 나는 신경학자로서 하향식이 아니라 상향식으로 접근하고 있었던 셈이다. 여담이지만 인간 본성에 다가가는 상향식 접근법은 19세기 미국의 걸출한 철학자이자 심리학자인 윌리엄 제임스에 의해 개척되었지만, 과학의 흐름과 관점이 바뀌는 와중에 대체로 구석으로 밀려난 상태였다. 우리는 『종교적 경험의 다양성 *The Varieties of Religious Experience*』을 쓴 저자이기도 한 제임스를 다시 언급하게 될 것이다. 지금은 내가 뇌간을 연구한 일이 행운이었다는 말만 해두겠다. 고대 중국의 도가 철학에서 뇌간은 '신의 입 Mouth of God'과 동일시되었다. 흔히 하는 말마따나 우연은 준비된 정신의 편이다.

 2003년 여름의 어느 화창한 일요일 아침, 나는 열린 창가에 앉아 정신과의사 레이먼드 무디가 1975년에 출판한 임사체험에 관한 중요한 저서 『삶 뒤의 삶 Life After Life』을 꼼꼼히 읽고 있었다. 그 책의 사례 연구는 임사체험을 통해 천국이나 신, 기타 우리의 물리적 삶의 바탕에 깔린 영적 실재를 어렴풋이 보았다고 느끼는 사람들에 집중되어 있었다. 나는 무디가 제시하는 의학적 사실의 빈약함에 놀라고 실망했다. 물론 그가 판단을 삼가며 전하는 특이한 이야기들을 읽는 재미가 그 실망을 누그러뜨리긴 했지만 말이다. 나는 임상 신경생리학자의 눈으로 이야기를 하나하나 분석하면서 임사체험 도중에 뇌가 어떻게 작동하는지에 관한 단서들을 탐색했다. 마틴 부인의 사례를 읽었을 때, 나에게 특별한 일이 일어났다. 그녀는 뜻밖의 심장정지cardiac arrest를 겪는 동안 체험한 일을 무디에게 이야기했다.

 "나를 돌보던 방사선과의사가 전화기 쪽으로 가는 소리를 들었어요. 그가 황급히 다이얼을 돌리는 소리도 들렸고요. 그가 하는 말을 들었어요. '제임스 박사님, 제가 박사님의 환자 마틴 부인을 죽였어요.' 하지만 난 죽지 않았는걸요. **나는 움직이려고도 하고 사람들에게 내가 살아 있다고 알리려고도 했지만 소용없었어요.**"(강조는 저자가 한 것임) 이 대목을 읽는 순간, 나는 마틴 부인이 조와 마찬가지로 비록 근육은 마비된 것 같았지만 깨어서 주변 세계를 온전하게 의식했다고 이야기한다는 점을 주목했다. 그녀가 마비를 일으키는 약물을 투여받은 상태였다고 믿을 이유는 없었다. 나는 이렇게 자문했다. 그녀가 겪은 급작스럽고 총체적이고 일시적인 마비를 유발할 만한 자연적인 생리 과정은 무엇일까?

불현듯 답이 떠올랐다. 우리는 매일 밤 여러 번 마비를 경험한다. 잠든 우리의 눈이 마치 무언가를 보기라도 하듯 눈꺼풀 밑에서 빠르게 움직이는 때에 말이다. 뇌를 연구하는 사람이라면 누구나 잘 아는 그 기간을 일컬어 '수면의 빠른 안구운동 단계'라고 한다. 우리는 그것을 렘REM 의식 상태라고 부른다.

나는 숨이 가빠졌다. 약간 어지러웠다. 엄청난 흥분을 유발하는 연상들이 일시에 폭포처럼 쏟아지면서 심장이 쿵쾅거렸다. 곧바로 이제껏 수수께끼로 남아 있던 임사체험의 핵심 요소들이 순조롭게 맞아 들어가 퍼즐이 완성되는 것이 보였다.

나는 렘 상태가 마틴 부인의 일시적 마비를 설명해줄 뿐 아니라, 임사체험자를 영원으로 이끌기도 하고 신성을 표현하기도 하는 빛을 대번에 설명해준다는 것을 깨달았다. 그런 빛은 가장 잘 알려진 임사체험의 특징 중 하나다. "빛을 향해 나아간다."라는 진부한 표현은 예나 지금이나 숱한 경외와 풍자의 대상이다.

당시에 내가 잘 알았듯이, 빛은 시각 시스템이 강하게 활성화되는 시기인 렘 상태에 흔히 나타난다. 우리가 렘 상태에 진입하면, 원시적인 뇌간의 깊숙한 곳에서 대뇌피질의 시각 구역으로 전기파동이 전파되어 올라온다. 대뇌피질에는 뒤통수엽이 좌뇌와 우뇌에 각각 하나씩 있다. 뒤통수엽 각각은 크기가 주먹의 반만 한데, 눈에서 이어진 시각 경로가 그곳에서 끝난다.

혹시 임사체험에 단골로 등장하는 빛도 렘 상태에 나타나는 빛과 마찬가지로 똑같은 뇌 부위에서 유래하는 것일까? 죽음이 다가올 때 우리가 렘 마비에 빠지고 우리의 시각 시스템이 자극되어 빛이 나타나고 우리의 뇌에서 꿈꾸기 기능이 활성화되는 것이 아닐까? 의학적인 위기에 직면한 우리가 깨어 있는 상태에서 이 모든 일이 일어난다면 어떻게 될까? 죽음이 다가올 때 렘 의식과 깨어 있음 wakefulness 상태가 뒤섞인다고 가정하면, 임사체험의 여러 주요 특징을 설명할 수 있을 법했다.

나는 렘과 임사체험이 연결되어 있다는 가설을 검증하기 위해 신경생리학자들로 연구 팀을 꾸렸다. 우리는 임사체험을 한 사람들을 대상으로 그때까지 이루어진 최대 규모의 조사를 시행하고, 그들의 수면 경험을 성별과 나이가 같은 다른 사람들의 수면 경험과 비교했다. 우리가 얻은 결과는 과학계의 관심을 모으고 국제 언론의 주목을 받았다.

임사체험을 한 사람들은 일상의 깨어 있는 상태에서 렘 수면의 특징이 불쑥 나타나는 일, 곧 '렘 침입 REM intrusion'도 경험했을 확률이 매우 높았다. 우리가 조사한 사람들의 다수는 깨어 있는 상태와 수면 상태 사이의 이행기에 자신이 일시적으로 마비된 것을 자각하거나 시각적 혹은 청각적 환각을 경험한 적이 있었다(대략 전체 인구의 4분의 1이 렘 침입을 경험한다).

이는 렘 수면과 깨어 있는 상태 사이의 전환을 통제하는 뇌 메커니즘이 임사체험을 한 사람들의 경우에는 무언가 다르다는 것을 의미했다. 그들의 뇌는 렘 수면과 깨어 있는 상태를 곧장 오가는 대신에 두 의식 상태를 분해하여 혼합할 가능성이 높다. 그런 분해와 혼합이 일어나면, 그들은 역설적이게도 깨어 있는 채로 렘 상태에 놓인다. 그들은 빛을 본다. 자기 몸을 벗어났다고 느낀다. 의식이 있지만 움직이지 못한다. 놀랄 만큼 상상력이 풍부한 이야기의 주인공이 된다. 임사체험의 이 모든 핵심 특징을 렘으로 설명할 수 있다.

신경학에서 잘 알려진 대로, 렘과 깨어 있는 상태 사이의 전환을 담당하는 메커니즘의 스위치는 99퍼센트의 시간 동안 렘-켜짐 위치에 있거나 아니면 렘-꺼짐 위치에 있지만, 일부 사람들에서는 드물게 그 두 위치 사이에 놓인다. 바로 이런 일이 피조사자들에서 일어나는 것을 우리는 목격했다.

우리의 연구는 임사체험 중에 뇌가 어떻게 작동하는지에 관한 통찰을 최초로 제공했다. 우리의 가설은 과학적으로 검증할 수 있는 것이었다. 물론 나는 우리 팀의 연구가 도발적이라는 점을 알았지만 그에 대한 대중 언론의 열광에 어리둥절했다. 우리는 누구나 자신의 가장 내밀한 영적 체험에 대해서 알고 싶어 하면서도 타인이 그것에 대해서 하는 말을 신뢰하지 않는 듯하다.

이어질 본문에서 나는 임사체험 및 내가 보기에 그와 관련이 있는 영적 사건들에 대한 현재 진행 중인 연구를 서술할 것이다. 그 사건들은 몸을 벗어나는 체험, 황홀 혹은 해탈의 느낌, 신비로운 '합일', 성자나 죽은 이를 보는 체험이다. 나는 어떻게 원시적인 뇌간과 최근에 진화한 대뇌피질 가운데 가장 오래된 영역인 변연계가 함께 작용하여 다양한 영적 체험을 자아내는지를 보여줄 것이다.

나는 이 연구가 계속해서 논란을 일으키리라 예상한다. 한편으로 렘과 임사체험이 연결되어 있다는 나의 주장은 그러한 체험을 사후세계나 바탕에 숨어 있는 의식의 망web이나 신의 존재의 드러남으로 여기는 이들을 격분시킨다. 그들이 보기에 나의 연구는 못마땅하게도 임사체험을 꿈(즉 실제가 아닌 체험)과 비슷한 것으로 만들어버린다. 다른 한편으로 나의 연구는 일부 완고한 무신론자들을 자극하기도 한다. 왜냐하면 이른바 인간성과 영성을 뗄 수 없게 연결하고, 우리의 합리적인 뇌가 좋아하든 말든 상관없이, 영성을 우리 모두의 불가결한 일부로 만들어버리기 때문이다.

우리의 영적 경험은 본능적인 성격을 띠며 뇌의 가장 원시적인 부분에서 유래한다. 영적 경험은 뇌에서 느낌과 감정을 만들어내는 부위인 변연계와 관련이 있는 듯하다. 나의 연구는 영적 경험과 종교의 비합리성과 원시성을 새로운 시각으로 보게 해준다.

그러나 나는 원시적인 뇌간과 변연계가 영적 경험의 유일하고도 최종적인 출처라고 믿지 않는다. 비록 우리 영성의 토대가 원시적일 수 있더라도, 우리가 영성을 가지고 무엇을 하는지는 또 다른 문제다. 영적 체험에 관한 미래의 신경과학은 원시적인 뿌리에서 나오는 영적 충동과 그로 인해 '더 높은 수준의' 뇌 구역들에서 일어나는 연상과 상상과 생각을 구분하는 데 기여할지도 모른다. 결국 우리는 어떻게 영적인 것이 대뇌피질을 쥐락펴락하는지 이해하기 시작할지도 모른다.

이 책은 시작에 불과하다. 영성과 뇌를 다루는 분야는 이제 막 생겨나는 중이다. 우리 각자는 자신의 힘으로 영적인 의미와 가치를 발견해야 한다. 이것은 우리에게 주어진 가장 큰 과제 중 하나이며 또한 가장 큰 기회 중 하나다. 궁극적으로, 영성의 신경학적 토대를 이해하는 과정은 인간성의 현재적인 의미를 이해하는 데 필수적이다.

물질적
기초

영적 경험이란 무엇인가?
: 공포에서 핀볼 게임과 데이지 꽃밭까지

"일부 사람들이 영혼의 연약한 거처라고 하는 그의 순수한 뇌"
–셰익스피어, 「존 왕」 6막 7장에서 헨리 왕자의 대사

"모든 정신 과정이, 심지어 가장 복잡한 심리 과정들도 뇌의 작용에서 비롯된다."
–에릭 R. 캔델, 신경과학자, 노벨상 수상자

결국 뇌에서 일어나는 일이다. 우리는 영적 체험을 끝내 완전히 이해하지 못할 수도 있다. 영적 체험의 어떤 측면은 철학적인 의미에서 불가지적일 가능성이 있다. 그러나 셰익스피어가 감지했고 에릭 캔델이 단언하듯이, 우리의 영적 경험은 뇌의 작용에 의존한다. 신앙인이든 아니든, 조처럼 그리스도와 악마가 우리 영혼을 놓고 싸우는 장면을 실제로 목격했다고 믿든 아니면 그것을 단지 환각이라고 생각하든, 뇌가 신에 관한 망상을 창출한다고 생각하든 아니면 손 댈 수 없고 절대적인 무언가를 뇌가 수용한다고 믿든, 우리는 뇌가 영적 경험의 장소라는 것에 동의할 수 있어야 마땅하다.

나의 형수 릴라는 영적 경험 중에 뇌가 무엇을 하는지는 그리 중요하지 않을 수도 있다면서, 그 경험이 우리에게 무엇을 의미하는가, 그 경험이 우리 삶에 어떤 영향을 미치는가 하는 점이 중요하다고 지적했다. 형수는 자신의 아버지 잭이 연거푸 심근경색을 겪을 때 그런 생각을 품게 되었다. 잭은 의식이 있는 채로 수술대 위에 누운 직후에 심장정지 상태가 된 적도 있었다.

"아빠한테 들었는데, 아빠는 몸을 벗어났대요. 따스하고 찬란한 빛을 향해 움직이는 느낌이었대요." 릴라가 말했다. "아빠는 아주 편안했고 공포는 전혀 없었대요."

이런 유형의 임사체험을 한 많은 사람과 마찬가지로 흥미롭게도 잭은 그 평온하고 따스한 상태에 머물기를 몹시 원했다고 릴라는 전했다. 잭은 의료진이 심장충격기로 전기충격을 가하여 자신이 되살아나는 광경을 보면서 다시 몸 안으로 끌려들어갔다.

"아빠는 전통적인 의미의 종교를 믿은 적이 전혀 없어요."라고 릴라는 내게 말했다. 이 체험을 한 뒤에 "아빠는 열심히 살았어요. 죽음을 전혀 두려워하지 않고 원하는 것을 그대로 했죠. 교회에는 얼씬도 하지 않았어요. 아빠는 독립적이었고 힘이 넘쳤어요." 그럼에도 잭은 "죽음이 평화로울 것이고 아빠의 심장이 멈췄을 때 경험한 '좋은 에너지'를 다시 만날 것"임을 알기에 큰 위안을 느꼈다.

"정말이지, 뇌가 무엇을 하는지는 중요하지 않아요. 설사 아빠가 체험한 것이 일종의 환상이라 해도, 나는 그저 고마울 따름이에요. 아빠에게 도움이 되었을 뿐더러 아빠가 마지막 순간에 고통스러울 것이라는 나의 염려까지 씻어주었으니까요."

잭은 비록 신앙인이 아니었지만, 가족의 일치된 견해는 그가 영적 체험을 했다는 것이었다. 하지만 그것이 무슨 특징을 지녔기에 영적 체험이라고 하는 것일까? '영적spiritual'이라는 단어는 오늘날 종종 쓰이지만 그 뜻은 쓰는 사람마다 다르다. 이 단어의 어원은 '생명의 숨'을 뜻하는 라틴어 '스피리투스spiritus'다. 숨은 보이지 않는 생명의 힘처럼 우리를 살아 있게 하므로 '생명의 숨'이란 그럴 듯한 표현이다. '영spirit'은 한편으로 살아 있는 '영혼soul'과 동의어일 수 있고 다른 한편으로 세상에 출몰하는 죽은 이의 유령ghost일 수 있다. 또한 용기, 결의, 에너지를 뜻할 수도 있다. 예컨대 "저 서러브레드종의 말은 대단한 영을 지녔어!"라는 표현이 쓰인다. 한편, '그 상황의 영spirit of the occasion'과 같은 표현에서 '영'은 분위기를 뜻하고, '법의 영'과 같은 표현에서는 심층적인 원리를 가리킨다. 또 영어에서 영의 첫 철자를 대문자로 쓴 'Spirit'는 기독교의 성령을 의미한다.

대개 '영적'이라는 단어는, 과학적으로 측정할 수 없지만 우리가 그 존재를 믿고 느끼며 곳곳에서 그 흔적이 나타나는 비가시적인 세계와 우리를 연결해주는 인간성의 여러 측면에 적용된다. 초월적인 것, 혹은 우리를 깊이 감동시키거나 움직여서 우리보다 더 큰 무언가와 연결해주는 어떤 것에 '영적'이라는 술어가 붙을 수 있다. 영적 경험을 이야기할 때 나는 주로 이 마지막 의미, 즉 우리를 초월하는 무언가를 경험한다는 의미에 초점을 맞추려 한다.

신경학자의 관점에서 보면, 다양한 영적 경험과 그것이 뇌에서 나타나는 방식을 이해하는 일은 막막한 과제다. 다음은 내가 여러 해에 걸쳐 영적 경험의 사례를 수집하면서 나 자신에게 던진 질문의 일부다.

무엇이 영적 경험을 촉발할까?
무엇이 영적 경험의 지속 시간을 결정할까?

무엇이 영적 경험의 강도를 좌우할까?

무엇이 영적 경험의 종결을 가져올까?

경험자는 영적 경험에서 무엇을 기억하고 무엇을 망각할까?

영적 경험에 앞서 나타나는 이상 '징후'가 있을까?

일반적으로 영적인 것과 무관하다고 여겨지는 '징후들'—땀 흘림, 통증, 메스꺼움, 시각 및 청각의 변화—이 상당수의 사례에서 나타날까?

영적 경험이 일어날 가능성을 높이는 특별한 자세가 있을까?

이런 질문들은 외견상 다양한 유형의 경험이 일어날 때 뇌 기능의 패턴과 공통점을 포착하도록 요구한다. 이제부터 내가 생각하기에 우리 대부분이 영적 경험이라고 동의할 만한 사례 두 가지를 살펴보자. 이 사례들의 촉발요인은 서로 전혀 다르고 분위기도 두드러지게 다르다. 두 사례는 심리학적 측면, 신경화학적 인과관계, '영성'이 지각된 방식에 있어서 뚜렷하게 대비된다.

공포, 위기, 이어서 깨달음

켄터키 주의 재활의학 전문의 클리프는 내가 영적 경험의 사례를 수집한다는 말을 동료에게서 듣고 나에게 연락을 취하여 자신의 경험을 들려주었다. 그가 진료한 19세 남성 환자는 토요일 밤에 대학생 파티를 즐기고 취한 상태로 걸어서 귀가하던 중에 뺑소니 교통사고를 당했다. 그는 심한 뇌 손상을 입고 혼수상태로 여러 주를 보냈다. 마침내 의식을 되찾았을 때, 그는 부분 마비 증상을 보여 재활치료를 위해 클리프에게 인계되었다.

"그 환자는 결국 충분히 회복해서 도움을 받으면서 거동할 수 있게 되었죠." 클리프가 말했다. "하지만 그의 부모는 아들이 사고를 당한 것에 격노하고 상심했어요. 어떤 이유에서였는지, 회복 과정에서 아들이 겪은 사소한 문제를 꼬투리 삼아 나에게 화풀이를 하고 병원을 상대로 소송을 제기하더군요. 결국엔 소송을 취하했어요. 솔직히 말해서, 이유가 없었으니까요. 저는 잘못한 일이 없다는 걸 알면서도 어쩔 수 없이 그 부모와 여러 차례 만나서 격론을 벌여야 했습니다. 그 자리에서 그들의 변호사가 나를 꽤나 압박했죠. 병원의 법무 팀도 함께 있었고요. 의사로서 제 평판이 위태로운 상황이었어요."

의료진의 간부인 나는 이런 식으로 의사와 환자(또는 환자의 가족) 사이에 위기 상황이 발생하여 중재를 요청받는 일이 자주 있다. 그런 상황이 관련자 모두에게 얼마나 절박하고 위협적일 수 있는지 잘 안다.

한번은 환자 가족과의 면담을 앞두고 아주 심하게 긴장했다고 클리프는 말했다. "심장이 쿵쾅거렸어요. 어지럽고 땀이 났죠. 우리는 환자 가족과 변호사가 나타날 때까지 기다리고 또 기다렸어요. 견디기 힘들 정도로 긴장되더군요. 그러다가 결국 그들이 전화를 걸어서 모임에 참석할 수 없다고 통보했죠. 그러자 정말 기이한 일이 일어났어요. 저는 엄청난 안도감을 느끼며 갑자기 둔주 상태fugue state(일시적 자아 망각 상태 —옮긴이)에 빠졌습니다. 제가 현실에서 분리된 느낌이었어요. 그러더니 난데없이 의심이 몰려들었어요. 과연 신이 존재할까? 나는 이 불확실성을 붙들고 괴로워했어요. 제 의심은 심오한 종교적 느낌으로, 나보다 큰 무언가와 연결된 느낌으로, 내가 실재에 대한 초월적 통찰을 얻었다는 느낌으로, 신이 세계에서 중심 역할을 한다는 깊은 확신으로 이어졌습니다."

클리프는 시력이 "강화"되기라도 한 것처럼 "시야가 밝아졌다"고 말했다. 이 경험이 시작될 때 눈앞의 광경이 "깨끗이 지워졌다"고 그는 표현했다.

그때 클리프는 서 있었다. 주위 사람들은 그가 비정상적인 행동을 보인다는 것을 알아채고 서둘러 그를 다른 방으로 옮겨 의자에 앉혔다. 그는 얼굴이 붉어지고 땀을 흘렸다. 솟구친 혈압이 한동안 떨어지지 않았고 동공이 확대되었다.

클리프는 약 40분 동안 둔주 상태를 "오갔다." 정말 특이한 사건이었다. 전무후무한 경험이었다. 환자가 이례적인 "발작"을 겪고 나면, 그 발작에 영적인 요소가 있든 없든 상관없이 통상 시행하는 신경학적 검사 결과, 클리프의 뇌는 건강했다.

클리프의 경험은 한눈에 보기에도 명백하게 영적인 듯하다. 하지만 왜 그럴까? 클리프가 신을 생각했기 때문은 아니다. 나는 지금 당장 신을 생각할 수 있지만, 그런다고 해서 클리프가 겪은 신앙의 위기와 잇따른 깨달음을 경험하는 것은 아니다. 클리프는 매우 강한 느낌으로 신을 생각했고, 그래서 중요한 통찰에, 신의 본성에 관한 심오하고 내밀한 진실에 도달했다. 이것은 지적인 과정이 전혀 아니었다.

무엇이 클리프의 경험을 일으켰을까? 그 경험은 왜 그런 형태를 띠었을까? 왜 그렇게 전무후무할 정도로 특이했을까? 클리프가 겪은 뚜렷한 생리학적 변화는 그의 뇌에서 일어난 일을 알아낼 중요한 단서다. 변호사들과 함께 병원 회의실에서 법적인 문제를 이야기하는 상황은 초월적 경험과 어울리지 않아 보일 수도 있다. 아래층의 집중치료실, 조와 같은 환자들이 병상에 누워 생사의 갈림길을 헤매는 곳이야말로 영적 경험이 일어나기에 적합한 장소로 여겨질 수도 있다. 그러나 뇌에서 영적 경험이 일어나느냐 마느냐는 얼마나 큰 위험이 닥치느냐에 달려 있는 것이 아닐지도 모른다. 오히려 갑작스럽게 공포를 느끼거나 해소되는 과정이 핵심 요인일 수도 있다.

종교를 믿는 독자는 이 대목에서 이렇게 반응할지도 모른다. 글쎄요… 신이 그 순간을 선택했다는 것이 핵심 요인 아닐까요? 물론 그럴 수도 있겠지만, 만일 어떤 패턴이 존재한다면, 바탕에 깔린 원리를 파헤치고 알아내는 일이 과학자의 임무다.

영적 경험의 예를 하나 더 살펴보자. 이 체험은 클리프가 겪은 경험의 요인일 법한 조건과는 사뭇 다른 조건에서 발생했다. 일부 독자는 이 체험의 진정성을 의심할지도 모른다.

핀볼과 절대적인 힘

내가 뉴멕시코 대학교에서 신경과 전공의로 일할 때 함께 근무한 데이브라는 수련의가 있다. 데이브는 순환 근무 중에 신경과에 와 있었다. 수련 과정의 일환으로 데이브는 신경과 환자를 돌보는 법을 배워야 했고, 나는 선배 전공의로서 그를 가르치고 감독할 책임이 있었다. 우리는 때때로 일찍 업무를 마치고 간호국에 앉아 커피를 마시며 환자나 스포츠 혹은 자연스럽게 간호사들에 대해서 이야기를 나눴다.

어느 날 우리의 대화는 예상 밖으로 흘러갔다. 왜 그랬는지는 확실히 기억나지 않지만, 나는 그 유능하고 젊은 수련의에게 내가 영적 경험의 사례를 수집하고 있다고 말했다. 내가 임상의사로서 객관적인 태도를 견지하리라고 느껴서인지, 데이브는 이상한 이야기로 들리겠지만 자신이 학부생 시절에 영적 경험이라고 생각되는 일을 겪었다고 말했다. 5월의 어느 금요일, 그가 공부를 막 마치려는 때에 앨버커키에서 남쪽으로 130킬로미터쯤 떨어진 소코로의 뉴멕시코 공과대학에 다니는 친구 윌이 찾아왔다.

"윌은 이미 학기를 끝낸 뒤여서 우리 둘 다 파티를 즐길 형편이 되었죠." 데이브는 약간 멋쩍은 듯이 고백했다. "우린 LSD를 조금 집어넣고 대마초도 좀 피웠어요. 그런 다음 거리로 나가서 핀볼게임장에 갔어요. 잠깐 다른 게임으로 몸을 푼 다음에 우리가 제일 좋아하는 기계로 다가갔지요."

데이브는 머뭇거렸다. 나는 중요한 의학적 사실이 전혀 예상하지 못한 곳에서 아주 이례적으로 발견되는 경우가 많다는 말로 그를 안심시켰다. 데이브가 내 관심의 진정성을 느끼고 말을 이었다. "핀볼 기계는 벽에 매달려서 쿵쾅거리는 대형 스피커 바로 밑에 있었어요. 기계는 조종간이 여러 개 있고 공을 쳐올리는 노처럼 생긴 장치는 두 개, 공은 한꺼번에 여러 개가 나올 수도 있었어요. 윌은 조종간으로 노를 움직이고 기계를 조작해서 묵직한 은색 구슬이 밑으로 떨어지지 않고 게임이 계속되도록 했어요. 구슬이 이리저리 돌아다니면서 목표물을 맞추자 점수가 올라갔지요. 그러다가 기계가 두 번째 구슬을 내놓자, 게임이 화끈 달아올랐어요. 머리 위 스피커는 록밴드 후가 부른 「다시는 속지 않을 거야 *Won't Get Fooled Again*」를 토해냈고요. 그때 정말 이상한 일이 벌어졌어요. 구슬 두 개가 피트 타운센드의 파워코드 연주에 정확하게 박자를 맞춰서 완충장치와 노 사이를 오가더라고요."

간호사들은 업무에 바빴지만, 이야기를 하면서 들뜬 데이브의 모습을 한두 명이 호기심 어린 표정으로 바라보았다. 그는 목소리를 낮춰서 말을 이었다. "윌은 기타 독주와 똑같은 박자로 노를 움직여서 계속 구슬을 살렸어요. 그 놀라운 일치는 로저 달트리가 '옛 두목과 똑같은 새 두목을 만나'라는 구절을 노래할 때 절정에 도달했어요. 그 가사를 듣는 순간, 저는 순간적으로 우주를 지배하는 절대적이고 무한한 힘 안으로 휩쓸려 들어가는 느낌에 압도되었어요. 모든 것을 지배하면서 결코 변화하지 않는 '두목'…"

"그 경험이 얼마나 지속되었죠?" 내가 물었다.

"한 3초 정도요. 구슬은 쏜살 같이 돌아다녔어요. 그러다가 노래가 끝남과 동시에 두 노 사이로 빠져버렸지요. 우리는 서로를 바라봤어요. 우리가 방금 특이한 사건을 목격했다고 느꼈으니까요. 윌도 저처럼 절대적인 힘과 진실을 경험했는지는 모르겠어요. 하지만 노래와 구슬의 리듬이 놀랍도록 조화를 이룬 것은 윌도 알아챘어요."

"지금 돌이켜보면 그 경험의 정체가 무엇인 것 같아요?"

"잘 모르겠어요. 하지만 제가 무언가 특별한 것과 마주쳤다는 점만큼은 분명해요. 지금도 나는 그것이 심오한 진실이라고 느껴요."

겉보기에 얌전하기 그지없는 데이브에게 그런 과거가 있으리라고 짐작하는 사람은 아무도 없었을 것이다. 그는 옷차림과 태도가 의사다웠다. 내가 보기에 그는 신뢰할 만하고 성실했다. 나는 이야기를 들으면서 거의 반응하지 않았다. 이야기를 받아들이고 정보를 수집하는 데 집중했다. 그가 나에게 아주 사적인 경험을 털어놓은 것이니까 내가 더 많은 논평을 해야 했다는 생각은 그날 나중에야 들었다.

구슬의 운동과 음악 사이의 박자 일치가 실제가 아니었다고 가정해 보자. 데이브는 구슬의 운동, 음악, 가사의 일치를 통해 무언가 특별한 것과 마주쳤다. 그 일치는 약물에 의해 변형되어 초월적인 무언가가 되었다. 당시의(또는 현재의) 신경과 동료들이 데이브의 이야기를 들었다면, 그의 경험이 약물에 의해 유발되고 신경화학적으로 강화되었을 가능성이 높은데도 진정한 영적 경험으로 인정했을까? 영적 경험의 진정성을 평가할 때 '인위적인' 요인이나 강화 물질을 중요하게 고려해야 할까? 아니면, 나의 형수 릴라의 의견대로 중요한 것은 오로지 초월적인 경험 그 자체일까?

'주관적' 과학의 부흥

나는 임상의사의 시각으로 데이브와 클리프의 경험에 접근했다. 두 사람 다 조처럼 "다른 세계"로 옮겨지거나 전형적인 인물들을 보지는 않았다. 그들은 잭이 본 "빛"을 경험하지 않았다. 그들의 사례는 정황이 다르지만 당사자가 의식을 가지고 서 있을 때 발생했다는 점에서는 일치한다. 또한 그들은 둘 다 자신을 능가하는 강력한 무언가를 느꼈다.

그리스인들, 특히 히포크라테스는 임상 관찰을 중시했다. 오늘날의 의사와 마찬가지로 그들은 환자가 자신의 증상에 대해서 하는 이야기를 귀 기울여 듣고 부상이나 병의 징후를 찾기 위해 환자의 몸을 검사했다. 그들은 사례를 수집하고 정리하고 분류했다. 임상 관찰은 2000년 동안 서양의술의 기초였다.

병을 탐구하고 이해하기 위한 방법으로서 임상 사례 연구는 19세기에 절정에 이르렀다. 신경학 개척자들이 오늘날 우리가 아는 수많은 뇌 질환을 최초로 근대적으로 기술하기 위해 쓴 글을 읽노라면 때때로 그들이 동시대의 소설 속 인물 셜록 홈즈를 빼닮았다는 생각이 든다.

존 헐링스 잭슨은 런던에서 복잡한 간질 발작과 그 자신이 "몽환적 상태dreamy states"라고 명명한 변화된 의식을 연구했다. 장–마르탱 샤르코가 파리의 거대한 정신병원에서 신경학적 병의 사례를 수집하여 기술한 유명한 글에 이끌려 젊은 지그문트 프로이트는 빈을 떠나 파리로 왔다. 샤르코의 '히스테리' 사례들은 결국 프로이트로 하여금 심리학적 정신을 연구하도록 이끌고 신경학과 밀접한 관련이 있는 정신의학 분야를 발견하게 했다(오늘날 미국에서 정신과의사와 신경과의사는 동일한 직능 조직인 '미국 정신의학 및 신경학 위원회American Board of Psychiatry and Neurology'의 지시를 따른다). 파리의 또 다른 유명 신경학자 폴 브로카는 자신의 환자 '탄'에 대한 상세한 연구를 통해 좌뇌가 구어口語를 담당한다는 사실을 발견했다. 브로카의 환자는 실제 이름이 르보르뉴Leborgne이지만 자신의 이름을 대라는 요구를 받으면 "탄"이라는 말만 할 수 있었기 때문에 '탄'이라는 이름으로 알려졌다.

임상 서술은 최근까지도 크게 쇠퇴한 상태였다. 현대 의학은 병의 메커니즘, 개관적 데이터, 기술을 중시하며 최근까지만 해도 환자로부터 거리를 두는 경향이 있었다. 역설적이게도 오늘날 신경과학에서 환자의 경험이 다시금 주목을 받는 것은 기계 덕분이다. 특수한 MRI 스캐너*는 살아서 작동하는 뇌를 영상화한다. 이 장비는 뇌의 특정 영역이 활동하면 그곳으로 흘러드는 혈류가 증가하는 것을 기본 원리로 삼아서 그런 혈류 증가를 아주 정밀하게 보여준다.

이런 MRI 영상은 정말 대단할 수 있지만, 그것의 한계를 간과하지 말아야 한다. 중요한 뇌세포 활동의 상당 부분은 혈류 변화를 동반하지 않는다. 세포 집단—예컨대 영적 경험에 중요하게 관여하는—은 MRI 영상에 기록되지 않을 정도로 작을 수도 있다. 또한 MRI 스캐너는 활동을 멈추거나 억제당한 뇌 부위를 포착하지 못할 수 있다. 활동 정지나 억제는 우리 뇌의 기본적인 작동 방식 중 하나인데도 말이다.

MRI 영상이 촬영되는 바로 그 순간에 연구 대상자나 환자가 무엇을 생각하거나 느끼거나 꿈꾸는지를 신경과학자가 오해하면 어떻게 될까? 매리 헬렌 임모르디노-양과 그녀의 동료들은 MRI 기술로 존경과 연민의 감정을 탐구했다. 스캔이 진행되는 가운데 피연구자들은 존경과 연민을 불러일으키기 위해 선정한 실제 이야기를 들었다. 그러자 뇌의 특정 부분들에서 활동이 나타났다. 그러나 피연구자가 실제로 존경과 연민을 느끼고 그 느낌을 연구자에게 신뢰할 만하게 보고하지 않는다면, MRI 영상은 무의미할 것이다.

로스앤젤레스 소재 캘리포니아 대학교의 샘 해리스, 사미어 셰스, 마크 코언은 믿음, 불신, 망설임을 담당하는 뇌 회로를 탐구하기 위해 비슷한 실험을 했다. 피실험자들은 수학, 자신의 과거, 종교적 주제에 관한 질문을 받고 대답했다. 그러는 동안에 활성화된 뇌 구역들 중 하나는 자기지각self-perception에서 중요한 역할을 하는 앞이마엽이었다. 흥미롭게도 뇌의 기본 상태는 믿음이다. 어떤 진술을 듣고 그것이 참이라고 판단할 때보다 그것이 거짓이라고 판단할 때 더 많은 뇌 활동이 필요하다.* 연구 팀은 신과 동정녀 탄생에 관한 질문을 받았을 때 비기독교인의 앞이마엽보다 기독교인의 앞이마엽에서 더 강한 신호가 발생한다는 사실을 발견했다.

물론 신경학자들은 믿음에 대응하는 뇌 구역이 발견되리라고 예상한다. 그러나 뇌는 비종교적 믿음을 처리할 때와 동일한 방식으로 종교적 믿음을 처리할까? 모세가 시나이 산에서 십계명을 받았다는 믿음과 애플 컴퓨터가 델 컴퓨터보다 우수하다는 믿음은 뇌의 입장에서 서로 다르지 않을까?

이런 연구 결과들은 매혹적이지만, MRI 스캐너에 머리를 넣은 피연구자가 자신의 주관적 경험을 신뢰할 만하게 보고할 때 그리고 오직 그럴 때만, 참이다. 존경, 연민, 믿음, 불신뿐 아니라 영적 경험과 관련해서도 마찬가지다. MRI 영상이 촬영되는 바로 그때 피연구자가 진정한 영적 경험을 하는 중이라고 확신할 수 있어야만, 그 영상에서 관찰되는 활동이 유의미하다고 생각할 수 있다. 그런 확신을 하려면 영적 경험을 정확하게 식별하고 측정해야 한다.

신경학자가 영적 경험에 대해서 생각하고 글을 쓰는 일이 좀처럼 없기는 하지만, 그런 경우에 거의 한결같은 출발점은 윌리엄 제임스가 멈췄던 지점이다. 심리 관찰 솜씨가 절정에 이르렀던 19세기의 인물인 제임스는 지금도 심리 관찰의 거장으로 꼽힌다.

영적 경험, 혹은 종교적 경험?

1902년에 출판된 『종교적 경험의 다양성』의 저자 윌리엄 제임스는 특별한 미국 가정의 맏아들이었다. 아버지 헨리는 부유하고 영향력이 센 19세기 지식인이자 신학자*였다. 동생 헨리 제임스는 위대한 미국 소설가였고, 윌리엄의 대부는 랄프 왈도 에머슨이었다.

윌리엄은 의사였지만 환자를 진료한 적은 한 번도 없다. 그는 글을 쓰고 하버드 대학교에서 가르치는 일을 직업으로 삼았다. 그가 가르친 학생들 중에는 시어도어 루스벨트, 조지 산타야나, 거트루드 스타인, 그리고 월터 B. 캐넌도 있었다. 곧 보겠지만 캐넌은 치명적 위기의 생

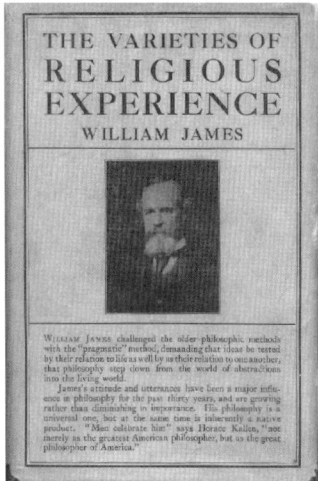

미국의 심리학자·철학자인 윌리엄 제임스(왼쪽)의 저서 『종교적 경험의 다양성』(오른쪽)은 종교적이고 내적인 경험들을 다룬 종교심리학 연구서다.

리학을 발견한 과학자다. 이 생리학은 임사체험의 생물학에서 결정적으로 중요하다. 제임스는 호기심과 과감한 실험 정신을 앞세워 당대 과학자들이 흔히 무시한 (종교와 영성 등의) 주제들을 탐구했다. 그는 현대적인 의식의 개념에 중요한 영향을 미쳤다. 실제로 신생 과학인 심리학과 제임스 조이스, 버지니아 울프, 윌리엄 포크너를 비롯한 모더니즘 작가들에게 근본적인 영향을 미친 '의식의 흐름'이라는 용어를 만들어낸 사람이 바로 제임스다.

과학과 영성에 관한 제임스의 많은 생각은 지금도 신경과학의 토대를 이루고 있다. 특히 중요한 것은 『종교적 경험의 다양성』이다. 신경학과 정신의학에 모두 정통한 마이클 트림블은 이 책을 "역사를 통틀어 가장 의미심장한 종교심리학 연구서"로 칭한다. '종교와 신경학'이라는 제목이 붙은 첫째 장은 일찍이 제임스가 뇌와 영적인 것 사이에 중요한 관계가 있음을 알아챘다는 사실을 보여준다. 제임스의 동시대인 대부분은 과학자와 심령론자spiritualist를 막론하고 이 관계를 탐탁지 않게 여겼다. 제임스가 책의 제목을 '영적 경험의 다양성'이 아니라 '종교적 경험의 다양성'으로 지은 것은 적어도 부분적으로는 자신이 다루는 주제를 19세기의 무당들과 이른바 초능력자들이 주도한 대중적인 '심령론' 운동과 차별화하기 위해서였을 가능성이 높다. 당시에 심령론은 숱한 사기꾼의 터전이었다.* 실제로 제임스도 최고의 무당들이 연 강령회에 참석했다. 무당들이 보이지 않지만 실재하는 우주로, "우리의 일상적인 의식이 마주하는 세계보다 더 넓은 존재의 세계"로 통하는 "잠재의식의 문subliminal door"을 여는지 직접 보고 싶었기 때문이다.

오늘날 사람들이 개인적인 경험을 이야기하면서 '영적'이라는 단어를 쓰면, 대개 그 뜻은 제임스가 쓴 '종교적'이라는 단어와 같다. 역사적으로 볼 때, 오늘날 영적 경험이라고 불리는 것의 대부분은 기성 종교의 테두리 안에서 일어났다(예컨대 '영spirit'이라는 단어는 유대교-기독교 경전의 곳곳에 등장한다). 그러나 19세기 후반과 20세기 초에 세속주의가 득세하면서, '영적'이라는 단어는 기성 종교의 테두리를 벗어난 뜻을 얻었다.

이 책에서 '영적'이라는 단어는 사회적 맥락과 상관없이 개인의 직접 경험에 붙는 술어다. 영적인 것과 종교적인 것을 구분하기는 어려울지 모르지만, '종교적'이라는 표현을 사회적 맥락 안에(이를테면 전통과 관습과 교리와 신조가 있는 조직 안에) 있는 개인들의 집단에 한정해서 사용하기로 하면, 우리는 개인의 뇌와 관련한 영성에 초점을 맞출 수 있을 것이다.

그럼 개인이 겪는 영적 경험의 본질은 무엇일까? 윌리엄 제임스가 보기에 그것은, "무엇이든 본인이 신적이라고 여길 만한 것"과 본인이 접촉했다고 해석하는 개인의 "느낌, 행위, 경험"이다. 이 정의는 포괄적이고 또한 개방적이다. 사람마다 이 정의의 뜻을 다르게 이해할 수 있다.

그러나 영적 경험의 암묵적이고 본질적인 특징은 그 경험이 오로지 개인의 것이며 타인과 직접 공유할 수 없다는 데 있다. 집단의 구성원들이 동시에 황홀 상태에 도달할 수도 있겠지만(예컨대 개신교 부흥회에서, 또는 여러 데르비시^{dervish}[예배 때 특별한 춤을 추는 이슬람교 금욕주의자 – 옮긴이]가 함께 맴돌이 춤을 출 때) 그런 경우에도 개인의 경험은 그 자신만의 것이다. 이런 개인적 경험들은 종교 조직의 구조, 교리, 신조에 영향을 미친다. 제임스에 따르면, "모든 교회의 창시자는 애초에 그가 신적인 상대와 개인적으로 직접 소통한다는 사실에서 권력을 얻었다."

이 같은 통찰은 1960년대에 유명한 정신과의사 에이브러햄 매슬로우에 의해 다시 강조되었다. 영적 경험을 "절정^{peak} 경험"이라고 표현한 매슬로우 역시 모든 종교의 핵심은 "극도로 예민한 예언자나 선각자의 사적이고 외롭고 개인적인 통찰, 깨달음, 혹은 황홀경"이며 "기성 종교는 절정 경험을 비경험자들에게 전달하려는 노력, 그들을 가르치려는 노력이라고 할 수 있다."고 생각했다. 여담이지만 매슬로우는 1960년대 초에 미국인들이 종교와 종교 활동을 격리시키고 그것들을 영적 경험과 구별했다고 지적했다.

그렇다면 개인의 영적 경험의 본질은 무엇일까? 제임스는 융통성 있는 기준을 다양하게 제시했다. 그는 모든 영적 경험의 공통점을 엄밀하게 정의하기 위해 사례들을 연구하면서 "패턴의 단초가 된" 개인의 "원천 경험"에 초점을 맞췄다. 주로 당대 종교심리학자들*이 기록한 영적 경험들을 살피면서 모범의 구실을 한 사례들을 찾았다. 부모에게서 전

수받거나 타인에게서 들은, 기성품과 마찬가지인 영적 지식과 믿음, 그러니까 기성 종교의 신조라고 할 만한 것에는 관심을 덜 기울였다.

악명 높은 사례

『종교적 경험의 다양성』에 등장하는 한 사례는 당대에 악명이 높았다. 제임스가 보기에 그 사례는 모든 영적 경험의 "뿌리이자 중심"이라고 그가 믿게 된 유형을 생생하게 보여주었다.

존 애딩턴 시먼즈는 빅토리아시대의 저명한 예술사학자이자 르네상스 학자였다.* 그는 자신의 생애에 관한 글에서 젊은 시절에 경험한 특이한 몽환적 상태를 기술했다. 그것은 "특성상 최면 상태에 가까웠다."

> 책을 읽을 때, 또 내 생각엔 나의 근육들이 멈춰 있을 때는 항상, 나는 그 기분이 다가오는 것을 느꼈다. 그 기분은 나의 정신과 의지를 불가항력적으로 점령하고 영원과도 같은 시간 동안 지속되다가 빠르게 연쇄되는 감각들을 남기고 사라졌다… 우주는 형태가 없어지고 내용이 공허해졌다. 그러나 자아는 놀랄 만큼 생생하고 예민한 상태를 유지했고 가장 통렬한 의심을 느꼈다… 그 다음엔? 종결이 다가온다는 불안감, 이 상태가 의식 있는 자아의 마지막 상태라는 섬뜩한 확신, 내가 존재의 마지막 실오라기를 따라 심연의 가장자리까지 왔고 영원한 마야의 환상을 들춰냈다는 느낌… 평범한 감각적 존재로의 회귀는 내가 처음으로 촉각을 회복하면서 시작되었다… 마침내 나는 나 자신이 인간임을 다시 느꼈다.

시먼즈의 영적 경험에는 "병을 시사하는 무언가가 확실히 있다"고 제임스는 지적했다. 이 견해는 시먼즈 자신이 부추긴 것이기도 했다. 그는 평생 실재적이거나 허구적인 질환에 시달렸고 의사가 원인을 알아내지 못한 편두통을 (때로는 아름답게) 묘사했다.

시먼즈는 자신의 "무아 상태trance"가 어디에서 기원하는지를 놓고 번뇌했다. 그는 정상적인 정신 상태와 고조된 무아 상태 중에서 어느 것이 실제인지 확실히 판단할 수 없었다. 그러나 이 "발작"은 일상적인 의식의 배후에 보이지 않는 세계가 있다는 것을 그가 항상 느끼는 데 도움이 되었다.

제임스는 시먼즈의 경험이 중요하고 신뢰할 만한다고 여겼지만, 당대의 다른 유력자들은 시먼즈의 "기분"을 훨씬 더 부정적인 시각으로 보았다. 대단히 존경받은 영국 신경학자 제임스 크라이턴–브라운 경은 유력 의학저널 『랜싯Lancet』에 실린 「몽환적 정신 상태에 관한 캐번디시 강의」에서 시먼즈의 "생애는 커다란 영적 비극으로 묘사되었다. 보아 하니 정말로 그랬던 것 같다. 그를 심하게 괴롭힌 이 몽환적 정신 상태에 의해 그의 최고 신경중추들이[뇌가] 다소 쇠약해지거나 손상되었으니까 말이다."라고 썼다.

시먼즈의 '정신 상태'에 대한 크라이턴–브라운의 평가는 얼핏 느껴지는 정도보다 더 악의적인 것이었다. 그가 선택한 '몽환적dreamy'이라는 용어는 당대에 존 헐링스 잭슨이 변연계 혹은 감정계emotional system에서 발생하는 간질 발작을 기술하기 위해 사용한 용어였다. 크라이턴–브라운은 "말라죽게 하고 불구로 만들고 파괴하는 병"인 간질이 시먼즈에게 "영구적인 흔적 혹은 오점"을 남겼다고 주장했다.

오늘날 우리는 뇌의 변연계에서 비정상적인 전기 활동이 일어나면 시먼즈가 묘사한 증상들이 발생할 수 있음을 안다. 그러나 시먼즈가 실제로 간질을 앓았다는 결론을 내릴 필요는 없다. 그의 경험이 간질이나 뇌 손상에서 비롯되었음을 시사하는 증거는 없다. 시먼즈는 "무아 상태"를 겪던 시기에 탁월한 학문적 성과를 인정받아 여러 상을 받았다. 특히 권위 있는 영어 에세이 총장상 Chancellor's English Essay 수상은 그가 국제적인 학자로 첫발을 내딛는 계기가 되었다. 시먼즈의 경험에 대한 크라이턴–브라운의 견해는 뇌에 관한 현대적 지식을 갖춘 신경학자가 영성을 다룬 최초의 사례들 가운데 하나이지만 안타깝게도 나쁜 사례다.*

시먼즈의 '오점'과 영적 경험의 진정성에 대한 크라이턴–브라운의 인신공격성 비난이 실은 다른 이유에서 비롯된 것이었을 수도 있다. 시먼즈는 동성애를 옹호하는 글을 (「남성의 사랑 Male Love」이라는 제목의 글을 포함해서) 여러 편 발표하여 거센 논란을 일으킨 인물이었다. 크라이턴–브라운이 시먼즈에 대해 품은 견해의 이면에 무엇이 있는지 우리는 모르지만, 빅토리아시대의 영국을 발칵 뒤집어놓은 시먼즈의 공공연한 동성애가 잘 알려진 그의 '무아 경험'과 더불어 그를 조롱과 비난의 대상으로 만들었다는 것은 분명한 사실이다.

데이지 꽃밭

자신의 영적 경험을 털어놓는 것은 오늘날에도 여전히 위험한 행동이다. 이 사실은 나의 연구와 임상 경험에서도 드러난다. 많은 경우에 사람들은 영적 경험을 뇌의 장애나 광기, 또는 적어도 정신 건강의 쇠퇴를 시사하는 해괴한 사건으로 여긴다. 실제로 (우리가 나중에 보겠지만) 영적 체험이 신경학적 병과 관련이 있을 때도 있다. 클리프는 둔주 상태를 겪은 후에 신경학적 검사를 받았고, 시먼즈는 빅토리아시대 영국에서 환자를 진료한 극소수의 신경학자 중 한 명의 관심을 받았다. 뇌에 장애나 병이 있으면 병적인 경험이 일어나기 마련이고, 병적인 영성을 원하는 사람은 아무도 없다.

 영적 경험을 겪은 뒤에 나에게 온 많은 사람은 자신에게 일어난 일을 과학적으로 이해하기를 바랐다. 소아과의사 신시아는 나와 나의 연구팀이 임사체험에 관한 연구 결과를 출판한 후에 들뜬 마음으로 나에게 연락을 취했다. 그녀는 첫째 아이를 임신했을 때 심한 요로감염증에 걸려 응급실에 들어왔다. 그녀는 들것 위에 누운 채로 쇼크 상태에 빠졌고 혈압이 급강하했다. 의사들이 되살릴 때까지 잠깐 동안 그녀는 널브러져 있는 자신의 몸을 내려다보았다.

 신시아는 외향적이며 일류 대학 의료 센터의 팀장이다. 나는 임사체험에 관한 텔레비전 다큐멘터리 제작에 협조해달라는 요청을 받았을 때 그녀가 적임자라고 생각했다. 그러나 신시아는 요청을 거절했다. 신체 이탈 경험을 공개하면 사람들이 의사인 자신의 능력과 정직성을 의심할지도 모른다고 말했다.

 하지만 모든 사람이 자신의 임사체험을 숨기는 것은 아니다. 내가 다큐멘터리를 위해 신시아와 접촉한 그 주에 어느 여성 환자는 나와 처음 만난 자리에서 다음 이야기를 들려주었다.

 파울라가 스물두 살이었을 때 가장 친한 친구의 남편이 그녀에게 마약을 먹이고 때리고 강간한 다음에 방치했다. 그녀는 머리에 심한 부상을 입고 혼수상태로 여러 달을 보냈다. 의료진은 그녀가 죽을 것이라고 생각했으나 시간이 흘러 사망 가능성이 줄어들자 혼수상태에서 깨어나지 못할 것이라고 보았다. 그렇게 희망이 거의 없는 회복 기간을 보내던 중에 파울라는 임사체험을 했다.

"천국에 갔었어요. 밝은 빛이 보이지는 않았어요. 제가 어떻게 거기로 옮겨졌는지도 몰랐죠. 하지만 제가 천국의 문 앞에 서 있더라고요. 제가 정말 사랑하는 포포 할아버지가 저를 마중 나왔어요. 할아버지가 말하기를, 너는 돌아가야 한다고, 아직 때가 아니라고, 네가 돌아가지 않으면 어머니가 '곧 죽을' 거라고 했어요. 우리는 반짝이는 데이지 꽃으로 뒤덮인 들판을 함께 걸었지요."

파울라는 자신이 언제 어떻게 천국에서 돌아왔는지는 기억하지 못했다. 이 체험은 회복 기간의 초기에 이루어진 것이 분명하다. 언젠가 의료진이 안구를 돌려서 물체를 보라고 하기에, 그녀가 그러려고 했지만 할 수 없었던 때가 있는데, 그녀가 기억하기에 이 체험은 그때보다 더 먼저 일어났으니까 말이다.

우리가 만났을 때 파울라는 혼자 살고 있었고 약혼자가 있었다. 그녀가 나에게 온 이유는 뇌 손상의 후유증으로 남은 다리 경직 증상을 다스리는 방법을 알기 위해서였다("나는 고작 스물다섯 살인데 걷는 꼴은 여든 살 할머니 같아요."라고 그녀는 말했다). 신경학적 검사를 해보니, 심각한 뇌 손상의 잔재와 더불어 내가 품은 가장 궁금한 질문의 답을 발견할 수 있었다. 왜 그녀는 자신의 부상과 회복에 관한 내밀한 이야기를 처음 만난 나에게 자세히 들려준 것일까? 그녀가 그토록 빨리 나를 신뢰하게 된 이유는 명백했다. 검사 결과는 그녀의 이마엽이 손상되었음을 시사했다. 이마엽은 사회적인 금지와 억제를 담당한다. 우리가 성숙하면 이마엽에 의해 억압되는 유아 반사들infantile reflexes*이 있다. 나는 그녀에게서 그런 유아 반사가 나타나는지 여부를 면밀히 검사했다. 파울라에게서는 유아 반사가 날것 그대로 나타났다. 이것은 이마엽이 손상되었음을 보여주는 추가 증거였다. 이로써 수수께끼는 풀렸다.

대개 환자들은 의사를 신뢰하더라도 자신의 영적 경험을 털어놓지는 않는다. 우리는 죽은 친척과 함께 데이지 꽃밭을 거닌 경험에 대해서 발설하기를 꺼린다. 그 경험이 아무리 경이롭고 중요하고 겉보기에 명백하더라도 말이다.

그러나 때로는 난처한 이런 경험들이 공통으로 지닌 더 근본적인 특성들은 무엇일까? 신시아와 파울라를 비롯한 많은 사람은 거의 모두 뇌에 문제가 있을 때, 그러니까 뇌가 최상의 상태가 아닐 때 영적 경험을 했다. 그럼에도 그들에게 일어난 일이 남긴 영적인 효과는 영속적이다. 신경학자라면 이를 간과할 수 없기 마련이다.

제임스는 영적 경험의 진정성을 의심하는 사람들에게 아주 명쾌하게 대꾸한 바 있다. "뿌리가 아니라 열매로 그것의 정체를 알게 될 것이다."라고 그는 썼다. 다시 말해, 영적 경험은 그것을 일으키는 원인이 아니라 그것이 우리에게 미치는 효과의 깊이로 평가해야 한다는 것이다.

네 가지 특성

제임스는 시먼즈가 겪은 것과 유사한 다양한 영적 경험이 병에서 유래했는지 여부와 상관없이 아주 중요하다고 여겼다. 왜냐하면 그런 경험은 개인의 삶을 바꿔놓을 뿐더러 종교 창시의 계기가 될 수 있기 때문이다. 그런 경험은 "특별한 이름을 지어줄 가치가 충분할 만큼 독특하다." 제임스는 그런 경험을 "신비경험mystical experience"으로 명명했다.

제임스는 신비경험의 네 가지 특성을 지적했다. 첫째, 신비경험은 어떤 식으로든 언어의 범위를 벗어난다. 클리프는 나에게 이야기를 들려줄 때 자신이 느낀 감정의 생생함과 강도를 말로 전달하려고 애쓰는 모습이 역력했다. 그 감정은 경외와 기쁨, 행복, 평온, 두려움을 포함하는 듯했다. 시먼즈는 "[그의 몽환적 상태를] 이해할 수 있게 옮길 단어들을 발견할" 수 없다고 썼다. 언어와 신비경험 사이의 불편한 관계는 그 경험이 (또한 어쩌면 다른 영적 경험도) 뇌 속 어디에서 일어나는지에 관한 중요한 단서를 제공한다. 간단히 말해서 우리는 언어를 담당하는 넓은 구역들을 신비경험이 일어나는 장소의 후보에서 제쳐놓을 수 있다.

제임스가 지적한 신비경험의 둘째 특성은 그 경험이 앎을 선사한다는 것이다. "모든 것에서 모든 것을 보는 사람은 한갓 상식보다 더 높은 경지에 있다." 그 앎은 논리적이지 않다. 수학 방정식이 아니다. 과학이나 추론이 필요 없는 통찰이다. 형언할 수 없는 경험과 마찬가지로 이 앎도 첫눈에 보기에 뇌의 감정 담당 구역들에서 발생하는 듯하다. 신비적 진리는 "개념적 사고를 통해 얻는 앎보다 감동을 통해 얻는 앎을 더 닮았다"고 제임스는 썼다. 클리프와 데이브는 둘 다 자신이 궁극적 실재와 접촉했다고 확신했다. 그 "앎"은 유지되었다. 이런 유형의 경험은 장기적인 권위를 동반할 수 있고, 그 권위는 당사자의 삶에 새로운 방향과 활기를 줄 수 있다. 무명의 알코올 중독자 모임Alcoholics Anonymous의 공동창립자인 빌 윌슨은 영적 경험이 삶을 변화시킬 잠재력을 지녔음을 알았다. 제임스의 생각에서 직접적으로 유래한 것이라고 밝힌 빌의 프로그램은 영적인 전향을 알코올 중독 치료법의 기초로 삼았다. 그 치료법은 효과적임이 입증되었다.

제임스가 지적한 신비경험의 셋째 특성은 짧은 지속 기간이다. 신비경험의 강렬함은 부분적으로 그 경험의 덧없음에서 비롯되는 것일 수도 있다. "영혼은 이것을 일정한 시간 동안 보지만, 태양을 계속 바라볼 수 없는 것과 마찬가지로 그것을 항상 응시할 수는 없다."* 경험 그 자체는 덧없는 반면, 경험의 흔적은 지울 수 없게 남아 지속적인 감동을 일으킨다. 경험이 끝나고 나면, 경험에 동반된 느낌은 잦아들지만, 그 느낌에 대한 기억은 이례적으로 강렬하다. 신비경험의 덧없음은 그 경험이 일어날 때 뇌의 상태를 이해하는 단서가 되며 신비경험을 종교적 관행, 지적인 개념, 가치관, 행동과 구별해준다.

제임스가 지적한 신비경험의 넷째 특성은 수동성이다. 제임스는 '주의 집중'을 비롯한 몇몇 신비주의적 실천이 신비경험의 개시에 도움이 될 수 있음을 인정했다. 그러나 일단 신비경험이 시작되고 나면, 경험자는 자신의 의지가 더 높은 힘에 의해 완전히 장악된 것 같은 느낌을 받는다. 확실히 클리프는 자신에게 일어나는 일을 의지하거나 통제할 수 없었다. 시먼즈는 "내가 의지를 발휘하여 무아 상태를 유발할 수는 없다"는 것을 발견했다. 데이브도 피트 타운센드의 기타 연주와 묵직한 은색 구슬의 경이로운 궤적에서 드러나는 절대적인 힘에 도전할 엄두를 내지 못했다.

비범한 의식

우리는 자신의 영적 경험을 난처하게 여기기도 한다. 그러나 우리는 그 경험을 기억한다. 우리는 그 경험의 의미를 모르며 심지어 그것을 묘사하기 위해 운을 떼는 일조차도 어렵게 여긴다. 또한 나와 같은 과학자가 수많은 사람들의 영적 경험을 두루 조사해보면, 대단한 다양성이 나타난다. 신적인 듯한 것과 마주치는 경험은 거의 모든 상황에서 발생할 수 있다. 물론 제임스가 지적한 신비경험의 네 가지 특성은 전형적으로 나타나지만, 절박한 위험이나 의학적 위기에 직면한 사람들의 일부는 임사체험을 하고 그들의 병상 곁에는 예수가 등장한다. 영적 경험은 실제 사건이나 물리적 외상은 없이 공포에 의해서만 유발되기도 한다. 앞으로 보겠지만, 영적인 체험은 간질 발작, 환각, 정신병적 상태, 약물중독 상태에서도 나타날 수 있다.

아마도 전통 종교에 비교적 덜 얽매인 일부 사람들이 말하는 영적 경험은 '더 높은' 혹은 초월적인 의식에 도달하는 것을 뜻한다. 그리고 거의 모든 사람이 동의하듯이, 의식은 뇌를 뇌로 만드는 본질이다. 신경학자에게 의식은 특별한 의미가 있다. 신경학자는 의식을 뇌 속에서 일어나며 고유한 표시를 남기는 어떤 과정들과 동일시한다. 의식이 어떻게 생겨나고 기능하는가에 대한 우리의 지식은 최근에 극적으로 진보했다. 이제 새로운 지식 덕분에 영적 경험의 신비로운 본성을 제임스가 상상하지 못했을 정도로까지 밝혀내리라고 기대하는 것이 합당해 보인다. 제임스는 시먼즈의 무아 상태가 "평범한 의식에 대해서 알려진 모든 것을 벗어난다"고 여겼다. 확실히 우리는 영적 경험에 대해서보다 의식과 관련된 뇌 메커니즘에 대해서 더 많이 안다. 아마도 영적 경험은 의식을 발생시키는 뇌 메커니즘을 활용하되 무언가 다른 방식으로 활용할 것이다.

나의 연구에서 발견된 증거에 따르면, 임사체험을 한 사람들은 원시적인 뇌간에 있는 의식 조절 스위치가 평범한 사람의 그것과 다르다(렘 상태와 깨어 있는 상태 사이에 놓일 가능성이 더 높다). 그러므로 그 스위치가 작동하는 방식이 다른 유형의 영적 경험에서도 중요한 역할을 할 가능성이 있다. 이런 점들을 염두에 두고 이제부터 의식을 살펴보자. 의식에 대한 지식이 영적 경험의 본성에 대해서, 그리고 영적 경험이 우리 모두에게 내장되어 있을 가능성에 대해서 무엇을 말해주는지 살펴보자.

세 가지 의식 상태
: 영적 각성이 일어나는 자리

> "내가 받은 교육의 전체적인 취지를 받아들이면,
> 현재 우리의 의식이 마주하는 세계는 존재하는 수많은 의식 세계 가운데 하나에 불과하며
> 다른 세계들이 틀림없이 포함하고 있을 경험들도 우리의 삶에 유의미하다고 믿게 된다."
> ─윌리엄 제임스, 『종교적 경험의 다양성』

우리의 뇌세포는 대략 1000억 개인데 공교롭게도 우리 은하에 속한 별의 개수 역시 그만큼이다. 회전하는 원반 모양인 우리 은하 대신에 거대한 공 모양의 별 집단을 상상해보라. 별 하나가 반짝일지 여부는 그 별이 수천 개의 다른 별과 맺은 연결에 의해 결정된다. 별들의 반짝임 패턴은 '우주적인 춤'이 되고, 그 춤에서 자기를 아는 의식이 발생한다. 반짝이는 별들, 즉 우리 뇌 속 뉴런들은 어떻게 의식을 산출하고, 의식은 어떻게 영적인 것과 마주치는 것일까?

영적인 것에 대한 논의에서 '의식'이라는 단어는 줄곧 들먹여진다. 영어에서는 의식을 뜻하는 단어 'consciousness'의 첫 철자를 대문자로 쓰는 경우가 자주 있는데, 그러면 이 단어는 신, 혹은 '신 의식God Consciousness', 혹은 우주(이럴 때는 'universe(우주)'의 첫 철자를 대문자로 씀)를 나타낸다. 동양이나 뉴에이지의 영적 측면에 접근하는 서양인의 글에서 의식은 '존재의 바탕', 만물의 연결을 마주한 (신비적인 의식과 매우 유사한) 의식을 뜻하기도 한다. 과학자로서 나는 이런 의식관을 너무 무차별적이고 포괄적이라는 이유로 꺼린다. 그럼에도, 의식이 이런 의미들을 지닐 수 있다는 것은 매혹적이다. 이것은 어쩌면 의식이라는 단어의 쓰임새에서 파생된 어법일 것이다. 정신이 자신을 알아챈다는 것, 정신이 매혹적이게도 시간과 공간에 얽매이지 않을 수 있다는 것을 이야기할 때 의식이라는 단어가 쓰이니까 말이다.

그러나 임상신경학에서 의식의 의미는 간단명료하다. 의식이란 자신과 자신의 주변을 알아챔이며 특정 질서를 이룬 특정 뇌 시스템들과 관련이 있다. 이렇게 말하기는 했지만, 물리적인 뇌 속에서 의식이 어떻게 기능하는가에 관한 많은 수수께끼는 아직 풀리지 않았으며 엄청나게 복잡하다.

신경학이 인정하는 의식 상태는 세 가지, 즉 깨어 있음wakefulness, 렘 수면, 비렘 수면이다. 의식의 반대는 혼수coma다. 솔직히 말해서 이 정의와 지식은 협소하여 몇 가지 방향으로 밀어붙이면 한계가 드러난다. 그럼에도 나는 의식에 다가가는 이 같은 접근법이 영적 경험 중의 뇌 기능을 이해하는 데 도움이 될 수 있음을 보여주고자 한다. 나의 연구는 세 가지 의식 상태를 조절하는, 뇌간에 있는 스위치에 초점을 맞췄다. 그리고 이미 말했듯이, 적어도 임사체험이 지닌 영적 특성의 일부는 그 스위치가 렘 의식 상태와 깨어 있음 의식 상태 사이에 놓인 것에서 비롯되는 증상일 수 있음을 발견했다.

나의 연구는 영적 경험이 의식과 무의식과 꿈이 만나는 접경지역에서—의식 상태가 온전하지 않고 분열된 채로 뒤섞여 있을 때—돌발한다는 생각에 힘을 실어준다. 어쩌면 '접경지역borderland'이라는 (올리버 색스도 사용한) 개념은 '더 높은', '초월적인', 혹은 '확장된' 의식, 신이나 우주와 접촉하는 의식을 표현하는 또 다른 방식일 뿐인지도 모른다.

그러나 본격적인 논의에 앞서서 잠시 짚어둘 것이 있다. 환자가 깨어 있는 상태라는 것을 노련한 의료인조차도 감지하기 어려운 경우가 흔히 있다. 이 어려움 때문에 환자가 도저히 알 수 없을 법한 무언가를 아는 상황이 벌어지고, 그런 상황에 대한 초자연적 설명이 시도된다. 그런 상황에 관한 이야기는 경이감을 자아낸다. 이야기를 어떻게 분석하더라도 말이다.

잔의 사례

잔은 차고에서 걸어 다니다가 남편의 권총을 건드렸다. 장전된 채로 작업대 위에 놓인 권총이었다. 그녀는 엉덩이에 묵직한 권총이 부딪히는 것을 느꼈고, 권총이 회전하면서 떨어져 시멘트 바닥에 부딪히는 것을, 느린 동작으로 보았다. 권총이 격발되었고, 요란한 총소리가 벽과 시멘트 바닥에 반사되어 그녀의 귀에 도달했다. 총알은 그녀의 복부 왼쪽 측면을 파고들고 비스듬히 위로 움직여 오른쪽 폐에서 멈췄지만, 통증은 거의 없었다. 그녀는 서둘러 인근 응급실로 옮겨졌고 심한 내출혈로 쇼크에 빠졌으며 지체 없이 항공기편으로 지역 외상 센터로 이송되었다. 그곳에 도착했을 때, 그녀의 혈압은 간신히 감지될 정도였다.

잔은 그때 자신이 의식이 있었다고, 주변의 소란을 알아채고 있었지만 의료진의 질문에는 대답할 수 없었다고 말한다. 의료기록을 보면, 당시에 그녀는 기관에 호흡관을 삽입하는 시술을 위한 마비성 약물과 수면을 위한 마취제를 투여받은 상태였다. 외과의사는 그녀의 복부 장기의 손상을 속속들이 확인하기 위해 서둘러 큰 규모의 절개를 실시했고 혹시 숨어 있을지도 모르는 상처를 찾기 위해 대략 7.6미터에 달하는 창자를 잡아당겨서 1인치씩 일일이 검사했다.

총알은 간을 거의 두 조각으로 잘라놓았다. 의료진이 진땀을 흘린 끝에야 출혈이 멎었다. 잔은 여전히 쇼크 상태였다. 그녀의 심장 손상에 대한 직접 검사가 긴급하게 필요했다. 심장 주변의 출혈은 마치 구렁이처럼 심장을 옭죌 수 있기 때문이었다. 의료진은 서둘러 톱으로 잔의 가슴뼈를 두 동강 냈다. 액체가 채워진 심낭 속에서 기계적으로 박동하는 심장이 노출되었다. 외과의사는 심장을 양손으로 받쳐 들어 피가 들어찬 심방과 심실을 주물렀고 피가 동맥으로 흘러드는 것을 촉각으로 느끼며 안도했다.

이 모든 처치를 시작할 때부터 의료진은 잔의 혈압이 미약하다는 점을 감안하여 진정제와 진통제의 양을 세심히 조절했다. 마취제의 양이 조금만 과도해도 잔의 혈압은 치명적으로 떨어질 터였다. 의료진은 잔의 생명을 구하기 위해 정신없이 움직였다. 그런데 의료진은 몰랐지만, 잔의 피부를 절개하고 뼈를 톱질로 절단하고 내부 장기를 주무르는 동안, 그녀는 완전히 잠든 상태가 아니었다. 그녀는 깨어 있었다! 그녀는 의료진의 말과 행동을 모두 알아챘지만 가장 미세한 근육조차 움직일 수 없었다. 눈을 깜박일 수도, 작게나마 신음소리를 낼 수도 없었다.

"외과의사의 손이 내 창자를 훑을 때의 통증은 최고 통증을 10이라고 할 때 15 정도였어요."그녀가 내게 말했다. "의사가 내 심장을 주무를 때에는, 왼쪽에서 희미한 빛이 퍼지는 것이 보였어요. 그러자 믿기 어려울 정도로 강한 사랑과 위로와 보호를 받는 느낌에 휩싸였죠. 그다음엔 돌아가신 어머니가 곁에 계시는 것이 느껴졌어요. 어머니는 아직 내가 죽을 때가 아니라고, 나를 도와주겠다고 말했어요. 나는 그 말을 듣고 평온해졌고 다행스럽게도 의식을 잃었지요."

잔의 설명은 의료기록과 일치했다. 그녀가 낮은 혈압으로 수술을 받는 동안에 그녀의 뇌에 공급된 피는 아주 적은 양이었으므로, 그녀가 의식을 유지하고 영구적인 뇌 손상을 당하지 않았다는 것은 놀라운 일이다. 잔을 담당한 의사들은 수술 도중에 그녀가 깨어서 자신의 주변과 내부에서 일어나는 모든 일을 알아채고 있음을 전혀 몰랐다. 고참 외상 외과의사는 잔이 수술 도중에 자신이 생각한 바와 느낀 바, 그리고 수술의 세부 과정을 기억하는 것을 나중에 보고 충격을 받았다. 나는 의사로 활동해오면서 극적인 이야기를 많이 들었다. 수술 도중에 깨어 있는 상태로 임사체험을 한 피연구자도 두 명이나 만났다. 그러나 잔처럼 침착하고 평온하고 객관적인 방식으로 이야기한 사람은 없었다. 그녀는 존경할 수밖에 없는 침착함과 의지력의 소유자였다. 그 침착함과 의지력은 그녀의 영적 경험에서 비롯된 것 같았다.

신경학의 관점에서 보면, 잔의 영적 경험은 뇌가 꺼지기 직전 그녀가 깨어 있는 의식과 무의식 사이의 접경지역에(의식과 혼수 사이의 이행기에) 있을 때 일어났다. 그녀의 뇌는 의식 유지에 필수적인 활동을 지속하기에 충분할 만큼의 영양분을 공급받지 못하는 상태였다.

간략한 의식의 역사

철학자들과 심리학자들과 신경과학자들은 공동의 노력으로 인간의 의식을 탐구의 초점에 놓고 그리 자명하지 않은 세부사항을 많이 밝혀냈다. 신경과학은 의식을 설명하는 이론을 줄줄이 내놓았다. 그 이론들은 여러 견해를 대체로 공유한다. 첫째, 의식은(적어도 영어에서 첫 철자를 소문자로 쓴 'consciousness'는) 개인의 내부에 깃들어 있고 직접적으로 공유되지 않는다. 기억이 과거와 현재를 통일하므로 의식은 시간의 흐름 속에서 안정적이다. 의식의 요소들은 배경의 잠재의식과 전경의 의식 사이에서 앞뒤로 폭넓게 이동한다. 감정, 생각, 창의, 기억, 언어 등의 정신 과정과 감각에서 나온 많은 것들이 의식에 기여한다.

의식적 경험은 일부 정신-뇌 학자들이 '퀄리아qualia'라고 부르는, 정의하기 힘든 주관적 측면을 포함한다. 퀄리아란 경험의 주관적 측면, 예컨대 갓 구운 빵의 냄새, 손끝에 느껴지는 비단의 감촉, 바다의 파란색 등이다. 퀄리아는 많은 논의에서 다뤄졌으며 정신-뇌-수수께끼—어떻게 물리적인 뇌가 비물리적인 측면을 지닌 정신*을 산출할 수 있는가?—의 중심에 있다. 그러나 퀄리아의 의미, 어떤 정신 상태가 퀄리아를 포함하는가, 인간부터 바퀴벌레까지 다양한 동물 가운데 어떤 종들이 퀄리아를 지닐 수 있는가에 대해서 모든 사람의 견해가 일치하는 것은 아니다.

의식에 대한 과학적 관심은 1980년대에 이르러서야 커지기 시작했고 최근에 영상화 기법들이 충분히 발전하여 우리가 살아서 작동하는 뇌를 관찰하면서 연민이나 믿음 등의 의식 상태를 탐구할 수 있게 되면서 더욱 고조되었다. 실제로 우리는 꿈꿀 때 뇌의 어느 부위가 활동하거나 활동하지 않는지 볼 수 있다. 이제 우리는 그런 객관적인 영상에 주관적인 일인칭 경험을 보충하여 더욱 풍부한 연구를 할 수 있다.

대략 한 세기 전에 제임스는 의식에 대해서 이렇게 썼다. "의식이 무엇인지를 어렴풋하게나마 파악한다면, 그것은 이전의 모든 성취를 보잘것없는 것으로 만드는 대단한 과학적 성취가 될 것이다. 그러나 현재 심리학은 갈릴레오 이전의 물리학과 같은 처지다."

뇌 영상화 같은 기술 덕분에 의식에 대한 오늘날의 지식은 제임스가 열망한 '갈릴레오 시대'조차 훨씬 능가했다. 오늘날 우리가 확보한 의식에 대한 지식은 갈릴레오의 망원경으로 간신히 엿본 우주보다 허블우주망원경으로 관찰한 우주에 더 가깝다. 우리는 140억 년 전에 이루어진 우주 탄생뿐만 아니라 우리의 정체성이 발생하는 장소인 뇌의 작동도 응시할 수 있다.

의식 연구의 현 상태

의학에서 의식은 익숙한 대상처럼 보일 수 있지만 다른 한편으로 시급히 풀어야 할 문제이기도 하다. 의식에 이상이 있는 환자, 예컨대 혼수상태의 환자는 1초라도 빨리 결정적 조치를 받을 필요가 있다. 의학적 위기의 순간에 의식은 지루한 철학적 문제가 아니다.

신경학자는 환자가 다양한 자극(목소리, 빛, 건드림, 심부 통증 deep pain 등)에 대하여 보이는 반응과 뇌 해부학 및 생리학에 근거하여 환자의 의식 상태를 판정한다.

세 가지 의식 상태—깨어 있음, 렘 수면(꿈꾸기의 대부분이 일어나는 시기), 비렘 수면—각각에 대응하는 뇌 활동이 있고, 그 활동들을 뇌전도EGG와 뇌 스캔으로 기록할 수 있다. 물론 대개의 경우, 환자가 깨어 있는지 아니면 잠들었는지 판정하는 데는 많은 의료장비가 필요하지 않다. 그러나 의식 상태와 혼수상태를 분별하는 것은 까다로운 과제다.

임상신경학적 관점에 입각한 의식 판정은 한계가 있다. 잔을 담당한 의사들은 그녀가 온전한 의식을 가진 상태라는 것을 몰랐다. 그녀는 움직일 수 없었고, 극도의 통증에 대한 반응은 미미했다. 그럼에도 그녀는 자신의 생각과 느낌, 그리고 수술 도중의 세세한 사건들을 회상해서 설명할 수 있었다. 그녀의 회상은, 그녀의 뇌가 약물의 작용하에 있었고 아주 적은 피를 공급받고 있었음에도, 그녀가 신경학적 의식 상태의 필수 특징을 모두 갖추고 있었음을 증명한다.

환자의 반응은 심지어 복잡한 반응일지라도 의식이 주도하는 것이 아닐 수 있다. 영구 혼수permanent coma에 빠진 환자라도 눈을 뜨는 경우가 있다. 뇌사한 (모든 뇌세포가 죽은) 환자의 무릎을 적당히 두드리면 익히 알려진 무릎반사를 일으킬 수 있다. 무릎반사는, 신경계의 일부이며 우리의 의식 아래에서 작동하는 척수에서 유래한다. 잔의 사례에서는, 그녀가 투여받은 마비성 약물 때문에 무릎의 운동은 봉쇄되었을 것이다. 그러나 그녀는 의식이 멀쩡했다. 요컨대 물리적 반응에 근거한 의식 판정은 틀릴 수 있다.

사람은 겉보기에 죽은 것 같은데도 생생하게 살아 있을 수 있다. 지각 능력을 잃은 것처럼 보이는 뇌도 주변에서 일어나는 일을 완전히 의식하는 경우가 있다. 의식이 없는 사람이 주변에서 일어나는 일을 알아챘다는 정황이 포함된 임사체험들이 있는데, 나는 그런 임사체험을 의심한다. 의식 상태가 무엇이고 무엇이 아닌지에 관한 부정확한 지식은 임사체험뿐 아니라 영적 경험의 전 영역에 관한 터무니없는 오해와 신화를 유발해왔다.

신경세포(뉴런) 하나는 의식이 없다. 신경세포의 집단도 의식이 없다. 많은 신경세포가 활동한다고 해서 반드시 의식이 깨어나는 것은 아니다. 우리 뇌는 꿈 없이 잠든 의식 상태에서도, 또한 반직관적이게도 혼수상태에서도 놀랄 만큼 분주할 수 있다.

의식은 그런 활동과는 무언가 다른 알아챔awareness이다. 의식은 신경 활동의 총합이며 뇌 전체에 분포하고 뇌 전체에서 처리된다. 뇌 활동은 의식의 필요조건이지만 충분조건은 아니다. 혼수상태에서 뇌가 대단히 활동적이라는 사실이 이제 막 밝혀지는 중이다. 혼수상태에서 뇌는 무엇을 하는 것일까? 확실히 알려진 바는 없다. 아무튼 그 활동은 의식을 산출하기에 양적으로 부족하거나 유형적으로 부적절하다.

다시 뇌 세포로

100여 년 전에 찰스 셰링턴은 뉴런과 무릎반사를 비롯한 반사들과 의식 사이의 관계를 숙고했다. 훗날 노벨상을 받은 셰링턴*은 1857년 런던에서 태어나 학문을 중시하는 안락한 중산층 집안에서 성장했다. 그는 과학자 경력의 초기부터 우리의 뇌와 목 아래쪽의 몸을 연결하는 척수에 관심을 기울였다. 이 원시적인 수준에서 그가 이룬 발견들은 뇌와 의식에 대한 연구로 이어졌다.

셰링턴은 (키가 작고 말랐지만 강인하고 성품이 온화했으며) 위대한 사상가였다. 신경과학의 세계를 혁명적으로 변화시킨 셰링턴은 물리적 우주를 근본적으로 바꿔놓은 알베르트 아인슈타인과 비교되기도 한다. 두 사람은 1924년에 마주쳤다. 그때 셰링턴은 권위 있는 코플리메달을 아인슈타인에게 수여했다. 오늘날 우리는 뇌의 특정 구역이 특정 기능을 담당한다는 것을 당연시하지만, 셰링턴의 시대에 영향력 있는 신경과학자들은 그것이 신화라고 단호하게 주장했다. 오히려 뇌 세포들은 물리적으로 연결되어 거대한 연결망을 이루고 그런 연결망 '전체'로서 작동한다는 생각이 대세였다. 이런 생각에 따르면, 뇌의 모든 위치는 동일한 잠재력을 지녔고, 그림 그리기나 말하기 등의 특수한 기능을 담당하는 특수한 구역은 존재하지 않는다.

뇌를 이루는 살아 있는 단위인 신경세포들이 물리적으로 연결되어 있지 않고 각각 독자적으로 생명을 유지한다는 것을 보여주는 믿을 만한 증거를 발견한 인물은 셰링턴에게 영감을 준 산티아고 라몬 이 카할이었다.* 반항적이고 고집 센 젊은 시절의 카할은 훗날 그가 과학자로서 발휘한 탁월한 능력을 드러내지 않았다. 의사인 아버지는 제멋대로인 아들에게 새로운 삶의 방향이 필요함을 깨닫고 의학을 가르치기로 결심했다. 부자 모두의 예상외로 그것은 훌륭한 선택이었다. 카할은 어떻게 뇌가 독립적인 신경들로 구성된 집단을 고립시켜서 특정 기능(이를테면 영적 경험)을 담당하게 할 수 있는지를 이해하기 위한 미시적인 토대를 확립했다. 그러나 그는 중대한 질문 하나를 남겨놓았다. 신경들이 물리적으로 연결되어 의식을 산출하는 것이 아니라면, 신경들은 어떻게 소통하는 것일까?

물리적으로는 아주 작지만 개념적으로는 거대한, 신경들 사이의 간극은 주로 셰링턴이 메웠다. 그는 뇌 세포들이 '시냅스'라는 부위를 통해 소통한다는 생각을 발전시켰다. 더 나아가 그는 이 소통이 한 방향으로만 이루어지고 반대 방향으로는 이루어지지 않음을 밝혀냈다. 더 나중에 밝혀졌지만, 신경세포들은 한 세포에서 다른 세포로 여러 화학물질을 전달함으로써 '시냅스'를 가로질러 소통한다. 이 화학물질들이 영적 경험에서 결정적으로 중요함이 밝혀졌다.

셰링턴은 뇌세포가 다른 면에서는 독립적이지만 행동에서는 주변의 움직임에 활발하게 반응함을 발견했다. 요컨대 한 신경세포가 활동하면 자동으로 다른 신경세포도 활동하게 된다. 가장 단순한 신경학적 반사는 아마도 무릎반사일 것이다. 무릎반사 회로는 신경세포 두 개가 시냅스 연결 하나만 형성하면 완성된다. 한 신경은 무릎 두드림 자극을 수용한다. 이 첫째 신경은 척수에 있는 둘째 신경과 시냅스를 통해 연결되고, 이 둘째 신경은 다리를 펴는 근육에 임펄스^{impulse}를 보낸다. 무릎반사가 얼마나 활발한지 보면, 뇌의 작동 상태에 대해서도 알 수 있다. 다른 반사들은 흔히 이보다 훨씬 더 복잡하다. 그런 반사들에는 정교하게 배열된 수많은 뉴런이 관여한다.

셰링턴은 뇌의 작동 방식에 대한 우리의 생각을 바꿔놓았지만 지금도 우리를 애태우는 한 가지 문제를 해결하려는 노력에서는 성과를 거두지 못했다. 한 방향으로 간극을 가로질러 소통하고 서로의 활동에 반응하는 개별 뇌 세포들이 어떻게 '정신이라는 에너지'로 변환될까?

셰링턴은 잠에서 깨어나는 뇌를 이렇게 묘사했다.

> 뇌가 깨어나고, 그와 동시에 정신이 돌아온다. 이것은 마치 우리 은하가 어떤 우주적인 춤을 추기 시작하는 것과 같다. 곧바로 머리는 마법에 걸린 베틀이 되고, 그 베틀에서 반짝이는 북 수백만 개가 패턴을 짠다. 차츰 소멸하는 그 패턴은 항상 유의미하지만 결코 불변적이지 않

다. 그 패턴은 하위패턴들의 가변적인 조화다.

94세까지 장수한 셰링턴은 영적 활동은 말할 것도 없고 정신 활동을 물질적인 뇌의 작용으로 환원하는 것을 적어도 부분적으로 마뜩치 않게 여겼다. 그는 "우리의 정신적 경험은 감각기관을 통해 관찰할 수 없기" 때문이라고 썼다. 뇌는 자신을 파악할 수 없고 자신을 뇌로 의식할 수 없다. 오히려 뇌는 뇌가 아닌 다른 것(이를테면 생각이나 느낌)을 의식한다. 셰링턴이 보기에 뇌와 정신은 별개였다.

만약에 오늘날의 MRI 스캐너를 보았다면 셰링턴은 생각을 바꿨을지도 모른다. MRI 스캐너는 확장된 감각기관으로서 존경, 연민, 믿음, 불신을 포착할 수 있다. 우리는 정신과 뇌 사이의 간극을 메우는 중이다. 이제 그 간극은 셰링턴의 시대에 그랬던 것처럼 거대한 심연이 아니다. 미래학자들은 머지않아 아주 작은 기계들이 우리 몸속을 돌아다니며 세포와 장기를 수리할 것이라고 예언한다. 하버드 대학교의 찰스 리버 등은 나노기술을 근본적으로 새로운 방식으로 이용하여 물질이 뇌의 에너지와 상호작용하게 만드는 연구를 한다. 리버와 그의 동료들은 굵기가 몇 나노미터에 불과한 전선(인간 머리카락의 굵기는 약 10만 나노미터다)을 이용해서, 신경 반사를 재현하는 회로 판에 속한 개별 신경에서 나오는 신호를 감지하는 데 성공했다. 이것은 신경들을 연결하는 자연적인 시냅스를 흉내 내는 데 근접한 성취다. 이런 회로는 언젠가 감각, 운동, 생각, 감정을 재현하는 더 큰 회로의 한 부분이 될 수 있을지도 모른다. 이처럼 기계가 우리 뇌와 자아의 일부가 됨에 따라, 복잡한 논제들과 새로운 윤리적 문제들이 대두하고 있다.

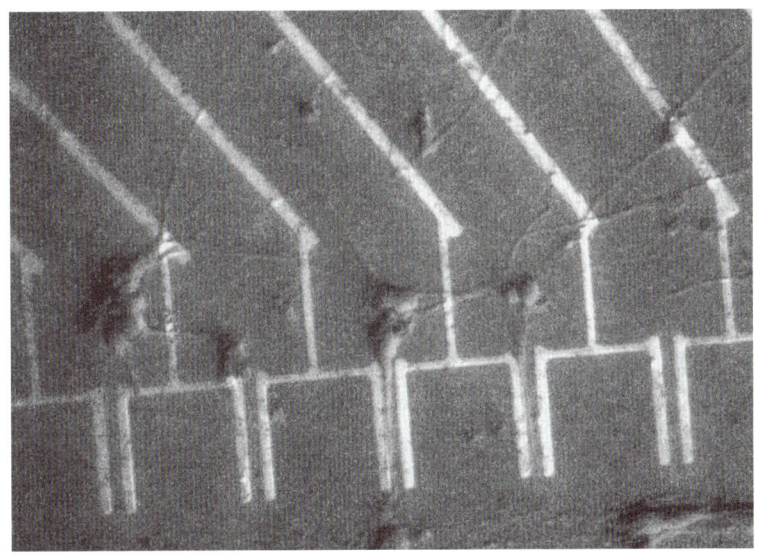

나노 전선에 의해 연결된 격자 위에 놓인 배양된 뉴런들. 나노 전선은 너무 작아서 이 배율에서도 보이지 않는다. 이 장치는 신경에서 나오는 신호를 보내고 받음으로써 자연적인 신경 소통을 매우 흡사하게 흉내 낼 수 있을지도 모른다.

영적인 것을 향해 각성된 의식

영적 경험을 하려면 의식이 있어야 한다. 이 사실은 자명하게 여겨질 수도 있겠지만 숨은 중요성을 지녔다. 의식이 있으려면, 각성되어 있어야 한다. '각성'을 뜻하는 영어 'arousal'은 일상에서 '성적인 흥분'을 의미할 때가 많지만, 신경과학자들은 이 단어를 더 넓은 의미로 사용한다. 그들의 어법에서 우리가 '각성되어 있다' 함은, 우리가 내부의 세계인 몸과 뇌, 그리고 우리 주변의 외부세계를 수용할 준비가 되어 있다는 뜻이다. 또한 각성은 의식 상태인 수면과 깨어 있음을 통제한다.

각성은 명확하게 식별 가능한 뇌 부위에서 근본적으로 다른 생리 과정들에 의해 이루어진다.

뇌를 각성시켜 자기 자신과 환경에 반응하게 만들고 수면과 깨어 있음 사이를 오가도록 조절하는 신경중추들은 이른바 '뇌간'에 있다. 우리 뇌에서 가장 원시적인 부분인 뇌간이 있는 자리는 두개골의 밑바닥 근처다. 1949년에 시카고 소재 노스웨스턴 대학교의 주제페 모루치와 호레이스 마군은 동물을 대상으로 삼은 연구에서 크기가 아주 작은 뇌간을 직접 자극함으로써 그보다 훨씬 더 큰 대뇌피질을 활성화할 수 있음을 발견했다. 우리의 인간적 속성들은 피질에서 유래한다. 모루치와 마군은 어떻게 뇌간이 의식을 통제하는지를 처음으로 어렴풋하게나마 밝혀냈다. 우리는 뇌간을 자극하여 각성을 일으킬 수 있다. 뿐만 아니라 뇌간에 속한 몇 밀리미터 크기의 구역들이 파괴되면, 영구적이고 깊은 혼수가 발생한다.

뇌간은 우리를 각성시킬 뿐 아니라 호흡, 심장박동, '싸움 – 또는 – 도주fight or flight' 반응, 식물성 기능vegetative function을 통제하기도 한다. 각성 시스템에는 우리 의식이 세 가지 상태를 오가도록 조절하는 스위치들도 포함되어 있다. 몸의 신경계는 큰 줄기처럼 수직으로 뻗은 척수를 통해 각성 시스템과 연결된다. 척수는 두개골 내부로 진입하여 뇌간과 합쳐진다. 각성 시스템은 심장과 폐를 자동으로 통제하는 기능도 한다.

뇌간은 작지만 해부학과 생리학의 측면에서 매우 복잡하다. 뇌간은 진화 역사에서 일찌감치, 약 3억 년 전에 발생하기 시작했고 그때 이후 새로운 종들이 잇따라 등장하는 와중에도 거의 변화하지 않았다. 쥐에서부터 인간까지 모든 포유동물의 뇌간은 신기할 정도로 비슷하다. 이 유사성은 뇌간의 기능이 매우 중대하다는 점에서 비롯된다. 뇌간이 아

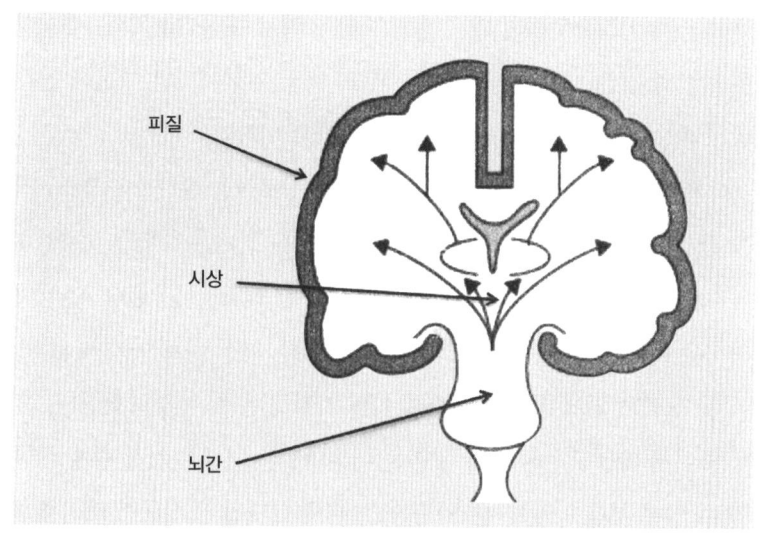

의식의 해부학. 깨어 있는 상태와 렘 수면(꿈꾸는) 상태에서 뇌간의 각성 시스템은 시상과 대뇌피질을 활성화한다. 대뇌피질은 우리 인간의 특성들이 유래하는 자리다.

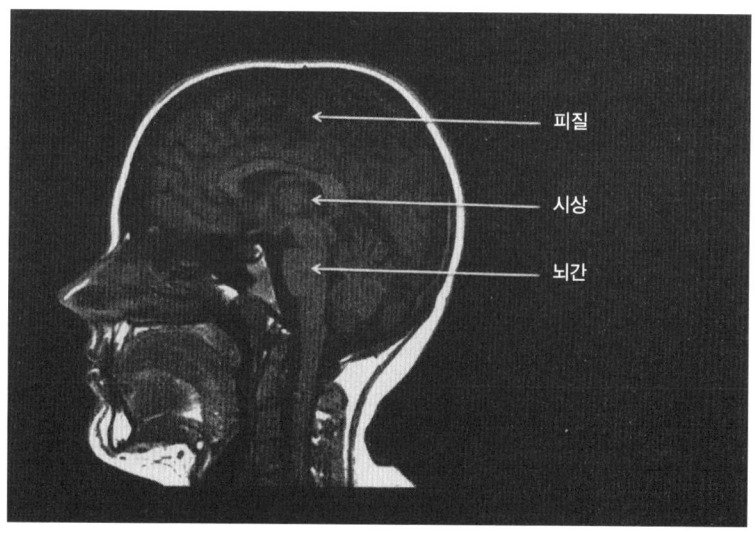

뇌간, 시상, 대뇌피질을 보여주는 MRI 영상

주 조금이라도 잘못되면 대개 생명의 유지 자체가 불가능하다. 셰링턴은 뇌간과 같은 오래된 뇌 구역은 "우리 뇌의 일부이지만 여전히 인간의 오래 전 조상인 동물과 그 친족의 뇌"라고 여겼다.

각성 시스템은 뇌간에서 위로 뻗은 신경 경로들을 통해 여러 뇌 구역을 활성화한다. 이때 뉴런들 사이의 시냅스를 건너는 화학물질(예컨대 아드레날린, 아세틸콜린, 세로토닌, 도파민)이 절묘하게 이용된다. 인간의 의식은 대뇌피질에 깃들어 있고, 시상은 대뇌피질 바로 아래에 있다. 이 두 구역은 뇌에서 가장 큰 부분이며 가장 많은 뉴런을 포함한다. 흔히 줄여서 피질 또는 대뇌로 불리는 대뇌피질은 뇌에서 가장 쉽게 식별할 수 있는 부분으로, 다른 뇌 구역들 위에 커다란 덮개처럼 덧씌워져 있고 호두처럼 주름이 잡혀 있다. 대뇌피질은 대체로 공 모양이며 왼쪽 반구와 오른쪽 반구로 구분할 수 있다. 이 반구들은 임무가 서로 다르다. 고도로 특수화되어 있고, 의식에 기여하는 방식도 전혀 다르다.

화폭은 회화에 필수적이지만 회화 그 자체가 아닌 것과 마찬가지로, 각성은 의식의 필요조건이지만 충분조건은 아니다. 화폭이 화가의 붓질을 받아들이는 것과 비슷하게, 각성 시스템은 뇌를 준비시킨다. 각성 시스템은 시상과 피질을 준비시키고, 시상과 피질은 마치 화가처럼 의식적 경험의 내용을 그린다.

피질 반구들은 시상을 둘러싸고 있다. 피질과 시상의 상호작용은 여러 피질 기능에서 근본적으로 중요하다. 후각을 제외한 모든 감각 정보는 시상에 의해 중계되어야만 피질에 도달하여 완전하게 인지된다. 몸의 감각들(시각, 청각, 통각, 촉각, 팔다리 위치 감각)은 피질에서 정제되기 전에 먼저 시상에서 처리된다.

의식의 신경학적 기초는 잘 확립되어 있다. 뇌간은 그 위의 시상과 피질을 깨우고, 시상과 피질은 우리에게 인간적인(세속적이거나 초월적인) 경험을 제공한다. 뇌간은 더 큰 시상과 피질에 의해 쉽게 가려진다. 영적 경험 중의 뇌를 이해하려고 애쓴 모든 사람은 의식 통제와 관련한 뇌간의 결정적 역할을 간과했다. 그러나 이제는 달라져야 한다.

통로

외부세계에서 유래한 모든 것이 우리의 의식에 진입하는 것은 아니다. 심지어 내부세계에서 유래한 것도 일부만 의식에 진입한다. 뇌에는 문지기가 있다. 당신의 오른발을 생각해보라. 그러면 곧바로 당신의 오른발이 당신이 기울이는 주의attention의 전면으로 이동한다. 당신이 방금 전 문장을 읽기 전에도 당신의 오른발은 시상으로 감각들을 보내고 있었지만, 당신의 주의는 다른 곳에 집중되어 있었다. 당신은 (바라건대, 주의가 산만하지 않았다면) 이 단락의 언어를 처리하고 있었다. 당신이 오른발을 생각하라는 제안을 읽는 순간, 당신의 뇌는 오른발에서 오는 감각이 의식에 도달하도록 문을 열었다. 문득 당신은 새로운 정보들을 알아챘다. 오른발의 위치와 자세, 오른발 엄지발가락에 느껴지는 감각 등을 말이다. 그러나 이 모든 감각은 의식에 진입하기 전에도 이미 있었다.

대부분의 시간 동안, 정보가 뇌에 진입할지 여부는 시상에 의해 결정된다. 시상은 감각을 중계하는 핵심 장치의 구실을 한다. 시상은 발에서 유래한 어떤 정보가 어떻게 대뇌피질에 도달하여 의식적으로 처리될지 결정한다. 당신의 의식에 오른발이 진입했다면, 시상이 통로를 연

것이다.

　의식 진입 과정은 정보를 선택하고 불러오는 집중 조명 과정이라고 생각할 수도 있다. 때로는 집중 조명이 지나치게 이루어진다. 병에 대한 염려가 크면, 다른 때는 무시되는 정상적인 감각이 집중 조명되기도 한다. 척추 신경이 짓눌려서 오른 다리에 간헐적으로 통증이 느껴지면, 자연스럽게 발에 주의가 쏠리고 혹시 발 이곳저곳의 느낌이 신경 손상의 악화를 의미하지 않는지 의심하게 된다. 건강염려증 환자는 집중 조명에 시달린다. 집중 조명이 그들의 몸 구석구석을 환히 비춘다.

　의식이 솟아나는 샘의 구실을 하는 단일한 신경이나 신경 집단은 없다. '의식 중추'는 없다는 말이다. 인간의 의식은 시상과 피질의 상호작용에 의해 생겨나는 과정이라고 대부분의 신경과학자는 생각한다. 우리는 시상과 대뇌피질이 견고하게 연결되어 의식의 각성과 통제에 결정적으로 중요한 회로들을 형성한다는 것을 안다. 뇌졸중이나 부상으로 이 부위가 손상되면, 내부 및 외부세계에 대한 무반응, 심지어 돌이킬 수 없는 혼수가 야기될 수 있다. 말하자면 문이 영구적으로 닫히는 것이다.

　이런 문들이 영적 경험 도중에 무엇을 통과시켜 의식에 진입하게 하느냐보다 더 중요한 것은 무엇을 막느냐 일 수 있다. 이 문들은 영적 경험과 관련해서 결정적으로 중요할 수도 있다. 그러나 아마도 처음에 드는 생각과 다른 방식으로 중요할 것이다.

암흑에너지

이쯤 되면 아마 분명해졌겠지만, 뇌의 활동 대부분은 가려져 있어서 의식에 포착되지 않는다. 이것은 다행스러운 일이다. 매번의 호흡, 흥분으로 인한 심장박동수 상승이나 휴식으로 인한 하강, 안구 보호를 위한 눈 깜박임, 식사 도중에 내장에 있는 모든 샘의 조화로운 작동, 체온 37도를 유지하기 위한 뇌의 활동을 모두 일일이 기억해야 하는 상황을 달가워할 사람은 없으니까 말이다. 우리는 다른 영역들을 탐험하기 위해 우리 의식을 비워놓기를 원한다.

의식은 뇌 활동의 대부분을 포착하지 못할 뿐 아니라 자기 자신에 대응하는 뇌 과정도 포착하지 못한다. 그러므로 우리가 뇌를 아무리 많이 들여다본다 하더라도, 의식이 자기 자신을 완전히 이해하기란 영원히 불가능할 것이다.

그러나 내가 보기에 이것은 문젯거리가 아니다. 우리 스스로 느끼기에 우리가 얼마나 많이 아는지와 상관없이 우리의 본래적인 한계를 인정하는 것은 유익한 행동이라고 나는 생각한다. 아인슈타인이 다른 우주의 대부분, 그리고 저 멀리 다른 우주들이 있다면, 그 우주들 전부는 영원히 망원경이나 우주탐사선으로 접근할 수 없는 구역으로 남을 것이다. 그러나 그 구역을 이해하려는 우리의 노력은 헛되기는커녕 경이롭고 찬란한 성과로 이어진다. 우리는 우주의 작은 일부만 감각할 수 있지만, 이 광활한 우주의 우아한 광경을 풍족하게 즐긴다. 우리의 측정 장치들은 우주의 5퍼센트 미만만 포착할 수 있다. 나머지는 암흑물질이나 암흑에너지로 존재한다. 이와 비슷하게 우리 의식의 일부는 우리에게 영원히 일종의 암흑에너지로 남을 가능성이 높다.

피질이 의식에 내용을 제공하는 방식에 대해서는 아직 밝혀지지 않은 것이 많다. 피질은 가늠하기 힘들 만큼 방대한 정보를 처리한다. 그 정보들은 주로 외부세계에서 유래하지만 뇌 자신과 몸의 내부환경에서도* 유래한다. 이 같은 정보의 바다는 정보 꾸러미들을 여러 뇌 구역에 분배하여 동시에 처리하는 과정에 의해 생존에 필수적인 소량의 핵심 정보로 정제된다.

이 과정을 일컬어 병렬 분산 처리 parallel distributed processing 라고 한다. 이는 대규모 다중처리 multitasking 인데, 이런 처리 방식은 수천 개의 다른 뉴런과 시냅스를 형성하여 흥분 및 억제 메시지를 주고받는 뉴런 수백억 개로 이루어진 우리 뇌에 특히 적합한 듯하다. 병렬 분산 처리는 하나의 정보가 다른 많은 정보와 상호작용하는 것을 허용하고 궁극적으로 뇌가 정보를 종합하여 유의미한 무언가를 구성하는 것을 허용한다.

우리가 의식에 대해서 아는 것 두 가지

이런 동시 처리는 결국 순차 처리로 바뀌어야 한다. 왜냐하면 의식은 확실히 순차적인 흐름의 성격을 띠고, 그 흐름 안에서 사건들이 우리 삶의 시간 선을 따라 잇따르니까 말이다. 의식이 발생하려면, 의식의 내용을 산출하는 병렬 처리가 순차적인 서열 안에 통합되어야 한다. 이 통합은 시상 또는 시상과 피질 사이의 연결부위에서 일어난다.

시상과 피질은 매우 독특한 방식으로 함께 작동한다. 이 두 부분은 1초에 약 40번 전기적으로 공진한다. 시상과 피질이 이런 고유한 리듬을 산출하는 이유는 불분명하지만, 이 리듬은 깨어 있는 동안과 꿈꾸는 동안에 지각과 생각을 동기화하는synchronize 과정에서 중요한 역할을 할 가능성이 있다. 이 리듬이 일종의 내장형 시간 조절기timer일 수 있다는 말이다. 이 시간 조절기는 뇌가 흩어진 구역들에서 온 정보를 결합하여 우리가 경험하는 온전한 지각을 구성하는 일을 도울 가능성이 있다. 만일 이 리듬이 우리의 의식을 하나로 묶어주는 리듬이라면, 우리는 의식의 리듬을 아는 셈이다.

의식은 시상과 피질 전체에 분포하는 신경들을 활용하면서 끊임없이 변화하는 극적인 과정이다. 그러나 일부 신경과학자들은 의식을 뇌를 이루는 더 낮은 층위의 구조로 환원할 수 있고 의식의 일부 측면은 어쩌면 더 원시적인 뇌간에서 발생한다고 생각한다. 캘리포니아 공대의 신경과학자 크리스토프 코흐는 아주 작은 곤충, 예컨대 바퀴벌레의 뇌도 "의식에 필요한 것을 갖췄을 가능성이 높다"고, 즉 "대규모 병렬 과정이며 되먹임이 있는" 신경 과정들을 보유하고 있을 가능성이 높다고 주장했다.

의식의 자리가 뇌간이라는 주장과 바퀴벌레에게도 의식이 있다는 주장은 나에게 '의식'이 무엇을 의미하는지를 정확히 알기가 얼마나 어려운지 일깨워준다. 식물도 햇빛을 '지각'하고 태양을 따라 움직일 수 있다. 그러나 의식을 이렇게 낮은 층위로 환원하는 접근법은 뇌와 영적 경험을 이해하고자 하는 우리에게 도움이 되지 않는다고 나는 생각한다.

물론 바퀴벌레를 무조건 무시해서는 안 될 것이다. 또한 병렬 처리가 의식에 필수적일 수도 있다. 그러나 병렬 처리만으로는 충분하지 않다. 인터넷은 대규모 병렬 분산 처리 능력을 갖췄지만, 우리는 (과학소설에서라면 몰라도) 인터넷이 의식을 지녔다고 여기지 않는다. 또한 다른 뇌 구조들(예컨대 몸의 균형을 통제하는 소뇌)도 극도로 복잡한 병렬 처리 능력을 갖췄지만 의식과는 별 상관이 없다. 인간의 의식에 필수적인 과정과 상관없이, 오늘날 거의 모든 신경과학자는 우리의 의식이 특유의 인간적인 내용을 얻는 해부학적 위치는 시상과 피질이라고 믿는다. 우리 뇌에 속한 이 두 부위를 잃으면, 우리는 누구나 인정할 만한 인간적인 의식을 잃게 된다. 그러므로 영적 경험을 이해하기 위해 시상과 피질을 탐구하는 것은 자연스러운 접근법일 수도 있겠다.

뇌간을 잃으면 어떻게 될까?

하지만 인간적인 의식의 원초적인 기반은 뇌간이다. 뇌간에 있는 경로들은 발, 내장, 심장, 온몸에서 유래한 정보를 위로 전달하여 시상과 대뇌피질을 활성화한다. 뇌간이 없으면, 의식도 없다. 뇌간이 손상되면, 사망하거나 회복 불가능한 혼수에 빠진다.

적어도 최근까지는 그랬다. 그러나 현재의 의료기술은 뇌간의 손상으로 혼수에 빠진 환자의 회복 가능성에 대한 희망을 제공한다. 뉴욕에 있는 웨일 코넬 의과대학의 니콜라스 시프 박사와 동료들은 물리적인 공격을 당하여 뇌간의 각성 시스템에 부상을 입은 38세 남성을 진료했다. 그 환자는 최소한의 의식만 남은 상태였다. 그는 6년 동안 말을 하지 못했고 소통할 수 없었다. 그러나 의료진이 그의 시상과 각성 시스템이 연결되는 지점에 자극용 전극을 이식하자, 시상과 피질이 깨어나 말을 하고 주위 사람들과 유의미하게 소통할 수 있게 되었다.

의식을 가지려면 뇌의 얼마나 많은 부분이 필요할까? 시상과 피질의 절반, 그러니까 왼쪽 절반이나 오른쪽 절반을 잃더라도, 의식의 핵심 특징들은 존속할 수 있다. 시상과 피질의 어느 부위가 의식에 필요한지는 뇌 영상화 기법을 동원한 연구가 최근에 다루기 시작한 문제다.

부상 환자의 뇌간이 건강하고 심장박동과 호흡을 통제할 수 있지만 환자는 시상과 피질이 의식을 지녔음을 알려주는 반응을 전혀 보이지 않는다면, 뇌가 심각하게 손상되어 식물 상태에 빠진 것일 수 있다. 만일 식물 상태가 12개월 동안 지속된다면, 뇌가 유의미하게 회복될 가망은 없다고 판단할 수 있다. 이런 환자의 혼수는 영구적이다. 이런 유형의 뇌 부상을 입은 테리 샤이보는 불쾌하고 쓰라린 공적 논쟁의 주인공이 되었다.

샤이보의 부모는 안타깝게도 딸이 영구 식물 상태라는 사실을 인정하지 않았다. 심각한 뇌 부상을 당한 환자의 가족은 환자가 식물 상태임을 보여주는 의학적 증거가 압도적임에도 불구하고 환자가 유의미한 반응을 보인다고 생각하기 쉽다. 샤이보의 비극과 관련한 온갖 그릇된 행동 중에서도 신경학자의 관점에서 볼 때 가장 터무니없는 잘못을 저지른 인물은 상원위원이며 심장외과의사인 빌 프리스트다. 그는 미국 상원 회의장에서 샤이보가 식물 상태가 아니라고 말했다. 이것은 틀린 말이고 전문적인 자격이 없는 사람의 월권적인 발언일 뿐더러 프리스트가 신경학적 증거를 겉핥기로만 살펴보고 밝힌 견해다. 식물 상태에 빠지면 인간적인 의식의 모든 특징은 사라진다. 설령 뇌간의 각성 시스템이 여전히 작동하고 환자가 자발적으로 눈을 뜬다 하더라도 말이다. 뇌간은 수면 상태와 깨어 있는 상태를 교대시킨다. 물론 식물 상태를 쉽게 식별할 수는 없다. 식물 상태를 최소한의 의식이 있는 상태, 즉 뇌가 외부세계와 상호작용하는 능력을 최소한으로나마 보유한 상태와 구별하려면 세심한 주의가 필요하다. 뇌와 외부세계 사이의 상호작용은 통증과 건드림에 반응하기, 시선을 특정 물체에 고정하기, 질문이나 명령에 말이나 몸짓으로 반응하기를 포함할 수 있다.

식물 상태와 최소 의식 상태의 차이를 이해하면, 우리가 인간의 특징을 나타내려면 어떤 뇌 부위들이 필요한지 알 수 있다. 그러나 안타깝게도 위의 두 상태를 구별하기는 지금도 여전히 어려울 때가 많다. 임상 경험이 많은 의사조차도 병상 곁에서 관찰한 환자의 반응만을 근거로 판단을 내릴 수는 없다. 특히 환자의 가족은 무릎반사와 같은 반사만 보고도 환자가 의식이 있다고 믿곤 하는데, 그런 가족이 옳은 판단을 내리기는 더욱더 어렵다.

식물 상태 환자와 최소 의식 상태 환자의 MRI 영상을 보면, 양쪽 모두에서 뇌의 반응이 나타난다. 본인의 이름을 알아듣는지 시험해보면, 두 상태가 구별되는 것처럼 보일 수도 있지만, 이 시험은 결코 완벽한 확인 방법이 아니다. 왜냐하면 식물 상태에서도 시상과 피질은 완벽하게 죽지 않으며 가끔 외부세계에 반응하기 때문이다. 그러나 시상과 피질의 이 같은 활동은 다른 뇌 기능들과 연결되지 않은 채로 섬처럼 고립되어 있다. 확실히 말하건대, 이런 활동은 의식이 아니다.

우리가 인간다우려면 정확히 얼마나 많은 피질과 시상이 필요한가는 의식 탐구의 첨단에 놓여 있는 질문이다. 이 질문을 공략하는 방법 역시 MRI와 PET 등의 기술을 활용하여 피연구자가 특정 의식 상태에서 무엇을 경험하는지 탐구하는 것이다.

잔은 의식과 무의식 사이의 접경지역에서 영적 경험을 했다. 이것은 그녀의 뇌가 당시에 어떻게 작동하고 있었는지에 관한 중요한 단서다. 우리가 의식을 잃는 방식은 두 가지다. 우선 시프 박사가 진료한 환자의 사례에서처럼 뇌간의 각성 시스템이 부상당하여 시상과 피질을 각성시킬 수 없게 되는 수가 있다. 또는 외과의사가 잔의 심장을 주물렀을 때처럼, 뇌간의 각성 시스템은 지나칠 정도로 활발하게 작동하는데도 시상과 피질이 작동을 멈춰 의식을 유지하지 못하는 수도 있다.

잔이 수술을 받을 때처럼 뇌에 공급되는 혈액이 부족하면, 환자는 의식의 변방에 진입한다. 깨어 있는 의식은 무의식에 흡수되고 때로는 다시 떠오른다.

숨은 관계

신경학의 관점에서 의식이 무엇인지를 약간이나마 알았으므로 이제 우리는 다음과 같은 질문을 던질 수 있다. 영적 경험은 별도의 특별한 의식 상태일까? 깨어 있음 상태나 렘 수면 상태에 대응하는 뇌 활동 패턴을 식별할 수 있는 것과 마찬가지로 영적 경험에 대응하는 뇌 활동 패턴을 식별할 수 있을까? 혹시 영적 경험은 감정, 언어 능력, 자신의 신체를 알아챔awareness과 마찬가지로 의식 상태의 한 표현일까?

만일 영적 경험이 의식 내부에서만 비롯된 표현이라면, 적어도 뇌와 관련해서 옳은 어법은 '영적 의식'이 아니라 '영적 알아챔awareness'일 것이다. 신경과학으로 영적 경험을 다룬 극소수의 역사적 사례에서 영적 경험은 깨어 있는 의식의 소관으로, 시상과 피질이 만들어내는 결과물로 여겨졌다. 영적 경험, 특히 신비경험이 그 자체로 하나의 의식 상태일 수 있다는 제임스의 생각을 더 발전시킨 사람은 아무도 없다. 그러나 영적 경험이 깨어 있는 의식의 뇌 메커니즘뿐 아니라 꿈꾸는 의식의 뇌 메커니즘과도 관련이 있다면, 우리는 영적 경험을 독자적인 의식 상태로 간주해야 하지 않을까? 제임스가 전혀 눈치채지 못한, '더 높은 수준의' 대뇌피질에 매달리는 신경과학자들이 간과하는 숨은 관계가 영성과 의식 사이에 성립한다면? 영적 경험은 의식과 무의식과 꿈 사이의 접경지역에서 분출하는 것일지 모른다. 우리의 의식 상태들이 온전한 전체가 아니라 파편의 혼합체라면 말이다.

영적 경험이라는 변방은 의식의 아주 특별한 표현인 우리 각자의 자아감에 영향을 끼친다. 다시 말해 (드문 예외를 빼면) 우리 모두가 각자 깃든 장소인, 일인칭 관점의 '나'에 영향을 끼친다.

자아와 영적 경험은 두 가지 특별한 관계를 맺고 있다. 첫째, 영적 경험에 대한 기억과 느낌은 자아정체성을 구성하는 가장 중요한 부분의 하나가 될 때가 많다. 둘째, 영적 경험의 가장 중요한 특징 중 하나는 자아상실이다. 이 자아상실에 뒤이어 일부에서 '확장된' 의식 상태라고 부르는 것이 따라올 때가 많다.

이제 우리는 신경학적 관점에서 자아를 들여다볼 필요가 있다. 자아가 어떻게 조립되고 분해되는지 살펴볼 필요가 있다. 다양한 유형의 영적 경험에서 자아는 사라졌다가 다시 구성되는 것처럼 보일 수 있다. 어떤 경험이 '지극히 현실적이라' 하더라도, 신경학은 그 현실성을 냉정하게 평가절하할 수 있다. 사실처럼 보이는 착각과 허구를 창조하는 뇌의 능력은 무한한 것처럼 보인다. 이를테면 뇌는 당신이 당신이라는 착각을 창조한다.

분열된 자아
: 어떻게 우리는 나 자신이 존재한다는 거짓 증언을 하게 되는가

"너 자신을 알라."
−델포이의 신전에 새겨진 문구

"가장 흔한 거짓말은 스스로에게 하는 거짓말이다."*
—프리드리히 니체

어떤 주제에 대해서 우리가 얼마나 많이 아는지 가늠하려면 그 주제에 관한 글이 얼마나 많은지 보면 된다는, 구체적으로 말해서 글이 많을수록 우리가 아는 바는 적다는 의학계의 통설이 있다. 자아라는 주제와 관련해서는 이 통설이 옳다. 자아에 관해서 많은 글이 출판되었고 더 많은 글이 출판을 기다리고 있지만, 의식과 마찬가지로 자아는 난해하고 신비로우며 뜨거운 논쟁거리이고 두려울 정도로 불가사의하다.*

자아 초월 혹은 '상실'은 오래전부터 신비적인 합일 경험의 전제조건으로 여겨져왔다. 임사체험 중에 자아에게 일어나는 일은 많은 경우에 뇌에서 일어나는 일을 반영한다. 이 장이 자아와 영적 경험을 포괄적으로 이해할 수 있게 해주지는 못한다. 그런 이해는 한마디로 불가능하다. 대신에 나는 신경학적 자아에 관한 우리의 지식을 살펴보고 신경학적 자아와 영적 경험 사이에 성립할 가능성이 있는 관계에 대한 나의 생각을 제시할 것이다.

박쥐 의식

제임스는 『심리학원리』에서 행동을 이해하는 데 있어서 자아가 중요함을 처음으로 지적하고 현대적인 자아 연구의 토대를 제시했다. "흄의 시대 이래로 자아는 심리학이 다뤄야 하는 가장 까다로운 수수께끼로 여겨져 왔다. 이것은 옳은 견해이다."라고 그는 썼다.

일상생활에서 우리 각자는 '나'가 주변의 사물들과 별개인 개체로서 존재한다고 확실히 느낀다. 이런저런 경험, 예컨대 이 책을 읽는 경험을 하는 당사자는 '나'라고 느낀다. 내가 경험하는 바를 소유하고 나의 행위를 주관하는 당사자는 '나'다. 신비적인 합일이나 깊은 명상이나 몇몇 정신병이 지배하는 드문 순간만 예외일 뿐, 거의 모든 때에 '나'는 우리 각자를 압도한다. 나는 나를 버리고 의식을 유지할 수 없다. 의식과 자아는 거의 항상 엮여 있고 구별 불가능하다. 그러나 뇌 기능을 잘 아는 신경학자의 관점에서 보면, 자아와 의식은 다르다. 나는 의식을 찾으려 할 때 맨 먼저 뇌간을 살피지만, 자아를 찾기 위해 뇌간을 살피지는 않는다.

자아와 의식을 분리하는 방법들이 있다. 이를테면 명상과 몇몇 약물이 있다. 다양한 명상은 자아를 잃고 더 큰 자아를 깨닫는 것을 목표로 삼는다. 영어에서는 더 큰 자아를 대문자로 시작하는 'Self'로 표기하는데, 이 'Self'는 대문자로 시작하는 'Consciousness(의식)' 또는 'God(신)'과 동의어다. 불교도들은 자아를 잃음으로써 우리의 참된 본성을 깨닫는다고 말한다.

그러나 평범한 상황에서는 자신을 없애는 상상을 할 수 없다. 이는 내가 박쥐의 의식을 가지면 어떨지를 상상할 수 없는 것과 마찬가지다. 박쥐를 보면서 나는 박쥐가 깨어 있는지, 날아다니는지, 거꾸로 매달려 잠을 자는지 말할 수 있다. 만약에 박쥐가 병에 걸린다면, 나는 신경학적 검사를 실시하여 박쥐가 의식이 있는지 여부를 판정할 수도 있을 것이다. 어쨌거나 나는 과학적 추론의 한계 내에서 박쥐에게 신경학적 의식을 귀속시킬 수 있다. 그러나 박쥐의 의식적인 경험을 직접 알 수는 없다. 박쥐로 산다는 것이 어떤 것인지를 나는 정말 모른다. 또한 나는 박쥐의 자아, 박쥐 내부의 '나'가 있는지 여부를 확실하게 단언할 수 없다.

나는 내가 '나'를 이해하는 방식으로 박쥐가 자기 나름의 '나'를 경험하리라고 생각하지 않는다. 박쥐 뇌의 대부분은 소리에 몰두해야 한다. 그래야만 어둠 속에서 날아가는 먹잇감을 '가시화'할 수 있다. 박쥐는 우리가 속한 세계와 전혀 다른 감각 세계에서 산다. 두 세계는 너무나 다르기 때문에, 나는 박쥐의 경험을 상상할 엄두조차 내지 못한다. 박쥐의 '자아'는 내가 아는 온전한 박쥐일 가능성이 낮고 그럴 필요도 없다. 오직 고도로 발달된 뇌를 지닌 소수의 포유동물만이 자신을 개체로 인지할 수 있다. 그러나 이 인지능력도 자아감을 산출하기에는 불충분하다. 아무튼, 박쥐가 우리와 직접 소통할 수 없는 한, 박쥐가 개별화된 자아를 알아채는지를 우리가 아는 것은 궁극적으로 불가능하다.

우리는 신비경험 중에 자아의 경계가 왜곡되거나 완전히 사라질 수 있음을 안다. 이런 경험은 동서양의 명상 전통에서 말하는 작은 자아의 해소와 똑같지는 않더라도 유사하다. 신비경험은 "개체와 절대자 사이의 [신체적 장벽을 비롯한] 모든 통상적인 장벽"을 넘는 것을 포함한다고 제임스는 말했다. 물론 통상적인 신체의 경계가 없어지는 경험이 항상 신비경험(또는 다른 유형의 영적 경험)으로 이어지는 것은 아니다. 신시아는 자신의 의식이 응급실 안을 떠다니는 경험을 했지만 신비경험을 하지는 않았다.

그러나 자아의 경계는 흔히 영적 경험이 기원하는 접경지역과 겹친다. 기이하고 심지어 역설적이게도 자아상실은 우리가 겪을 수 있는 가장 강렬한 경험의 하나이며 대개 우리의 자아정체성에 평생 동안 깊게 새겨진다. 자아상실을 포함한 영적 경험이라 하더라도 그런 경험을 겪은 다음에는, 그 경험의 느낌, 감각, 지식, 여파가 그 경험의 당사자인 '나'에게 귀속한다는 것을 의심할 수 없다! 이 귀속감은 아주 강렬해서 흔히 우리의 지속적인 종교적 믿음과 가장 깊은 소망에 근본적인 영향을 미친다.

우리는 자아가 붕괴하거나 더 강해질 때 뇌에서 어떤 일이 일어나는지 살펴보고 거기에서 얻은 발상들을 다양한 영적 경험에 적용해볼 것이다. 그러나 우선 어떻게 뇌가 우리의 자아 경험을 조립하는지 알 필요가 있다. 신경학적 자아를 구성하는 몇몇 부분은 잘 연구되어 있으며 영적 경험(이를테면 신체 이탈 경험)에 직접 영향을 끼친다. 자아를 구성하는 다른 요소들에 대한 우리의 지식은 더 사변적인 편이다. 그렇지만 자아가 어떻게 조립되고 때로는 분해되는지를 이해할 수 있는 만큼 이해하는 것은 더 나아간 논의를 위해서 반드시 필요하다.

자아감

인간과 유인원이 자신을 개체로 여긴다는 사실은 오래전부터 알려져 있다. 최근에는 뇌가 크고 사회적 행동이 잘 발달된 다른 동물들도 자기 자신을 알 수 있다는 것이 분명하게 밝혀졌다. 돌고래와 아시아코끼리는 거울에 비친 제 모습을 알아본다. 더 나아가 야생 돌고래는 독특한 목소리 표찰을 통해 자신을 비롯한 개별 돌고래들을 식별한다. 누가 제 이름을 부르면 알아듣는 인간처럼 말이다.

그러나 물리적 자아를 알아보는 일은 자아감 형성에 그리 중요하지 않을지 모른다. 그 일은 내가 '나'라는 느낌에 필수적이지 않을 수도 있다는 말이다. 인간의 역사에서 비교적 최근까지도 우리가 볼 수 있는 자신의 모습은 수면에 비친 반사상뿐이었다. 많은 사람이 자신의 얼굴을 그 일그러진 상으로만 보며 살았다. 그럼에도 그들은 강한 자아정체성을 유지했다.

자신을 개체로 알아채는 자아는 아동 발달의 초기 단계에 발생한다. 『뉴 옥스퍼드 영어사전』의 설명에 따르면, 자아란 한 개인을 다른 개인들과 구별해주는 '개인의 본질'이다. '특수한 성격 또는 개성'이라는 설명도 이어진다. 그러나 이 책에서 우리는 자아를 이렇게 넓은 의미로, 우리 각자가 유일무이한 개체로 간주하는 자기 자신이라는 의미로 이해하지 않을 것이다. 또한 우리는 '자의식self-consciousness'이라는 용어를 사교적 미숙함이나 문화적 심리적 맥락과 무관한 의미로 사용할 것이다. 요컨대 우리는 자아의 신경학적 측면들에 초점을 맞출 것이다.

암묵적 자아와 명시적 자아가 존재한다. 암묵적 자아란 의식의 바깥에 놓인, 우리 자신의 부분이다. 나의 DNA는 나를 정의하지만, 내가 나의 게놈을 해독하지 않는 한, 나의 의식에 들어오지 않는다. 또한 내가 나의 게놈을 해독하더라도, 나는 내가 보유한 유전적 분자들 자체가 아니라 그것들의 표현만 알 뿐이다.

명시적 자아란, 예컨대 나의 지시에 따라 당신이 당신의 왼발에 주의를 기울일 때 의식에 들어오는 그 왼발처럼, 우리의 의식에 들어오는 우리 자신의 부분이다. 명시적 자아와 암묵적 자아 사이의 경계는 고정적이지 않다. 그 경계는 항상 바뀐다. 영적 경험을 할 때 일어나는 자아상실은 명시적 자아가 대폭 수축하고 암묵적 자아가 확장하는 것이라고 볼 수 있다.

일상의 나

이 문장을 타이핑하는 '나'는 무엇이고 읽는 '당신'은 누구일까? 일반적으로 내가 하고 싶은 말에 집중하고 있을 때 나의 손가락은 의식에 들어오지 않는다. 시선을 내려서 자판을 두드리는 손가락을 볼 때, 나는 손을 의식한다. 나는 그 손이 내 손임을 상기한다. 나는 내 손이 내 팔에 연결되어 있고 내 팔이 내 몸통에 연결되어 있는 것을 볼 수 있다. 감각들은 융합된다. 손가락들이 팔에 붙어 있고 키보드 위에 있다는 것은 내 손의 위치에 대한 나의 감각과 일치한다.

컴퓨터 모니터의 한 구석에 내 얼굴이 비친다. 저 얼굴도 나다. 오늘 아침에 화장실에서 면도할 때에도 저 얼굴을 보았다. 그때 나는 턱에 상처를 입었다. 나는 그 상처를 느낄 수 있다. 또한 저 얼굴은 책꽂이에 꽂혀 있는 나의 고등학교 졸업사진에서 보는 얼굴이기도 하다. 그 사진

속의 얼굴과 모니터에 비친 얼굴은 똑같이 오른쪽 구레나룻 근처에 점이 있다. 물론 지금 모니터에 비친 얼굴에는 주름과 흰머리가 더 많다. 나는 자가용을 타고 사진관에 가서 내 모습을 의식하면서 사진을 찍었던 일을 기억한다.

배고픔이 느껴진다. 그 느낌이 나에게 점심을 먹을 때라고 알려준다. 나는 내가 어제 만든 수프를 데울 생각을 한다. 부엌으로 가려고 일어설 때, 휴대전화기로 딸이 전화를 걸어온다. 딸과 통화하는 목소리는 내가 기억하는 가장 먼 과거부터 지금까지 줄곧 나의 목소리였다.

기억 덕분에 나는 시간의 흐름 속에서 보존된다. 기억은 외부세계와 우리가 우리의 '내부환경internal milieu'이라고 부르려는 것 사이의 정합성을 보장하는 열쇠다. 나의 기억은 셰링턴이 '시냅스'라고 명명한, 뉴런들 사이의 틈에서 일어나는 장기적인 변화 덕분에 가능하다. 그 변화 패턴들은 내가 뇌와 기억이 작동을 멈추는 마취 상태를 겪고 깨어나더라도 분열되지 않게 해준다. 깊은 마취 상태에 빠졌다가 깨어나면, 마취로 신경 활동이 억제되어 사라졌던 나의 특징적인 신경 방전 패턴들이 다시 나타나야 한다. 나 자신에 대한 기억은 감각적 지각, 감정, 생각, 사건을 아우른다. 왼쪽 관자엽의 시냅스들*은 이런 유형의 기억을 위해 특히 중요하다.

구체적으로 그 시냅스들의 장기적인 변화는 자아를 한 덩어리로 뭉치는 접착제라고 할 수 있는 기억의 지속을 보장한다. 더 일반적으로 뇌 전체의 시냅스들은 뇌 세포들 사이의 소통을 가능케 하는 통로들이며 우리의 뇌가 우리를 누구로 만드느냐와 관련해서 결정적인 역할을 한다.

자아 통합을 위해 기억이 매우 중요하기는 하지만, 기억의 큰 부분을

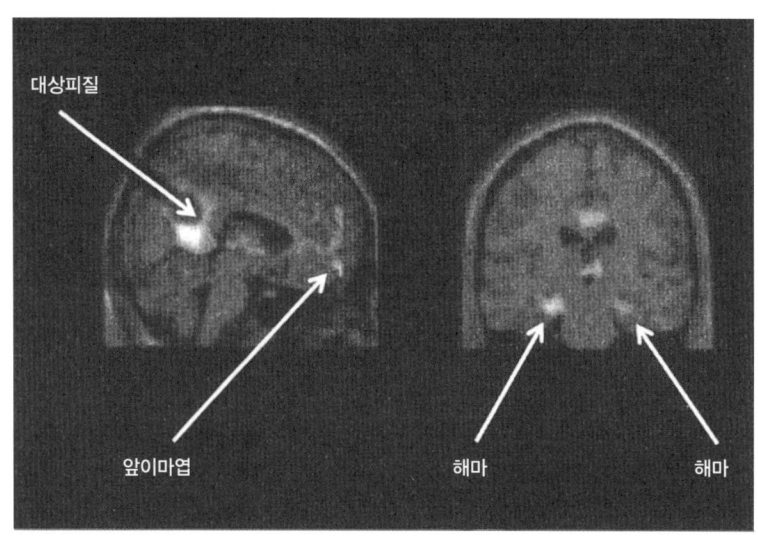

나 자신에 관한 기억을 되살릴 때 뇌의 활동. 해마와 뒤쪽 대상피질(대상피질의 뒤쪽 부분—옮긴이)을 비롯한 변연계의 여러 구역과 앞이마엽의 활동이 증가한다. 왼쪽 해마가 손상된 환자는 자신에 관한 기억을 심각하게 잃는다.

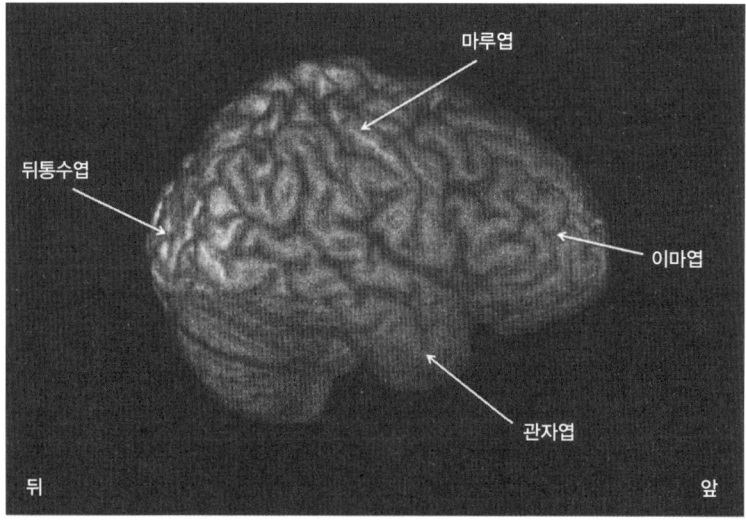

뇌의 주요 구역

잃는다고 해서 우리가 자아를 완전히 잃고 좀비가 되는 것은 아니다. 경험하고 행동하는 당사자가 '나'라는 느낌은 유지할 수 있다.* 아이오와 대학교의 대니얼 트래널 박사와 브래들리 하이먼 박사는 심각한 기억력 상실로 역사가 몇 초에서 몇 분만 지속하는 세계에서 살게 된 어느 여성의 사례를 보고했다.

그 여성은 새로운 기억 형성에 필수적인 뇌 구조물들*이 질병에 의해 파괴되기 전 어린 시절과 젊은 시절에 일어난 일들을 기억했다. 그러나 병든 이후 그 여성이 대면하는 세계는 좁은 틈새로 보이는 풍경과 같았다. 그녀는 몇 분 전에 일어난 일을 어김없이 망각했다. 그러나 그녀는 자아감이 있었고 행복감을 느낀다고 인정했고 타인에 대한 연민을 표현했으며 자신의 몸을 알아챘다. 나는 기억상실증이 아주 심해서 지금이 언제이고 자기가 어디에 있는지 모르고 자기에 관한 가장 기초적인 사실들조차 인정하지 않으면서도 자기 이름을 들으면 일관되게 반응하는 알츠하이머병 환자를 여러 명 보았다. 적어도 기억과 관련해서는, 나 자신이 개체라는 앎은 최후까지 존속하는 인간적 특징 중 하나인 듯하다.

우리가 영적 경험을 하면서 자아를 잃고 과거 기억을 잃는다면, 그것은 기억 기능이 완전히 멈춰버리기 때문일까? 나는 그렇지 않다고 생각한다. 다른 것은 제쳐두더라도, 영적 경험 자체가 가장 강렬한 기억 중 하나로 남는다는 사실에 주목해야 할 것이다. 오히려 기억의 재생과 관련이 있는 뇌 과정들이 멈추기 때문에 자아상실이 발생하는 것으로 보인다. 영적 경험의 순간에 일어나는 자아 망각은 우리를 초월로 이끄는 구실을 할 수 있다.

다빈치 대 피카소

신경학자들은 다른 의사들을 포함한 거의 모두에게 낯선 방식으로 인간의 정신과 뇌를 바라본다. 우리가 받은 훈련과 접하는 사례들 때문에 우리는 자아를 놀랄 만큼 반직관적이기 일쑤인 방식으로 바라볼 수밖에 없다. 이런 점에서 신경학자는 우리가 직접 경험하거나 느끼거나 볼 일이 결코 없는 광활한 우주의 시간과 거리와 힘을 다루는 천문학자와 유사하다. 천문학자가 의지하는 수학적 추론과 논리는 상식과 상통하지 않는다. 흔히 평범한 일상 경험과 정면으로 충돌하는 천문학 지식은 천문학자를 고립시킨다.

이와 유사하게 신경학자는 천문학자가 다루는 우주 못지않게 불가사의할 수도 있는 뇌의 해부학, 화학, 생리학에 관한 지식을 갖췄기 때문에 고립된 삶을 산다. 자아정체성이 이음매 없이 통일된 전체라는 생각이 착각으로 드러나는 것은 신경학자의 세계에서 흔한 일상사다. 신경학자들은 오히려 압도적으로 다채로우며 흔히 모순적인 요소들을 포함한 주관적 경험과 마주친다.

예컨대 파리 루브르 박물관에서 「모나리자」를 처음 보았을 때 나는 그 유명한 미소에 이끌려 레오나르도 다빈치가 그린 그 작은 걸작으로 다가갔고 그림 속의 얼굴이 통일되어 있고 즉각 알아볼 수 있다는 점에 강한 인상을 받았다. 그러나 나는 그 익숙한 얼굴의 이면에 착각이 있음을 알고 있었다. 나는 피카소가 그린 도라 마르의 초상화를 생각했다. 그녀는 피카소의 예술적 영감의 원천, 모델, 애인이었다. 피카소의 분열된 투영법은 부분들 사이의 관계와 비율이 부자연스러운 듯한 얼굴을 만들어낸다. 우리가 세계를 지각하는 정상적인 방식에 훨씬 더 가까운 것은 분열된 면들로 구성된 도라의 얼굴이 아니라 다빈치의 모나리자라고 우리 대부분은 생각한다. 그러나 뇌는 시상과 피질 전체에 분산되어 있는 파편적인 요소들을 바탕으로 삼아 우리 자신을 만들어낸다. 뇌가 자아를 만드는 방식은 피카소가 그림을 그리는 방식과 유사하다.

나의 인형 다리

훨씬 더 어릴 적에 나는 꼭 필요하지는 않았지만 어떤 수술을 받았고 어떻게 자아가 분열될 수 있는지를 직접 경험했다. 발로 이어진 신경들은 몸에서 가장 길며 손상될 위험이 가장 높다. 그 신경들이 손상되는 원인 중 하나는 당뇨병이다(나는 당뇨병 때문에 발로 이어진 신경이 손상된 환자를 늘 접한다). 그 신경들이 손상되면 발의 감각이 뇌에 도달하지 못한다.

수술 직후에 나도 그와 유사한 경험을 했다. 낯선 회복실에서 깨어난 나는 수술을 받은 것이나 그 방에 들어온 경위를 기억하지 못했다. 아직 약 기운이 가시지 않은 탓이었다. 회복실 간호사는 내가 놀라지 않도록 척수 마취제의 효과가 남아서 내 다리가 마비된 상태라고 일러주었다. 손으로 만져보니 다리에 감각이 없었다. 다리가 존재한다는 느낌이 뇌로 전달되지 않았다. 하지만 문제될 것은 없었다. 나는 힘없이 누워 있었고 그렇게 가만히 누워 있는 것 외에 달리 하고 싶은 것도 없으니까 말이다. 그러나 얼마 지나지 않아 간호사는 나를 병실로 옮기기로 결정했다. 바퀴 달린 들것이 문 앞에 도착하자 간호사는 내 다리의 힘이 조금 전보다 회복되긴 했지만 여전히 약해서 몸을 지탱할 수 없을

테니 조심하라고 말했다. 나는 몸 상태를 시험해보기로 했다. 오른 다리를 들어 무릎을 펴려 했다. 그러자 뇌가 지시한 방향만 빼고 나머지 모든 방향으로 다리가 마구 움직였다. 왼다리도 나을 것이 없었다. 하지만 나는 다리가 움직이는 낌새를 거의 느낄 수 없었고 다리의 위치도 전혀 느낄 수 없었다. 내 하반신이 떨어져나간 것 같은 야릇한 기분이 들었다. 나는 내 다리를 볼 수 있었다. 그러나 내 다리를 다른 사람이 마치 줄 인형을 조종하듯이 조종하는 것 같았다.

우리가 방 안에서 걸을 때든 언덕에서 스키를 탈 때든 우리의 팔다리가 부드럽게 움직이려면 근육들이 긴밀하게 협응된coordinated 방식으로 수축하고 이완해야 한다. 내가 수술을 받은 직후에는, 평소에 내 다리의 감각을 뇌로 전달하거나 뇌와 다리 근육을 연결하는 신경들이 차단된 상태였다. 그 때문에 내 다리는 뜻대로 움직이지 않았다.

이와 유사하게 자아의 경계가 불분명한 사례들을 나는 자주 접한다. 자아가 통일성을 잃을 때 뇌에서 어떤 일이 일어나는지, 자아의 통일성을 회복하려면 어떤 뇌 부위들이 필요한지 알아내기란 쉬운 일이 아니다. 자아는 의식과 마찬가지로 분열될 수 있다. 그리고 자세히 살펴보면, 자아의 작은 부분은 가장 강렬한 자아초월 경험에서도 유지된다고 추정하게 된다. 뇌가 자아를 구성하는 방식을 자세히 탐구하고 나면, 완벽한 자아상실은 의심스러운 현상이라는 생각을 하게 된다.

나는 뇌가 우리를 어떻게 조립하는지에 관해 단서를 제공하는 자아상실이나 발견의 사례를 네 건 안다. 우선 거창하지 않게 팔을 출발점으로 삼으려 한다. 세 건은 뇌 손상 사례다. 각 사례는 영적 경험 중에 우리가 자아를 왜곡하는 방식과 관련이 있다.

외계인 팔

수술 직후에 내 뜻을 따르지 않던 다리는 결국 나에게 돌아왔다. 나는 다리가 분리된 듯한 느낌이 오래 가지 않을 것임을 알았으므로, 그 느낌은 고통스러웠다기보다 야릇했다. 하지만 내가 진료한 스티브를 비롯한 영구 마비 환자들은 어떤 경험을 할까? 나는 그들의 경험을 어렴풋하게 상상할 수 있을 뿐이다.

스티브는 켄터키 주 농촌의 자기 집에서 새벽 3시에 깨어나 화장실에 가려고 침대에서 일어나다가 바닥에 쓰러졌다. 그는 깜짝 놀랐다. 걸을 수가 없었다. 인근 병원의 응급실에서 컴퓨터 단층촬영CT으로 머리를 검사해보니 초기 뇌졸중의 흔적이 나타났다. 그리하여 그는 대학 병원으로 옮겨져 나의 동료들에게 초진을 받았다. 스티브에게 닥친 문제가 아주 특이하다는 것이 곧바로 드러났다. 그는 왼팔과 왼다리에 힘이 없다고 말했지만, 검사해보니 그곳들은 정상이었다. 더욱 심각하게도 그는 왼팔을 인지하지 못했다. 확실히 왼팔의 존재를 알아채지 못했다. 게다가 오른팔을 움직여보라고 하면, 그의 뜻과 상관없이 왼팔이 오른팔의 동작을 따라했다. 스티브는 자신의 왼팔을 자신의 의지대로 움직일 수 없었다. 그의 왼팔은 제멋대로 움직였다. 만일 그가 왼팔을 써서 밥을 먹으려 했다면, 왼팔은 그의 명령을 따르지 않았을 것이다. 그의 왼팔은 촉각을 비롯한 감각과 힘이 정상이었는데도 말이다. 왜 팔을 조종할 수 없느냐고 묻자, 그는 이렇게 말했다. "팔이 제 마음대로 움직이지 않고 자기 마음대로 움직여요. 저는 뭘 좀 해보려는데, 팔은 하기 싫어해요." 그의 왼팔은 독자적인 의지를 획득했다. 그의 자아를 벗어난 외계인 팔alien arm이 되었다. 만화 『애덤스 패밀리Addams Family』에 나오는 외톨이 손 '씽Thing'과 비슷했다.

이른바 외계인 팔다리 증후군alien limb syndrome은 다양한 형태로 나타난다. 어떤 경우에는 외계인 팔다리(거의 항상 왼쪽 팔다리다)가 반대편 팔다리와 조화를 이루지 못한다. 이를테면 정상 팔다리는 바지를 벗으려 하는데 외계인 팔다리는 입으려 한다. 이 증후군에 걸린 환자는 소스라치게 놀랄 수 있다. 왜냐하면 외계인 팔다리가 문을 열거나 침대 시트를 걷거나 갑자기 눈앞에 나타날 때, 자기 곁에 누군가 다른 사람이 있다는 생각이 들기 때문이다. 외계인 팔다리는 머뭇거림 없이 무엇이든 잡을 수 있다. 마치 무슨 자석에 끌려서 움직이는 것처럼 말이다. 외계인 팔다리의 소유자는 자신의 책임을 부인한다. 외계인 팔다리가 제멋대로 군다고, 자신의 의지를 무시한다고 말한다. 일부 환자의 경우에는 외계인 팔이 나쁜 짓을 하는 것을 막느라고 '좋은' 팔다리가 항상 분주하다. 운전 중에 외계인 손이 운전대를 급하게 돌려 차의 진로를 바꾸려고 하는 사례도 있다고 한다. 그럴 때 운전자의 정상 손은 사고를 방지하기 위해 외계인 손을 억제해야 한다. 이처럼 팔다리 하나가 미쳐버리는, 몸과 자아가 분리되는 사례는 비록 드물지만 신경학자들에 의해 잘 기록되어 있고 항상 피질 손상에 그 원인이 있다.

외계인 팔다리 증후군의 바탕에는 의식과 기타 자아 부분들 사이의 분리가 있다. 팔을 통제하는 특화된 기능을 담당하는 신경회로*가 다른 뇌 영역들로부터 분리되면, 그 신경회로는 고립되지만 흔히 기이하거나 자동적인 방식으로 기능한다. 다른 유형의 분리도 일어날 수 있다.* 뇌졸중으로 뇌의 왼쪽이 손상된 환자는 읽기 능력을 유지하지만 쓰기 능력을 잃을 수 있다. 만일 왼손 감각을 담당하는 뇌 구역이 언어 구역들로부터 분리되면, 환자는 눈을 감은 채로 왼손으로 칫솔질을 할 수 있지만, 왼손으로 만진 물체의 이름을 말하려면 눈을 떠서 언어 능력을 담당하는 뇌의 반대편(왼편)이 물체를 보도록 해야만 할 것이다.

스티브의 뇌졸중은 두 군데에서 일어났다. 즉 세계 안에 있는 자신을 식별하는 데 중요한 역할을 하며 왼팔을 자신의 것으로 알게 해주는 오른쪽 마루엽, 그리고 뇌의 오른편과 왼편을 연결하는 굵은 신경 다발인 뇌량에서 일어났다.

스티브의 뇌졸중이 발병하고 사흘 뒤에 나는 그를 처음 보았는데, 어느새 그는 왼팔을 통제할 수 있었다. 혼자 옷을 입고 간단한 과제도 수행할 수 있었다. 왼팔을 인지하지 못하는 증상은 대체로 여전했지만, 나는 그 증상도 완화되리라고 예상했다. 그의 뇌졸중은 내가 본 다른 사례들에 비해 경미했다.

로버트라는 환자도 있었다. 역시 오른쪽 마루엽 뇌졸중 환자였던 그는 왼팔 신경을 검사받기 위해 나에게 왔다. 내가 왼팔을 움직여보라고 하자, 그는 이렇게 대답했다. "팔이 말을 안 들어요. 내 팔이 아니에요."

"그럼 누구 팔이에요?" 내가 물었다.

"모르겠어요. 아무튼 뇌졸중하고 관련이 있어요. 내가 뇌졸중에 걸렸고 이게 내 팔이든지 아니면 내가 바보든지 둘 중 하나예요."*

스티브와 로버트는 이런 식으로 어렴풋하게나마 자신의 상태를 파악했다. 그들은 자신의 왼팔이 남의 팔이라는 생각과 그런 생각이 터무니없다는 생각 사이를 오갔다. 그들은 양립할 수 없는 이 두 가지 생각을 조화시킬 수 없어서 난처해했다. 하지만 이 난처함은 회복을 낙관하게 하는 좋은 조짐이었다.

적어도 내가 아는 한, 스티브가 뇌졸중으로 겪은 엄청난 혼란은 초월적인 통찰이나 느낌을 유발하지 않았다. 이 사실은 영적 경험 중에 일어나는 일은 단순히 오른쪽 마루엽이 고립되고 기능을 멈추는 것이 아님을 시사한다.

쓰다듬기 마술

마술사와 심리학자는 오래 전부터 직업적인 목적을 위해 착각과 속임수를 이용해왔다. 심리학 연구자들은 어떻게 뇌가 시각, 촉각, 팔다리 위치 정보를 종합하여 몸을 감지하는지를 생생하게 보여주기 위해 그런 속임수를 활용했다. 피츠버그 대학교의 심리학자 매튜 보트비닉과 조너선 코언은 아무것도 모르는 피실험자를 테이블 앞에 앉혔다. 한 심리학자는 그에게 왼팔을 차단막 뒤에 놓으라고 지시했다. 지시에 따른 피실험자는 자신의 왼팔을 볼 수 없게 되었다. 이어서 심리학자는 실물과 똑같은 고무 팔을 차단막 앞에 놓고 피실험자에게 그 가짜 팔을 주시하라고 말하고는, 솔을 이용하여 고무 팔과 차단막 뒤의 진짜 팔을 똑같은 리듬으로 쓰다듬었다. 얼마 후에 심리학자는 진짜 팔을 쓰다듬기를 멈추고 고무 팔만 쓰다듬었는데, 그 상태에서도 피실험자는 팔에 솔질이 느껴진다고 보고했다.

잠시 후에 연구자는 피실험자에게 눈을 감고 오른손을 왼손 쪽으로 움직이라고 지시했다. 그러자 피실험자는 일관되게 오른손을 고무로 된 가짜 왼손 쪽으로 움직였다. 피실험자는 그 고무 손을 자신의 손이라고 느꼈던 것이다.

고무 팔과 같은 무생물을 몸의 일부로 통합하는 뇌의 능력은 자아의 허술함을, 우리의 감각을 조직하는 뇌 과정의 허술함을 생생하게 보여준다. 그러나 이 실험에서 확인된 착각은 영적 경험과 일치하지 않는다. 영적 경험 중에는 자아상실이 순식간에 일어날 수 있는 반면, 이 실험에서는 피실험자가 자신의 왼팔을 가짜 팔로 대체하는 데 몇 분이 걸렸다. 더구나 이 실험과 유사한 상황이 현실에서 발생할 가능성은 낮다. 피실험자의 뇌가 어떤 과정을 거쳐서 그 인조 팔을 자기 몸의 일부로 받아들였는지 우리는 모르지만, 만일 그 과정이 신속하게 확장되어 (고무 팔에만 머물지 않고) 우리 주변의 세계 전체를, 심지어 온 우주를 아우를 수 있다면, 그 과정은 영적 경험 중에 뇌에서 일어나는 일에 관해서 무언가 시사하는 바가 있을 것이다. 아무튼 고무 팔 속임수는 뇌가 자아를 모르는 사이에 재구성할 수 있음을 보여준다.

뇌에서 유령을 쫓아내기

소설가이며 윌리엄 제임스의 친구인 S. 위어 미첼S. Weir Mitchell은 미국 최초의 신경학자 중 한 명이기도 하다. 미첼은 남북전쟁 중에 외과의사로서 많은 팔다리 절단 수술을 집도했다. 수술을 받고 몸을 추스른 환자들은 미첼에게 절단된 팔다리 대신에 그들에게 붙어 떨어지지 않는 "감각 유령sensory ghost"에 대해서 이야기했다. 부상병들에 관해서 방대한 글을 쓴 미첼은 훗날 "유령 팔다리phantom limb"라고 명명된 증상을 의학적으로 상세하게 기술한 최초의 인물로 인정받는다.

유령 팔다리에서 느껴지는 감각은 환자를 평생 동안 괴롭히는 견디기 힘든 통증으로 이어질 수 있다. 그런 유령 팔다리 통증은 너무나 고통스러워서 의사와 환자를 극단적인 외과수술을 포함한 자포자기적인 처치로, 예컨대 뇌의 일부를 파괴하는 처치로 몰아간다. 마침내 1980년대에 이르러서야 신경과학자 V. S. 라마찬드란 V. S. Ramachandran이 대단히 단순하지만 효과적인 치료법을 개발했다. 그 치료법은 뇌의 감각지도에 생긴 왜곡이 유령의 정체라는 깨달음에 기초를 둔다.

아마 당신의 짐작과 다르겠지만, 뇌 자체는 건드림이나 아픔을 느끼지 못한다. 감각지도 작성은 그 덕분에 가능하다. 뇌는 물리적 감각을 느끼지 못하므로, 우리는 여러 뇌 영역의 표면이나 내부 깊숙한 곳에 탐침을 설치할 수 있다. 두통은 혈관 속의 신경말단과 뇌를 보호하는 막에서 유래하는 것이지, 뇌 자체에서 유래하는 것이 아니다.

캐나다의 신경외과의사 와일더 펜필드는 환자의 간질을 유발하는 종양 및 반흔조직 scar tissue과 정상적인 뇌 조직을 구별하려는 목적으로 뇌를 자극하는 실험을 했다. 그는 뇌의 특정 부위를 자극하면 환자의 신체 어느 곳에 감각이 느껴지는지, 또는 어느 곳이 반응하는지를 기록했다. 이런 자극 실험을 수백 번 반복한 끝에 펜필드는 뇌의 어느 위치에 신체의 어느 부분이 대응하는지 보여주는 지도를 만들 수 있었다. 흥미롭게도 말하기, 표정 짓기, 복잡한 손짓, 복잡한 감정 표현에 필요한 신체 부분들(예컨대 손가락 끝과 입술)은 상대적으로 큰 뇌 구역에 대응한다. 그런 지극히 인간적인 기능들은 우리를 진화하게 한 주요 동력인데, 그런 기능들이 뇌에서 많은 부동산을 차지하고 있는 셈이다.

처음에 신경학자들은 그런 지도가 한번 형성되면 변화하지 않는다고 생각했다. 그러나 대륙들이 이동하고 재조립되어 세계지도가 바뀌듯이, 그런 지도도 변화한다는 사실이 밝혀졌다.

환자가 팔다리 하나를 잃으면, 뇌는 감각지도를 재편성한다. 그런데

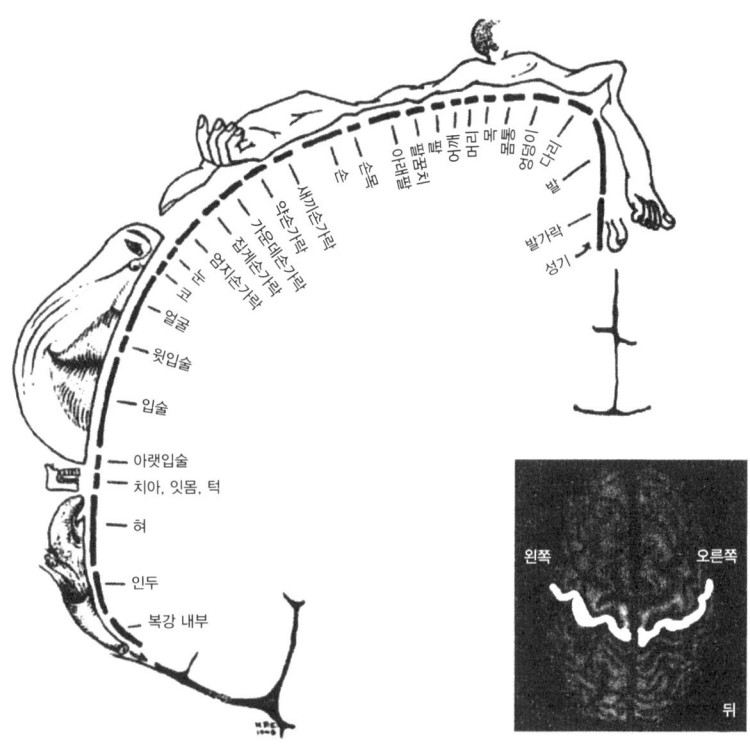

감각 호문쿨루스. 와일더 펜필드가 뇌 자극 실험에 기초하여 작성한 감각지도다. 사진 속의 하얀 구역은 감각 호문쿨루스가 있는 장소다.

그 결과로 환자가 이제는 존재하지 않는 팔다리에서 오는 감각을 느끼는 경우가 있다. 의사는 이런 기이한 질병을 어떻게 치료할 수 있을까?

어느 날 필립이라는 30대 남성이 라마찬드란의 진료실로 들어와 절박하게 도움을 청했다. 그의 왼팔은 여러 해 전에 절단되었는데, 그때 이후 줄곧 유령 왼팔이 그에게 붙어서 거추장스럽고 아픈 자세를 유지하고 있다는 것이었다.

라마찬드란은 치료에 나설 준비가 되어 있었다. 그는 직접 설계한 상자 앞에 필립을 앉혔다. 그 상자는 구멍이 두 개 뚫려 있고 안에 싸구려 거울이 들어 있었다. 한 구멍은 필립이 오른팔을 넣기에 적당한 위치에 있었고, 나머지 구멍은 필립의 유령 왼팔을 넣기에 적당한 위치에 있었다. 필립이 구멍에 오른팔을 넣자 오른팔의 거울상이 아픈 유령 왼팔의 모습으로 나타났다. 필립은 감탄했다. "이럴 수가! 내 왼팔이 돌아왔어요." 몇 년 만에 처음으로 그는 왼팔꿈치와 손목의 움직임을 느낄 수 있었다. 그러나 그는 상자 안을 들여다볼 때만 그 "움직임"을 느낄 수 있었다. 그가 눈을 감거나 오른팔을 상자에서 꺼내면, 유령 왼팔은 다시 굳은 자세로 돌아갔다.

라마찬드란은 필립에게 그 상자를 집으로 가져가서 매일 10분 동안 사용하라는 처방을 내렸다. 여러 주가 지나자 필립은 유령 왼팔이 사라졌다고 보고했다. 이제 그의 몸에는 비틀려서 아픈 팔이 붙어 있지 않다고 했다. 필립은 말하자면 최초로 유령 팔다리 절단 수술을 받은 환자가 된 것이었다. 오른팔의 거울상은 절단된 왼팔을 되살림으로써 필립의 뇌로 하여금 감각지도를 재편하고 정상적인 상태로 복귀하게 했다. 만약에 위어 미첼이 뇌의 작동에 대해서 더 많이 알았다면, 그는 이 치료법을 남북전쟁 부상병들에게 적용할 수 있었을 것이다. 기술적으로는 당시에도 충분히 가능한 치료법이니까 말이다.

이처럼 뇌 속의 신체지도는 가변적이지만, 그 변화의 속도가 영적 경험을 설명할 수 있을 정도로 빠르지는 않은 듯하다. 뇌 지도가 다시 그려지려면 여러 주에 걸친 상당한 노력이 필요하다. 물론 그 기간은 지각의 판들이 이동하는 데 걸리는 시간보다는 짧지만, 그래도 영적 경험 중의 자아상실이 뇌 속 신체지도의 신속한 수축 때문에 발생한다는 설명은 무리인 듯하다. 그런 자아상실은 때로는 겨우 몇 초만 지속하는

데, 뇌 속 신체지도가 그렇게 빠르게 수축했다가 원래 상태로 복귀한다는 것은 있을 법하지 않은 일이니까 말이다. 뇌는 우리가 저 바깥의 객관적 실재로 경험하는 대상뿐 아니라 우리 자신의 피와 살도 창조하는 놀라운 능력을 지녔다. 그러나 이 능력에 기대어 영적 경험을 설명할 수 있으려면, 기본적으로 이 능력 발휘의 시간 규모와 영적 경험의 시간 규모가 일치해야 할 것이다.

여분의 팔

'유령 팔다리' 증상은 절단수술을 받은 사람에게만 국한되지 않는다. 뇌간에 일어난 뇌졸중의 결과로 여분의 팔다리가 돌아날 수도 있다. 일본의 다나카 히데아키 박사와 그의 동료들은 심각한 뇌간 뇌졸중을 겪은 47세 여성을 진료했다. 그 여성은 피질이 온전해서 사고 기능은 정상이었지만 안구를 위아래로 움직이는 것 외에 어떤 동작도 할 수 없는 전신마비 상태였다.* 이 끔찍한 상태를 일컬어 '감금locked-in 증후군'이라고 한다. 뇌졸중이 그녀의 뇌 속 신체지도를 엉망으로 만들어놓았던 것이다. 나중에 충분히 회복한 뒤에 그녀는 마비상태에서 자신이 느낀 바를 이야기할 수 있었다. 그녀는 왼쪽 옆구리에 팔 하나가 추가로 생겼다고 말했다. 그녀는 그 팔을 움직일 수 있었다. 때로는 그 팔이 자기 나름의 생각을 지닌 듯했고 그녀의 목을 조르려고 하는 듯했지만 말이다. 때때로 왼다리 안쪽에 움직이지 않는 세 번째 다리가 나타나기도 했다. 그녀의 상태가 호전되자 여분의 팔과 다리는 사라졌다.

여분의 팔다리는 유령 팔다리와 다르다. 어떻게 뇌가 여분의 팔다리를 만들어내는지는 밝혀지지 않았다. 어쩌면 그녀의 뇌 속에 있는 왼팔 지도가 하반신 지도와 분리된 채로 모종의 방식으로 재편성되고 확장되어 뇌졸중 이전에는 팔에 대응하지 않았던 구역으로 침입하는 것일 수도 있다.

지금까지 언급한 사례들은 우리의 자아감이 어떤 식으로 교란될 수 있는지 보여준다. 이런 교란은 대뇌피질뿐 아니라 다리와 팔을 비롯한 온몸의 신경에서 비롯된다. 우리의 자아감은 허술하다. 내 팔이 나에게 낯설 수 있고 절단된 뒤에도 여전히 존재하는 것처럼 느껴질 수 있다면, 고무 팔이 내 팔처럼 느껴질 수 있다면, 내 몸통에서 팔다리가 새로 돋아날 수 있다면, 과연 생생하게 느껴지는 신체 이탈 경험의 실재성을 신뢰할 수 있을까? 영적 경험 중에 일어나는 자아감의 의미심장한 변화도 이와 유사한 착각일까? 자아를 상상력이 지어낸 허구로 간주할 수 있다면, 영적인 진리도 마찬가지라고 할 수 있을까?

뇌 속의 '나'

자기인식self-awareness은 자신의 성격, 감정, 동기, 욕망에 대한 의식적인 앎이다. 최소한의 의식이 있으려면 어떤 뇌 부위가 어떻게 필요한지 밝혀지지 않은 것과 마찬가지로, '나'라는 인간 자아가 성립하려면 뇌에 어떤 내용이 들어 있어야 하는지 우리는 확실히 알지 못한다. 그러나 몇 가지 아이디어는 존재한다. 그중 다수는 앞에서도 언급한 빅토리아 시대의 간질 연구자 존 헐링스 잭슨에게서 유래했다.

정신과 뇌와 자아에 예리한 관심을 기울인 잭슨은 직접 진료한 신경과 환자들을 꼼꼼히 관찰한 결과와 당대의 새로운 진화론을 결합했다. 그는 우리가 스스로를 감지하는 능력이 이마엽에서 유래한다고 추측했고, 인간적인 자아를 찾으려면 가장 최근에 진화한 뇌 영역들을 살펴야 한다고 옳게 추론했다. 그는 이마엽의 맨 앞부분을 '앞이마엽'으로 명명했다. 그가 보기에 앞이마엽은 '정신'이 기원하는 곳이었으며, 대뇌피질에서 발생하는 다른 자아 특징들의 조화를 촉진하는 곳이었다. 헐링스는 앞이마엽 자아가 교란된 상태를 '몽환적 상태'로 명명했다. 몽환적 상태를 일으키는 가장 흔한 원인은 간질이었다.

이마엽 손상이 자아의 핵심 요소인 성격에 근본적인 영향을 끼친다는 사실은 오래 전부터 알려졌다. 이마엽의 손상이 영구적이면, 영구적이고 돌이킬 수 없는 성격 변화가 일어난다. 뇌의 퇴화, 물리적인 부상, 혹은 종양 때문에 이마엽이 손상된 환자는 흔히 옷차림, 정치철학, 종교가 극적으로 달라진다. 우아한 맞춤옷을 좋아하던 여성이 갑자기 야한 싸구려 옷을 좋아하게 될 수도 있다. 금욕주의자가 성적인 모험을 즐기게 될 수 있고, 검소한 사람에게 낭비벽이 생길 수 있고, 정직한 사람이 강박적인 거짓말쟁이가 될 수 있다. 종교적 신념과 행동이 돌변할 수도 있다.

이런 변화의 예로 가장 잘 알려진 것 중 하나는 철도 건설 감독 피니스 게이지의 사례다. 1848년 9월 13일, 게이지는 버몬트 주 캐번디시 근처에서 선로 신설을 위한 터 닦기 작업을 하느라 바빴다. 인부들은 바위에 구멍을 뚫고 폭약을 집어넣었다. 게이지는 구멍 속의 화약을 철봉으로 단단히 다지는 일을 맡았는데, 불의의 폭발이 일어나 철봉이 위로 튀어오르면서 그의 두개골을 관통했다. 철봉은 그의 왼눈 바로 아래를 뚫고 들어가 머리 꼭대기를 뚫고 나왔다. 그런데 놀랍게도 그는 잠시 기절했다가 깨어났다. 철봉이 생명에 필수적인 부분들을 모두 비켜 간 것이 분명했다. 그러나 나머지 상처가 치유된 뒤에도 앞이마엽은 손상된 채로 남았고, 이로 인해 원래 성실하고 책임감 있고 법을 잘 지키고 신뢰할 수 있는 사람이었던 그는 변덕스럽고 속물적이고 게으르고 책임감 없는 인물로 바뀌었다. 기억과 말투와 기타 뇌 기능들은 변함이 없었다. 성격만 돌이킬 수 없게 바뀌었다.

게이지의 앞이마엽 부상은 좌뇌와 우뇌 모두에 일어났다. 오늘날 우리는 그 영역이 합리적인 의사결정과 감정 처리에서 중요한 역할을 한다는 사실을 안다.*

자기반성은 자기인식, 혹은 제임스의 표현을 빌리면, 아는 주체가 있다는 앎의 필수 단계이며 아마도 첫 단계일 것이다. 어느 MRI 연구에서 피실험자들은 '나' 또는 '나의'로 시작하는 표준적인 문장들에 "예"나 "아니오"로 대답하도록 요구받았다. 이를테면 "나는 쉽게 화를 낸다.", "나는 건망증이 있다.", "나는 신뢰할 만한 사람이다." 등의 문장이 제시되었다. 나중에 피실험자들의 MRI 영상을 비교해보니, 모든 피실험자의 앞이마엽이 활성화된 것이 확인되었다. 또한 뒤쪽 대상피질도 활성화되었다.

뒤쪽 대상피질은 중요한 변연계 영역으로, 자신에 대한 기억, 익숙한 얼굴과 목소리에 대한 반응, 감정적 자극의 지각 및 처리를 담당한다. 자신을 반성할 때의 MRI 영상은 우리가 자신에 대한 기억을 되살릴 때의 MRI 영상과 두드러지게 유사하다. 뒤쪽 대상피질은 존경심과 연민의 발생에서도 중요한 역할을 할 가능성이 있다. 극단적인 존경 혹은 숭배를 동반하거나 강렬한 연민을 동반하는 유형의 영적 경험에서

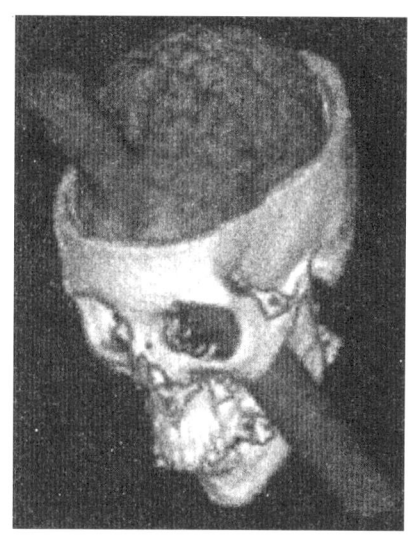

게이지의 뇌를 관통한 철봉

그 유명한 철봉을 든 게이지

는 뒤쪽 대상피질이 중요한 구실을 하는 것이 분명하다.

우리는 앞이마엽과 뒤쪽 대상피질이 자아와 관련해서 중요하다는 것을 안다. 하지만 이 앎에 기초하여 뇌 속에서 '나'가 발생하는 자리에 대한 최종 판단을 내릴 수는 없다.

좌뇌와 우뇌의 차이

대뇌피질은 마치 외투처럼 뇌의 나머지 부분을 둘러싸고 있으며 대략 구형인데 좌반구와 우반구로 나뉜다. 이 두 반구는 신경섬유가 아주 빽빽하게 모인 다발인 뇌량(그리고 더 작은 경로들)에 의해 연결된다. 대뇌피질의 좌반구와 우반구는 정보와 지식을 주고받으면서 우리 정신을 단일한 전체로 만든다.

19세기에는 골상학이 유행했다. 골상학자들은 뇌의 구역 각각이 특수한 성격적 특징을 유발하며 특정 구역이 확대되면 그 위의 두개골이 돌출한다고 주장했다. 따라서 사람의 두개골 윤곽을 만져보면 그의 장점과 약점을 알아낼 수 있다고 여겼다. 영국의 아서 위건은 이처럼 사이비과학의 냄새를 물씬 풍기는 골상학에 의지하여 피질을 이루는 두 반구가 서로 다르다는 주장을 내놓았다. 오히려 두 반구는 별개의 존재이며, 반구 각각이 독자적이고 온전한 정신 하나에 대응한다고 주장했다. 골상학에 기초한 위건의 추론은 틀렸지만 결론은 옳았다. 그의 결론은 현재 우리가 인간의 의식과 자아에 대해서 가진 견해들을 연상시킨다.

나는 단일한 뇌 속에 복수의 자아가 있을 수 있다는 것에 매혹을 느낀다. 그 자아들 각각이 영적 경험을 할 수 있을까? 만일 그렇다면, 왼쪽 자아와 오른쪽 자아는 각각 어떤 유형의 영적 경험을 할까? 그 경험은 서로 어떻게 다를까? 뇌의 한쪽은 자신이 축복받았다고 느끼고 다른 쪽은 저주받았다고 느낄 수도 있을까?

하나의 뇌에 서로 독립적인 정신 두 개가 깃들 수 있느냐는 질문을 탐구할 길은 20세기 중반에야 열렸다. 그때 비로소 우뇌와 좌뇌를 물리적으로 단절하여 고립시킬 수 있게 되었다. 현대적인 분리 뇌 split-brain 연구는 제2차 세계대전에 공수부대원으로 참전했다가 뇌 부상으로 생명을 위협하는 간질에 걸린 어느 환자의 사례에서 시작되었다. 그 환자의 간질은 약물로 다스릴 수 없었다. 그리하여 로스앤젤레스 소재 로마 린다 대학교의 신경외과의사 필립 보겔과 조지프 보겐은 그 환자의 좌우 대뇌반구 사이에 있는 뇌량을 절단하기로 결정했다. 수술은 성공적으로 이루어졌고, 환자의 간질은 발작의 회수와 강도의 측면 모두에서 크게 호전되었다. 의사들은 이 성공을 발판으로 삼아 다른 여러 환자에게 비슷한 수술을 했고, 로저 스페리와 그의 동료들은 나중에 그 환자들을 과학적으로 연구했다. 스페리의 동료 중에는 캘리포니아 공대의 마이클 가자니가도 있었다.

스페리는 자아에 관한 통찰에 기여한 공로로 노벨상을 받았다. 그는 뇌량 절단 수술로 인한 문제가 일반적으로 거의 포착되지 않음을 발견했다. 사고나 기억, 기분, 행동의 결손은 나타나지 않는다. 분리 뇌 환자는 양손과 양발을 협응된 방식으로 잘 놀린다. 뇌의 좌반구와 우반구는 자아에 대해서 거의 동일한 기억을 되살리며 공통의 경험을 통해 새 기억들을 저장한다.* 반구 각각은 독자적으로 환자의 자기반성을 인지한다. 간단히 말해서, 뇌량 절단 수술은 환자의 자아감에 영향을 끼치지 않는 듯하다. 이는 놀라운 일이 아니다. 우리 뇌의 좌우 반구는 거의 항상 보조를 맞춰 작동한다. 주변의 외부세계와 내부세계에서 오는 정보는 좌뇌와 우뇌에 동시에 도달한다.

뇌의 좌반구와 우반구가 완전히 분리되어도, 반구들은 동일한 의식 상태를 계속해서 공유한다. 왜냐하면 반구들이 동일한 각성 시스템을 공유하기 때문이다. 다시 말해 한쪽 반구는 잠들고 반대쪽 반구는 깨어 있는 경우란 없다. 뇌간의 각성 시스템은 그 위에 있는 시상과 피질의 왼쪽 절반과 오른쪽 절반 모두와 연결되어 있다. 그러나 외부세계를 향한 주의 집중, 주의력을 통한 '집중 조명'은 이제 양쪽 반구 각각에서 독자적으로 이루어진다.

양쪽 뇌 반구가 분리되면 미묘한 변화가 일어난다. 물론 이 변화가 명백하지는 않다. 하나의 뇌에 두 정신이 있을 수 있다는 최초 단서는 양쪽 뇌 반구의 목적 엇갈림 cross-purposes 이 관찰된 것이었다. 목적 엇갈림 현상은 외계인 손 증후군과 똑같았다. 뇌량 절단 수술을 받은 어린 소년이 수술 직후에 바지를 입는데 오른손은 바지를 밀어내리고 왼손은 바지를 끌어올리는 모습이 관찰되었다. 이는 오른손을 통제하는 좌뇌가 하는 일을 왼손을 통제하는 우뇌가 모르기 때문에 일어나는 일이었다. 신경과학자들은 이 사실을 모르다가 환자들의 뇌 한쪽 반구에만 정보를 주고 반응을 살피는 엄밀한 실험을 해보고서야 비로소 깨달았다. 여담이지만, 이런 실험들은 왼손잡이와 오른손잡이에 빗댄 '좌뇌잡이'와 '우뇌잡이'라는 대중적인 표현이 생겨나는 계기가 되었다.

오늘날의 신경과학자들은 뇌 분할 수술을 거의 하지 않지만, 약물로 다스릴 수 없는 일부 간질 환자들은 비정상적인 전기 활동이 발생하는 뇌 구역을 절제하는 수술을 받는다. 그런 수술을 맡은 외과의사는 먼저 언어와 기억을 담당하는 뇌 구역들을 꼼꼼히 검사할 필요가 있다. 검사 절차는 이러하다. 우선 뇌로 이어진 좌우 경동맥에 카테터catheter(가는 관―옮긴이)를 삽입한다. 이어서 강력한 진정제인 아모바비탈을 카테터로 주입하여 잠시 동안 뇌의 한쪽 반구와 반대쪽 반구를 차례로 마비시킨다.* 이때 심경심리학자가 병상 곁에서 깨어 있는 뇌 반구를 상대로 질문을 던지고 그림과 물체를 보여주면서 그 뇌 반구의 언어와 기억을 검사한다. 이 검사로 어느 반구가 더 많은 기억을 보유하고 있는지, 반구 각각에 얼마나 많은 언어가 있는지 알아낼 수 있다. 검사 결과는 의사와 환자 모두에게 예상외일 수 있다.

나의 임사체험 연구를 돕는 신경심리학자 중 하나인 프레더릭 슈미트 박사는 그런 검사를 시행한 경험이 많은데, 특별히 예외적인 환자가 두 명 있었다. 그들의 뇌 우반구에 아모바비탈을 주입하자 좌반구가 예상외로 활발해졌다. 평소에 조용하고 내성적인 그 환자들이 성적인 에너지를 주체하지 못해 부산을 떨었다. 음란한 말을 지껄이면서 의료진을 유혹하려 했다. 나중에 그들의 뇌 우반구를 다시 깨우자 그들은 어쩔 줄 몰라 하면서 후회했다.

뇌 분할 수술을 받은 환자의 좌우 뇌 반구 각각에 별개의 의식이 있을 가능성은 처음에는 잘 드러나지 않는다. 뇌의 우반구는 (뇌 분할 수술을 받았는지 여부와 상관없이) 대부분의 사람에서 거의 항상 침묵한다. 거의 모든 언어능력은 뇌의 좌반구에 깃들고, 우반구는 읽고 쓰는 능력이 거의 없다. 이는 뇌량이 절단될 경우, 우반구의 많은 경험이 좌반구와 외부세계에 알려지지 않은 채로 저장된다는 것을 의미한다.

폴은 과학계에서 가장 유명한 분리 뇌 환자다. 왜냐하면 그의 우뇌가 외부세계와 소통하는 능력을 지녔다는 사실이 확인되었기 때문이다.

당시에 뉴욕 코넬 의료센터에서 조지프 르두, 도널드 윌슨과 함께 폴을 담당한 마이클 가자니가는 수술 후에 으레 하는 검사의 일환으로 폴의 우뇌 언어능력을 점검했다. 이 연구자들은 기쁘게도 자신들이 폴의 우뇌와 직접 소통할 수 있음을 발견했다.

이를테면 그들이 글로 써놓은 질문을 폴의 우뇌에만 보여주어도, 폴은 왼손으로 철자 카드를 움직여 대답 문장을 구성할 수 있었다. 그들이 첫 번째 질문으로 "당신은 누구입니까?"라는 문장을 보여주자, 폴은 왼손으로 철자 카드들을 움직여 "폴Paul"이라는 대답을 구성했다. 연구자들은 몹시 흥분했다. 그것은 적어도 알려진 한에서는 인간이 타인의 우뇌와 직접 소통한 최초의 사례였다.

얼마 지나지 않아 폴은 가장 좋아하는 텔레비전 속 인물인, 시트콤 〈해피 데이스Happy Days〉에 나오는 "폰즈"를 거명했다. 그다음에 연구자들은 폴에게 여러 항목들을 제시하고 그것을 객관적으로 "좋거나 나쁜" 순서로 나열하라고 요구했다. 전쟁, 섹스, 폴의 어머니, 심지어 폴 자신에 대해서 폴의 우뇌가 내리는 평가는 좌뇌에 비해 더 부정적이었다. 반면에 돈과 여자친구는 좌뇌와 우뇌의 평가 모두에서 "좋은" 축에 들었다.

그 항목들을 폴이 주관적으로 "좋아하거나 싫어하는" 순서로 나열하라고 요구하자 폴의 좌뇌와 우뇌는 일치된 평가를 내놓았다. 양쪽 반구 모두 텔레비전, 섹스, 학교, 교회, "폰즈"를 좋아했다. '마약 투여'에 대한 평가만 엇갈렸다. 우뇌는 마약 투여를 좋아한 반면 좌뇌는 "몹시" 싫어했다. 연구자들이 검사를 계속하자 다른 차이도 드러났다. 폴의 우뇌는 폴이 자동차경주선수가 되기를 바랐지만, 좌뇌는 제도공이 되기를 바랐다.

오직 폴의 우뇌만 완성된 질문 "Who are you?(당신은 누구입니까?)"를 보고 "Paul(폴)"이라고 옳게 대답한다.

폴의 뇌 반구들은 아마 감정을 공유했을 것이다. 왜냐하면 감정 구조(변연계)의 왼쪽 부분과 오른쪽 부분 사이의 연결은 온전했으니까 말이다.* 한쪽 반구의 기분은 반대쪽 반구로 전이되었을 것이다. 그 반대쪽 반구가 새로운 기분의 원인을 모른다 하더라도 말이다.

폴에 대한 연구는 양쪽 뇌반구 각각이 독립적이며 자신이 독자적인 행위자요 경험의 소유자라는 느낌, 곧 자아감을 지녔고 개별적으로 자아를 경험함을 보여준다. 우반구는 미래를 이해하며, 고유의 열망과 좋아하는 것과 싫어하는 것이 있고, 좋은 것과 나쁜 것에 대한 견해를 지녔다. 양쪽 뇌반구는 자아에 대해서 동일한 기억을 지녔고 동일한 감정적 분위기 안에 있지만, 폴의 사례는 분리된 뇌반구들이 각각 독립적인 의식을 지녔음을 여러 면에서 시사한다. 뇌가 분할되면, 과거에 온전한 전체였던 뇌는 나란히 공존하는 두 반구가 되고, 의식과 자아도 분할된다는 것을 우리는 본다.

나는 신경학자로서 본능적으로 이렇게 짐작한다. 분리된 두 뇌반구에서 서로 다른 두 정신이 유래한다면, 두 뇌반구에서 유래하는 종교적 표현도 서로 달라야 할 것이다. 뇌반구 각각에는 나름대로 좋아하는 것과 싫어하는 것이 있고 도덕적 개성을 지닌 별개의 자아가 들어 있다. 뇌반구 각각에 깃든 두 자아는 영적인 통찰이나 진리에 대한 생각과 경험에서도, 신성한 것에 대한 생각과 느낌에서도 서로 다를 것이다.

하나의 뇌 속에 깃든 두 정신

앞에서 우리는 이런 질문을 제기했다. 뇌의 한쪽은 자신이 축복받았다고 느끼고 다른 쪽은 저주받았다고 느낄 수 있을까? 생각을 더 발전시켜보자. 한쪽 뇌반구가 야한 상상에 탐닉하는 정도를 넘어서 비도덕적인 짓을 저지른다면, 그런 짓에 대해서 다른 쪽 뇌반구가 전혀 책임이 없을 수 있을까? 한쪽은 죄를 짓는데, 다른 쪽은 자신이 도덕적으로 훌륭하다고 떠벌일 수 있을까? 오늘날의 종교인과 정치인은 이런 일관되지 않은 행동을 자주 보이는 듯하다.

일찍이 진화 역사에서 척추동물의 뇌는 좌우가 다르게 발달했다. 그 덕분에 뇌의 구역이 더 많이 분화될 수 있었다. 만약에 뇌의 양쪽 반구가 모든 기능을 동등하게 잘했다면, 뇌의 국소적 특화는 지금보다 덜한 정도로 이루어졌을 것이다. 인간은 특히 대뇌피질이 다른 어느 종보다 더 고도로 분화되어 있다. 좌뇌는 언어를 담당하는 반면 우뇌는 얼굴 인지 능력과 시視공간 지각 능력이 좌뇌보다 우월하다. 낯선 곳에서는 말할 것도 없고 익숙한 동네에서 길을 찾을 때에도 당신은 좌뇌에 의지하지 않으려 한다.

양쪽 뇌반구는 사고 능력에서도 차이가 크다. 좌반구는 조직화와 문제 해결을 잘하는 반면 우반구는 이 과제들을 받으면 애를 먹는다. 우반구는 경험한 바를 진실하게(객관적으로, 꾸밈없이, 본래대로) 기록하고 인과관계의 주요 측면을 이해한다. 좌뇌는 가설을 만들고 패턴을 해석하고 연상을 (심지어 아무 근거가 없을 때에도) 한다. 좌뇌는 이야기를 짓고 이론을 구성하고 설명을 추구하고 우리가 한 경험의 '이유'를 제시한다. 좌뇌의 일차적인 관심사는 정확성이 아니다. 오히려 경험을 엮어서 이해할 수 있는 전체 혹은 적어도 설명할 수 있는 전체를 만드는 것이 좌뇌의 우선적인 관심사다.

바꿔 말해서 뇌의 좌반구는 말을 할 뿐만 아니라 무언가를 지어낸다. 좌반구는 우반구에서 유래한 행동을 굳이 설명한다. 어느 여성 환자의 사례가 있다. 연구자들은 그 환자의 우뇌에게 누드 사진을 보여주어 그녀가 킬킬거리게 만들었다. 그러고 나서 그녀에게 왜 웃었느냐고 묻자, 누드 사진을 보지 않은 좌뇌가 이렇게 대답했다. "우스꽝스러운 기계여서요." 그녀의 우뇌가 누드 사진을 볼 때 우뇌에서 일어난 감정을 좌뇌가 공유했을 수도 있다. 아무튼 좌뇌는 이야기 짓기를 좋아한다. 그녀의 좌뇌는 자신이 킬킬거린 이유에 대한 설명을 지어냈을 가능성이 매우 높다.

영장류의 좌뇌가 발달하여 해석 및 언어 능력이 풍부해짐에 따라, 일부 영장류는 자연에서 관찰한 바를 초자연적인 맥락에서 해석하기 시작했다는 흥미로운 추측을 해볼 수 있다. 그렇다면 우리를 신들에게 처음 데려간 안내자는 좌뇌였을 가능성이 있다. 우리가 신들에 관해 말할 수 있는 것은 확실히 좌뇌 덕분이다. 우리의 감정, 생각, 기억, 꿈에 관한 이야기를 실시간으로 지어내는, 말하는 좌뇌는 우리가 온전한 하나의 자아라는 착각이 생겨나는 데 결정적인 구실을 할 가능성이 있다. 좌뇌는 자아를 명시화하는 장본인일 수 있다. 궁극적인 해석은, 누가 해석하고 있는가? 라는 질문에 "나!"라고 대답하는 것일지 모른다.

뇌의 두 반구를 수술로 분할하더라도 일반적으로 양쪽 반구는 서로 어느 정도 소통한다. 따라서 우리가 내릴 수 있는 결론은 어느 정도 제한될 수밖에 없지만, 그럼에도 분리 뇌에 의해 별개의 의식 두 개가 만들어진다는 사실은 변함이 없다. 뇌가 분할되면 의식은 두 개가 된다. 좌뇌와 우뇌의 의식 내용은 물론 다르다. 왜냐하면 특수화된 회로들이 양쪽 반구에 서로 다르게 분포하기 때문이다. 우리 모두에서 '나'는 뇌 전체에 분포한다.

폴의 우뇌는 언어를 보유했으니 자아도 보유했을까? 우리는 모른다. 언어 덕분에 자아가 생겨나는 것일까, 아니면 언어는 단지 자아를 발견할 수 있게 해줄 뿐일까? 상당히 많은 증거에서 우뇌가 독자적으로 언어 없이 인간적인 자아일 수 있음을 확인할 수 있다.

심각한 뇌졸중으로 좌뇌 전체가 망가진 환자를 접해보지 못한 신경학자는 없다. 이런 환자는 오른쪽 반신이 완전히 마비되며, 말하는 능력과 타인의 말을 이해하는 능력, 언어로 생각하는 능력을 상실한다. 온전한 오른쪽 대뇌피질은 뇌 분할 수술을 받은 환자의 우뇌보다 더 철저하게 고립된다. 그럼에도 이런 환자는 자신과 친지들의 얼굴과 목소리를 알아채고 기쁨과 슬픔을 표현하며 주변 세계에 비언어적이지만 적절한 방식으로 반응한다. 환자가 보거나 의사인 내가 보거나 보호자들이 보거나 환자는 여전히 본래의 그 자신이다. 의심할 바 없이 여전히 어머니나 아버지 혹은 자식이다.

우리가 누구인지를 타인에게 말하는 주체는 뇌의 좌반구이지만, 역설적이게도 우리 자신의 얼굴을 인지하는 것과 관련해서 중요한 회로의 대부분은 뇌의 우반구에 들어 있다. 자신을 반성하는 능력은 자기인식의 주요 요소일 뿐더러 몇몇 영적 경험과도 관련이 있을 가능성이 높다. 자기반성을 위한 장치가 들어 있는 안쪽 앞이마엽 피질 medial prefrontal cortex(나중에 보겠지만 이 구역은 영적 경험 중의 행복감과 관련해서 중요하다)과 뒤쪽 대상피질은—내가 좋은 친구인지를 나 스스로 곰곰이 생각할 때 또는 스승이 보기에 제자가 발전하고 있는지 여부를 제자 자신이 걱정할 때—좌뇌와 우뇌의 것이 모두 쓰인다. 자신이 행위의 주체요 경험의 소유자라는 느낌, 곧 자아는 침묵하는 우뇌의 내부에 존재한다. 그러나 당신이 당신 자신으로 여기는 그것, 그 의사결정자는 좌뇌와 우뇌에 두루 분포한다. 살아 있는 온전한 자아는 이런 부분들을 종합하는 과정에 의해 창조된다. 물론 온전한 자아가 창조되지 않는 경우도 있지만 말이다.

내가 없어요!

1880년 6월 28일, 쥘 코타르 박사*는 파리에서 행한 강의에서 한 사례를 소개했다. 그 사례는 오늘날에도 여전히 놀라움을 자아낸다. 그가 진료한 43세 여성은 자신이 뇌를 비롯한 장기들을 상실했다고 굳게 믿었다. 자신은 "영원하며", "신도 악마도 존재하지 않는다고" 확신했다. 바꿔 말해서 그녀는 자신이 죽었다고 생각했다. 코타르는 이 망상이 심한 우울증에서 비롯한다고 판단했다(망상이란 명백한 반대 증거를 들이대도 변함없이 유지되는 병적인 믿음이다). 이 망상은 코타르 증후군으로 명명되었다.

여러 해에 걸쳐 의사의 진료를 받은 코타르 증후군 환자는 몇 명에 불과하다. 겉보기에 멀쩡한 환자, 말하는 능력이 정상이고 자신이 시간과 공간 안에서 어디에 있는지 알며 복잡한 지시를 수행할 수 있는 환자가 스스로 죽었다고 주장하면, 숙련된 신경학자라도 깜짝 놀라기 마련이다. 나는 친구이자 동료인 듀크 대학교의 웨인 매시 박사의 요청으로 그런 환자를 진료한 적이 있다.

58세 남성인 얼은 말을 명확하게 할 수 없는 상태가 되어 병원으로 이송되었다. 병원에 오기 몇 주 전에 그는 약해진 대동맥 돌출부를 복구하는 대수술을 받았다. 수술 뒤에 그는 우울해졌고 죽음에 대한 공포에 빠졌으며 그의 생각은 "안개에 휩싸였다." 그는 피를 묽게 하는 쿠마딘을 투약받고 있었으므로 의료진은 자연스럽게 뇌출혈의 가능성을 염려했다. 그는 MRI 촬영을 비롯한 여러 방법으로 광범위한 검사를 받았는데, 모든 검사에서 정상 소견이 나왔다. 그러나 매시는 얼의 말을 듣고 충격을 받았다. 며칠 전에 화장실에 앉아있는데 불현듯 자신이 죽었음을 깨달았다고 말했기 때문이다. 얼은 약간 죽은 듯한 기분이 아니라 완전히 죽었다고 했다. 이후 며칠 동안 얼은 아내를 비롯한 타인들에게 자신이 완전히 죽었음을 납득시키려고 별의별 노력을 다했다. 그러나 그들은 당연히 그의 말을 믿지 않았다.

매시는 얼의 뇌와 신경계에서 아무런 이상을 발견할 수 없었다. 그는 코타르와 똑같은 결론에 이르렀다. 즉 환자가 정신병 수준의 우울증에 걸렸다고 결론지었다. 며칠이 지나면서 얼의 증상은 호전되었지만, 그로 하여금 자신이 죽었다고 믿게 한 원인은 수수께끼로 남았다.

코타르 증후군 환자들은 자신이 죽었고 자신의 몸이 썩는 중이거나 또는 자신이 사후세계에 있다고 생각한다. 가장 심한 환자는 명백한 반대 증거에도 자신이 존재하지 않는다고 확신한다.* 코타르 증후군은 그 자체만으로도 충분히 기괴한데 한술 더 떠서 흔히 카그라스 망상증을 동반한다. 카그라스 망상증이란 자기 주변의 친지들이 실은 실물과 똑같이 생긴 사기꾼들이라고 믿는 증상이다. 다른 모든 사람은 그 친지들이 실제 인물이라고 여기는데, 유독 환자만 그들이 교묘한 가짜임을 알아챈다. 낯설거나 거의 낯선 인물이 사기꾼으로 대체되었다고 느끼는 환자는 드물다. 환자는 거의 항상 자신에게 중요한 인물이 사기꾼으로 대체되었다고 믿는다.

카그라스 망상증 환자의 우뇌는 인물의 정서적 가치를 인지하지 못한다는 주장이 제기되었다. 따라서 좌뇌가 '창조적인 이야기꾼'을 해방시키고 그 이야기꾼과 함께 그릇된 설명을 지어낸다는 것이다.

코타르 증후군의 원인으로 많은 것들이 지목되었는데, 모두 뇌진탕, 간질, 일시적인 뇌 혈류 차단, 정신분열병, 파킨슨병 등에 의한 광범위한 손상과 관련이 있다. 국지적인 간질이나 뇌 손상을 지닌 환자의 경우에도 어떤 뇌 기능 장애가 코타르 증후군을 일으키는지는 불분명하다. 코타르 증후군과 직결된 뇌 부분, 즉 자아가 있는 자리라고 짐작할 만한 구역을 발견할 수는 없다. 만일 그런 구역을 식별할 수 있다면, 그 구역은 우리의 존재가 긍정되는 자리이기도 할 것이다. 코타르 증후군에 관한 많은 의문점은 아마도 풀리지 않을 것이다. 왜냐하면 코타르 증후군은 아주 드물고 일시적이기 때문이다. 그러나 우리는 코타르 증후군이 존재한다는 사실을 눈여겨보아야 한다. 우리가 가장 소중히 여기는 전제들과 관련해서 우리의 뇌가 발휘하는 힘은 무시무시하다. 신비경험과 임사체험을 비롯한 영적 경험들을 검토할 때 이 사실을 늘 명심할 필요가 있다. 뇌는 전적으로 믿음직스럽고 흔히 "실제보다 더 실제적이라고" 표현되는 경험을 완벽하게 창조할 수 있다. 그런 경험을 한 당사자는 어떤 통로를 지나서 우주의 본성과 삶의 의미에 대한 더 깊고 참된 이해에 도달했다고 느낄 수 있다.

겉보기와 다르다

앞 장과 이 장을 읽고 나면, 자아가 의식 과정 안에 포함된 별개의 과정이라는 깨달음이 대수롭지 않게 느껴질 수도 있을 것이다. 그러나 자아와 의식은 신경과학과 철학과 심리학에서 오랫동안 미묘하거나 명백한 방식으로 혼동되어왔다. 특히 영적 경험에 관한 글에서 자아와 의식은 혼동된다. 우리는 영적 경험을 탐구하는 동안 자아 과정과 의식 과정을 최선을 다해 구별해야 한다.

영적 경험은 의식을 파편화하고 파편화된 자아 안에서 마치 소리처럼 울려 퍼질 수 있다. 어떤 영적 경험은 자아를 변화시키기만 하는 반면 다른 영적 경험—예컨대 신비경험—은 당신의 자아감을 앗아가고 무언가 기적적으로 새로운 것을 안겨줄 수 있다.

뇌에서 자아가 조립되는 과정은 쉽게 교란된다. 철학자이자 신경과학자인 토마스 메칭거는 일인칭 시점을 발생시키는 과정이 그 과정 자신에게 투명하다고 주장한다. 당신은 자아 과정을 스스로 지각할 수 없다. 그러나 당신은 그 과정과 더불어^{with} 지각한다. 메칭거는 이 투명성을 "특별한 형태의 어둠"이라고 부른다. 뇌는 신경 집단이 서로 연결되어 온전한 자아를 이루는 과정을 지켜보는 내적인 눈을 가지고 있지 않다. 우리는 자신의 자아 과정을 지각할 수 없다. 그러나 우리는 타인의 자아 과정을 어느 정도 이해할 수 있다.

일부 사람들의 삶에서는 특별한 형태의 경험이 일어나고, 그 경험은 항상 자아를 건드린다. 그 경험은 자아의 승인, 상실, 변화로 이어질 수 있다. 그런 경험의 한복판에 있는 사람은 흔히 자신이 사후세계, 천국, 아름답고 고요한 나라 등으로 이어진 통로에 서 있다고 느낀다. 그곳에서 그들이 사랑했거나 그들을 사랑했던 소중한 망자들을 만난다고 느낀다. 이런 경험을 하고 돌아온 사람들은 자신의 환상적인 여행이 "내가 느껴본 가장 실제적인 일"이었다고 말한다.

이제 우리는 뇌와 의식과 자아의 소리를 들을 수 있게 되었으니, 그런 임사체험을 한 사람들의 이야기에 귀를 기울여보자. 그들의 이야기는 적어도 나의 인생을 바꿔놓았다.

통로에서

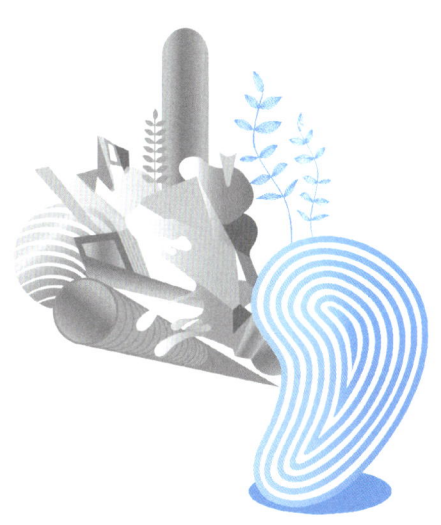

4장
임사체험의 다양성
: 이야기들

"그런 경험을 몸소 겪은 사람이 그것은 자연적인 과정이 아니라 기적이라고 느끼는 것은 자연스러운 일이다."
―윌리엄 제임스, 『종교적 경험의 다양성』

인류의 역사 내내 사람들은 죽음의 문턱까지 갔다가 돌아왔다는 놀라운 이야기를 해왔다. 고대 그리스 신화에 등장하는 스틱스Styx 강, 이집트에서 사후의 삶을 위해 정성 들여 만든 미라, 티벳의 『사자의 서』, 기독교의 사후세계 이미지는 적어도 부분적으로는 임사체험의 영향으로 만들어졌다고 보는 것이 합리적일 듯하다.

임사체험 이야기를 가능케 한 뇌의 부분은 우리가 언어 능력을 습득하고 이야기를 지을 수 있게 되기 수백만 년 전, 우리가 처음 등장할 때 생겨났다. 나의 연구는 우리 뇌의 생존 반사들과 기타 오래된 구역들을 통합한다. '신 충동god impulse'이 깃든 장소라고 부를 만한 그 구역들은 꿈과 감정을 담당한다.

나의 연구는 영적인 방아쇠를 피질에서 뇌간으로 옮기는데, 이 전환은 영성의 기원을 탐구하는 전혀 새로운 방법을 제안하는 것과 같다. 이 방아쇠는 온갖 시대와 문화에서 발생한 수많은 유형의 영적 경험을 촉발할 수 있다. 우리는 임사체험 이야기들을 살펴보면서 그것들이 놀랄 만큼 일관적이라는 점과 공통의 생물학을 시사한다는 점을 확인하게 될 것이다.

그 오래된 이야기들에서 뇌가 담당하는 역할을 이해하려면 우선 이야기를 들어야 한다. 임사체험을 다룬 책과 영화와 토크쇼는 산더미처럼 쌓여 있다. 임사체험을 사후의 삶이 존재하며 우리의 의식 혹은 영혼이 몸을 벗어날 수 있다는 증거로 여기는 미국인은 족히 수백만 명에 달한다.

반면에 회의주의자들은 임사체험의 영적 측면은 뇌에 공급되는 혈액의 부족이나 약물의 효과로 인한 환상이거나 바라는 대로 지어낸 생각이라고 주장한다.

그러나 우리가 임사체험의 진실성을 어떻게 평가하든 간에, 임사체험은 확실히 죽음에 대한 우리의 생각에 심대한 영향을 미쳐왔다. 터널을 통과함, '빛'에 휩싸임, 몸을 벗어남, 우리가 사랑했던 이미 죽은 사람들을 만남. 오늘날 우리 문화에서 이 모든 체험은 우리가 죽을 때 일어날 일들로 정형화되어 있다시피 하다.

당연한 말이지만, 임사체험은 미국인에게만 국한되지 않는다. 죽었다는 느낌, 강렬한 빛, 죽은 친척이나 영적 존재와의 만남, 생애를 돌아봄, 경계에 접근함, 신체 이탈 경험을 보고하는 사람은 어느 문화권에나 있다. 그러나 일본에서는 결국 넘지 않은 경계가 흔히 시내나 강으로 표현된다. 터널은 좀처럼 등장하지 않는다. 반면에 미국에서는 터널이 늘 등장한다. 인도에서는 힌두교의 죽음의 왕 곁에 있는 신하 칫라굽타가 지닌 것과 유사한 명부에 '죽은' 사람의 이름이 등재되어 있지 않으면, 그 사람은 되살아난다.

일부 미국인은 임사체험 중에 엘비스 프레슬리를 보았다. 중서부에 사는 어느 은행가의 아내 베벌리도 그랬다. "우린 정말 잘 통했어요." 베벌리는 레이먼드 무디에게 이렇게 말했다고 한다. "밝고 하얗고 강렬한 빛이 들어찬 곳에 [엘비스가] 있었어요. 그가 내게로 와서 손을 내 손 위에 부드럽게 얹고 말했죠. '안녕, 베벌리, 날 기억하겠니?' 곧이어 엘비스는 뭐랄까 빛 속으로 물러가고 갑자기 내 곁에 아버지가 나타났어요… 돌아가서 삶을 끝까지 살아야 한다고, 나중에 내가 죽으면 그 아름다운 장소에 다시 오게 될 거라고 온화하게 말씀하셨죠. 그러자 내가 뒤로 끌어당겨지는 느낌이 들었고 빛이 멀어졌어요. 곧이어 펑 하는 소리 같은 것을 느꼈고 내가 몸속으로 다시 들어왔다는 것을 알았지요. 내가 살아난 걸 알았어요."

여러 문화권의 임사체험을 비교하는 것은 아주 흥미로운 작업이지만, 임사체험 중에 뇌가 어떻게 작동하는지에 대해서 알아내는 데는 별 도움이 되지 않는다. 비슷한 예로 다양한 문화권에서 배고픔에 대처하는 방식을 들 수 있을 것이다. 사람은 누구나 배고픔을 느끼고 해소한다. 그러나 다양한 사회에 속한 사람들이 먹을거리를 구하고 요리하고 먹는 방식을 비교하는 작업은, 어떤 영양소들이 인체에 필수적인지, 소화 과정에서 소화관이 어떤 생화학적 과정을 거쳐서 영양소를 추출하는지 알아내는 데 거의 도움이 되지 않는다. 임사체험도 마찬가지다. 우리가 공유한 생물학은 공통의 특징을 산출하지만, 각각의 문화권은 고유한 맛을 부여한다.

흔한 일

임사체험이 비교적 흔하게 발생한다는 사실을 보여주는 강력한 증거가 있다. 주간지 『유에스 뉴스 앤드 월드 리포트U.S. News & World Report』의 1997년 어느 호에 따르면, 임사체험을 한 미국인은 무려 1800만 명에 달한다.* 이렇게 흔한데도 임사체험은 아주 최근까지도 비정상적인 일로 취급되었다. 유명인들의 고백이 이런 분위기를 바꾸는 데 크게 기여했다. 엘리자베스 테일러는 임사체험을 여러 번 했다. 한번은 죽은 남편 마이크 토드를 만나기도 했다. "터널로 들어갔어요. 하얀 빛을 보았고, 마이크를 보았어요. 제가 말했죠. '마이크, 나는 당신이 있는 그곳에 있고 싶어요.' 그러자 마이크가 말했어요. '안 돼요, 여보. 당신은 돌아가야 해요. 당신이 해야 할 아주 중요한 일이 있거든요.'"

새롭거나 새삼 되살린 목적의식을 품고 삶에 복귀하는 것은 임사체험의 공통점이다. 죽음이나 사후세계를 고요하고 행복한 장소로 느끼는 것도 마찬가지다. 심한 뇌출혈을 겪은 샤론 스톤은 자신의 임사체험을 이렇게 묘사했다. "[나는] 하얀 빛의 소용돌이 속으로 들어갔어요. 아주아주 아름답고 정말 포근하고 평화롭고 고요하고 깨끗한 소용돌이였어요." 종교적인 인물도 자주 등장한다. 영화배우 게리 부시는 오토바이 사고를 당한 후에 천사들을 보았다. "크리스마스카드에 나오는 천사들과는 모습이 달랐어요."라고 그는 보고했다. 그는 "빛 덩어리들"도 보았다.

임사체험은 흔히 신체 이탈 경험을 동반한다. 라스베이거스 동물 쇼 〈지크프리트 앤드 로이Siegfried & Roy〉로 유명한 로이 혼은 호랑이 '몬트코어'에게 목을 물려 죽음 직전에 이르렀다.* 수술을 받는 도중에 그는 "흰 빛으로 이루어진 둑"을 보았다. "그다음엔 제가 사랑하는 동물들을 모두 보았죠… 잠깐 동안 저는 몸을 벗어났어요."

윌리엄 제임스가 『종교적 경험의 다양성』을 쓰던 시절에 임사체험은 오늘날만큼의 관심과 지위를 누리지 못했다. 그러나 제임스는 우리가 앞에서 언급한 시먼즈의 경험을 중요시했다. 시먼즈가 클로로포름과 웃음기체(아산화질소)에 취한 채로 수술을 받으면서 겪은 경험을 말이다. 이 사건에 대한 더 구구절절한 묘사는 시먼즈 본인에게서 들을 수 있다.

"[나는] 주위에서 일어나는 일을 예리하게 볼 수 있었지만 촉감은 없었다. 나는 내가 죽기 직전이라고 생각했다. 그때 갑자기 내 영혼이 신을 의식했다… 나는 신이 빛처럼 내 위로 강림하는 것을 느꼈다… 나의 의식 전체가 한 점으로 모이듯이 절대적인 확신으로 집중되는 것 같았다… 내가 느낀 황홀감을 묘사할 길이 없다."

시먼즈가 되살아난 뒤 신과 자신과의 관계에 대한 새로운 느낌이 퇴색하자, 그는 견디기 힘든 환멸을 느꼈다. 그는 바닥에 철퍼덕 주저앉았다. 깜짝 놀란 외과의사 앞에서 시먼즈는 이렇게 외쳤다. "왜 나를 죽이지 않았소? 왜 나를 죽게 놔두지 않았소?"

안정을 되찾은 그는 절박한 질문을 품게 되었다. 나는 "망상"을 겪은 것일까, 아니면 "논쟁의 여지가 없는 신의 확실성"을 경험한 것일까?

정말 중요한 질문이다. 그러나 이런 경험이 초월적 실재에 이르는 통로라고 믿든 아니면 뇌가 자아내는 교묘한 환각이라고 여기든 간에, 이런 경험 도중에 뇌에서 일어나는 일을 탐구하려면 우선 '임사체험'이 무엇을 의미하는지 정확히 알아야 할 것이다.

나는 어떤 뇌 과정들이 영성을 뚜렷하게 띤 임사체험을 (그저 기이할 뿐인 사건이 아니라 인생을 바꿔놓는 사건을) 산출하는지 탐구하고자 한다.

응급 상황에 빠진 응급차 운전자

임사체험 이야기를 모으기 시작했을 때 나는 내용의 유사성 못지않게 다양성에도 깊은 인상을 받았다. 이야기 각각의 영적인 내용은 적어도 한 가지 측면에서 독특한 것 같았다.

패트릭은 신경과 근육 사이의 연결이 약해지는 병인 중증 근무력증을 치료하기 위해 여러 해 전에 나를 찾아왔다. 병이 악화되면 패트릭은 팔다리가 거의 완전히 마비되고 호흡과 음식 삼키기가 어려워져 생명이 위태로워질 터였다. 패트릭은 혈관에도 심각한 병이 있었다. 심장과 뇌로 이어진 동맥이 좁아진 상태였다. 그가 직면한 가장 큰 위험은 심장마비나 뇌졸중으로 사망하는 것이었다.

다행히 패트릭의 혈관 질환과 근무력증은 적극적인 치료에 반응을 보였다. 여러 해 동안 치료한 뒤에 그는 내가 임사체험에 관심이 있음을 알고서 이런 이야기를 들려주었다.

> 나는 41세였고 겉보기에 건강했으며 테네시 주 녹스빌에서 응급구조사로 일하고 있었다. 어느 날 우리 팀은 긴급 무선 호출을 받았다. 관리자는 우리에게 중심가 너머에 있는 어느 불타는 건물로 가라고 지시했

다. 그날 나는 응급차를 운전하고 있었다. 나는 여러 사람의 생명이 위태로움을 알았으므로 가속페달을 힘껏 밟고 사이렌을 울리며 곡예운전을 했다. 그때 가슴에 통증을 느끼기 시작했는데, 처음에는 곧 사라지려니 했다. 그러나 통증은 갈수록 심해졌고, 머지않아 나는 지독한 통증 때문에 갓길에 차를 세울 수밖에 없었다. 뒤쪽에 있는 심장 검사기로 상태를 검사하고는 심전도가 정말 나쁘다는 결과를 확인했다. 어쩌면 내가 심장마비에 걸렸을지도 모른다고 생각했다. 다행히 내 곁에 동료가 있었다. 그녀는 나의 혀 아래에 니트로글리세린을 삽입하고 정맥주사를 놓기 시작했다.

소규모 지역 병원의 응급실 입구에서 의료진이 나를 맞이하여 생명징후들을 점검했다. 심장박동이 느려진 탓에 의료진은 나에게 심장박동을 빠르게 하고 리듬을 안정시키는 약을 투여했다.* 나는 온몸 구석구석을 바늘로 찌르는 듯한 통증을 느꼈다. 나는 마비되었고 의사의 관심을 끌려고 해봤지만 움직이거나 말할 수 없었다. 두 팔은 몸통 양 옆에 쓸모없이 늘어져 있었다. 그때 이상한 느낌이 들었다. 내 몸의 존재에 대한 감각이 사라졌고, 내가 들것 위로 '떠오르기' 시작하는 것을 느꼈다. 처음에 떠오르기 시작했을 때, 나는 내가 죽었다고 생각했다. 의사를 부르려 했지만 소리를 낼 수 없었다.

결국 가까스로 의사에게 이렇게 물었던 것을 기억한다. "선생님, 어디 있어요?"

"여기 있어요, 여기." 하고 의사가 대답했다.

나는 고개를 들었고 의사가 내 아래에 있는 것을 보았다. 나는 점점 더 높이 떠올라 응급실 전체를 굽어볼 수 있게 되었다. 너무 높이 떠올라 천장의 밝은 조명에 바투 접근했기 때문에 화상을 입을지도 모른다는 걱정이 들었다. 곧이어 나는 들것 위에 누운 내 모습을 불을 보듯 선명히 보았다. 내가 응급구조사 동료와 대화하자 얼굴과 입이 움직였다. 공중에 떠서 보낸 시간이 꽤 긴 것 같았지만, 실제로 얼마나 오랜 시간이 지났는지는 도무지 알 수 없었다. 이 경험은 내가 다시 천천히 들것으로 내려오면서 끝났다.

패트릭의 말에 따르면, 들것으로 내려오는 동안 그는 간호사가 심장 박동을 촉진하는 약을 투여하는 모습을 보았다. 또한 그는 인접한 보관실에서 자신의 몸을 바라보았다. 그는 그 위치, 즉 보관실에서 간호국을 볼 수 있었다.

임사체험 도중에 절대로 볼 수 없는 것을 '보는'(의식이나 초월적 영혼, 또는 자아가 몸을 벗어났기 때문에 가능하다고 설명되는) 경험은 임사체험을 초자연적이고 기괴한 사건으로 만든다. 그러나 패트릭에게 일어난 일을 오로지 뇌의 활동을 통해 설명할 수도 있지 않을까?

신경학자로서 나는 패트릭의 보고에 포함된 미묘한 사실 하나에 강한 호기심을 느꼈다. 그가 처음 '떠오르기' 시작했을 때, 그는 마비된 몸을 아직 '벗어나지' 않았다. 그는 조명에 접근하여 화상을 입을까봐 걱정했다. 패트릭의 신체 이탈 경험의 출발점은 이처럼 엎드린 자세로 떠다니는 느낌이었다. 그런데 이 느낌은 내이의 이상으로 어지럼증을 겪는 환자들이 보고하는 바와 유사하다. 이들은 흔히 가만히 있을 때에도 자신의 몸이 움직인다고 느낀다(회전목마를 탄 사람이 목마가 멈춘 뒤에도 여전히 돈다고 느끼는 것과 유사하다). 패트릭의 몸은 당연히 천장을 향해 떠오르지 않았다. 단지 그가 그렇게 느꼈을 뿐이다.

이어질 장들에서 우리는 신체 이탈을 비롯한 임사체험의 주요 특징을 자세히 검토할 것이다. 여기에서는 패트릭이 상승한다고 느낌과 동시에 패트릭의 뇌가 그의 의식이 몸을 벗어났다는 착각을 산출했다고 지적하는 것으로 만족하기로 하자. 그의 뇌는 존재하지 않는 팔다리가 존재한다는 착각을 산출할 때와 마찬가지 방식으로 그런 착각을 산출한 것이다.

패트릭이 위급한 상태를 벗어나 심장마비에서 회복하여 방금 일어난 일을 이야기했을 때, 응급구조사 동료들과 의사는 재미있어 하며 웃었다. 나중에 패트릭의 임사체험을 진지하게 검토한 의사는 그것을 "주목할 만한 경험"이라고 표현했다.

패트릭이 임사체험을 한 것은 분명하다. 비록 일반적으로 임사체험의 요소로 꼽는 몇 가지가 그의 경험에 부재하지만 말이다. 우주와의 조화나 화합의 느낌은 없었다. 패트릭은 터널이나 특별한 빛을 보지 못했고, 죽은 친척이나 영적인 존재를 만나지 않았으며, 초월적 실재도 느끼지 못했다.

그렇다면 패트릭의 경험은 영적으로 보잘것없는 것이었을까? 나는 그렇지 않다고 생각한다. 신체 이탈 경험 이전에 응급차 안과 들것 위에서 패트릭은 자신이 죽을 수도 있음을 알았다. 그의 말에 따르면, "떠오르기" 시작했을 때 그는 곧 "나의 창조주를 만나리라"고 느꼈다. 정말로 그의 본질적인 부분이 공중에 떠 있었다고 믿느냐고 묻자 그는 이렇게 대답했다. "주님 앞에 맹세할 수 있어요. 정말 진심으로 믿어요."

하지만 패트릭의 경험에는 수많은 임사체험에 전형적으로 포함된, 텔레비전에 나와도 손색이 없을 만한, 극적이고 명백하게 영적인 내용이 없다.

치명적인 알레르기

최근에 여배우 제인 세이모어가 토크쇼 〈래리 킹 라이브〉에 출연하여 자신의 임사체험에 대해 이야기했다. 그녀는 스페인에서 영화 〈오나시스: 세계에서 가장 부유한 남자〉를 촬영할 때 기관지염에 걸렸노라고 말했다. 촬영 팀이 의사를 불렀고, 의사는 그녀에게 항생제를 주사했다. 세이모어는 즉시 "무언가 잘못되었음"을 알았다. 그녀의 목구멍이 조였다. 그녀는 큰 소리로 도움을 청하려 했으나 말을 할 수 없었다.

세이모어의 몸에서 일어난 일은 아나필락시스anaphylaxis, 곧 치명적인 알레르기 반응이었다. 이 반응이 일어나면 혀와 목구멍이 부풀어 올라 폐로 통하는 기도가 막혀서 환자는 사망에 이르게 된다. 이것은 진정한 의미에서 의학적인 응급 상황이다. 몇 분 안에 아드레날린을 주사하지 않으면 혈압이 떨어져 쇼크, 의식상실, 사망이 발생할 수 있다.

"나는 공황에 빠졌다가 곧 벗어났어요." 세이모어가 킹에게 말했다. "나는 내 몸을 내려다보고 있었어요. 나는 반라 상태였어요. 거대한 주사기 두 개가 등에 꽂혀 있더군요. 그리고 하얀 빛을 봤어요. 통증은 없었어요. 긴장도 되지 않았어요. 나는 말하자면 바라봤고 그런 다음에 떠났어요. '참 이상하네. 저게 나야. 하지만 내가 여기에 있다면, 저건 나일 수 없는데…' 그때 내가 몸을 벗어났다는 것을, 내가 죽어간다는 것을 깨달았어요. '나는 떠날 준비가 안 됐어. 저 몸으로 다시 돌아갈 테야. 난 자식들이 있어. 그 아이들을 키우고 싶어. 하고 싶은 일도 아주 많다고… 난 갈 준비가 안 됐어.'"

세이모어의 생각은 "신, 더 높은 힘, 또는 이름이 무엇이든 간에 아무튼 그런 위대한 존재"를 향했다. "나는 이렇게 말했어요. '당신이 누구든 간에, 당신의 존재를 절대로 부정하지 않겠어요. 제발 나를 저 몸속으로 돌려보내줘요. 그러면 당신을 실망시키지 않겠어요.' 그다음 순간 내가 몸속에 있다는 것을 알아챘어요. 아주 재미있게도 나는 멀쩡한데 몸은 제멋대로였어요. 팔과 다리가 휘둘러졌지요. 내가 움직이지 못하도록 두세 사람이 붙잡고 있었어요."

이 경험은 그녀에게 지속적인 영향을 남겼다. "나는 한순간도 낭비하지 않아요." 그녀는 킹에게 말했다. "더 많은 시간을 아이들과 보내죠… 다른 사람들을 위해 일하는 시간도 최대한 늘렸어요."

세이모어와 패트릭은 둘 다 의학적 위기에 직면하여 혈압이 떨어진 상태에서 신체 이탈 경험을 포함한 임사체험을 했다. 세이모어는 빛을 보았으며 영적인 분위기와 신의 개입을 느꼈다. 다른 세계에 진입하거나 다른 세계를 얼핏이라도 보는 경험은 두 사람 모두에게 없었다. 그러나 이들이 생사의 기로에서 영적 경험을 했다는 것을 왈가왈부할 사람은 없으리라고 나는 생각한다.

임사체험의 정의

패트릭과 세이모어와 그에 앞서 언급한 사람들이 묘사한 임사체험은 모두 레이먼드 무디가 제시한 윤곽에 들어맞는다. 무디는 임사체험 사례를 수백 건 수집했다.

무디의 설명에 기초한 아래 표는 임사체험의 요소를 대략적으로 알려준다. 그러나 임사체험을 과학적으로 탐구하려면 더 체계적인 접근법이 필요하다. 버지니아 대학교의 브루스 그레이슨 박사가 수행한 연구는 이런 맥락에서 유용하다. 그레이슨은 여러 해 전부터 임사체험의 정신의학적 측면을 연구해왔다. 한 연구에서 그는 "죽음에 바투 접근한" 경험이 있는 사람 67명의 진술을 분석했다.

표1 임사체험 중에 흔히 일어나는 일을 대략 순서대로 나열함

처음	위기를 인지함
	평화를 느낌
	소음('부웅' 하는 소리)
	어두운 터널
	빛
중간	신체 이탈
	타인들을 만남
	빛으로 된 존재
	삶을 되돌아봄
	경계에 도달함
끝	돌아옴

그레이슨은 임사체험자들의 보고에서 80가지 특징을 추려내고 그것에 기초하여 네 가지 범주로 분류되는 질문 16개를 구성했다. 그 범주는 인지(생각), 정서(감정), 초자연, 초월이다. 각 질문에 0점에서 2점까

지의 점수가 매겨지므로, 가능한 최고 점수는 32점이다. 보고자가 겪은 사건을 임사체험으로 간주할 수 있기 위한 최하 점수는 7점으로 정해졌다. 이 같은 설문조사에 의거한 임사체험 측정법은 믿을 만한 과학적 방법으로 판명되었다(이 책의 막바지에 실린 '참고문헌과 자료출처' 참조).

켄터키 대학교의 우리 연구팀은 그레이슨의 측정법을 피연구자 55명에게 적용했다(표2 참조). 그 결과 7점에서 28점까지의 점수를 얻었다. 최고 점수인 32점을 기록한 피연구자는 없었다. 평균 점수는 약 16점이었다. 개인마다 다른 특징들의 조합을 보고했고, 임사체험이 반드시 갖추어야 할 조건으로 간주할 만한 특징은 체험자가 생명의 위험을 느꼈다는 것 외에는 없었다.

우리의 피연구자들이 통상적으로 경험한 특징은 평화, 우주와의 합일, 찬란한 빛, 생생한 감각, 신체 이탈, 다른 세계에 진입함, 경계에 도달하고 이 세계로 돌아옴 등이었다.

표2 우리 연구팀의 피연구자 55명이 겪은 임사체험의 특징

	그레이슨 임사체험 요소	
범주	특징	해당 피연구자의 비율(퍼센트)
인지	시간이 빨라짐	62
	생각이 빨라짐	44
	삶을 돌아봄	36
	심오한 깨달음	60

정서	평화를 느낌	87*
	환희를 느낌	64
	세계와의 조화 혹은 합일을 느낌	67*
	밝은 빛을 보거나 느낌	78*
초자연	생생한 감각	76*
	일종의 초감각적 지각	31
	미래를 봄	29
	신체 이탈	80*
초월	다른 세계에 진입함	75*
	신비로운 존재나 분위기와 마주침	55
	죽은 사람이나 종교적 인물의 영과 마주침	47
	돌아올 수 없는 경계나 지점에 도달함	67*

*표는 비율이 2/3 이상임을 나타냄

그레이슨은 자신의 측정법을 심장마비 생존자들에게 적용하여 예컨대 미래를 보는 것과 같은 초자연적 경험을 우리의 연구에서보다 더 적게 발견했다. 그레이슨의 측정법을 적용했을 때 패트릭이 기록한 점수는 고작 4점으로 과학적 임사체험 기준에 3점이나 못 미쳤다. 내가 세이모어 대신 질문에 답하면서 측정해보니, 세이모어의 임사체험은 8점에 해당했다.* 여기에서 그레이슨 측정법의 한계가 드러난다고 본다. 내가 보기에 패트릭과 세이모어는 윌리엄 제임스가 인정할 만한 영적 경험을 했으니까 말이다.

우리 연구팀은 초자연적 특징이 아주 드물게 나타난다는 점을 의아하게 여겼다. 초감각적 지각이나 미래 보기는 가장 드문 특징이었다. 우리의 피연구자들 중에서 모종의 초감각적 지각을 한 사람의 비율은 31퍼센트, 미래를 본 사람의 비율은 29퍼센트에 불과했다. 그레이슨의 연구에서 초감각적 현상의 빈도는 10퍼센트 이하였다.

연구를 위해 사례를 수집하는 과정에서 우리는 각각의 임사체험이 체험자의 일생 경험, 문화적 배경, 개인적이거나 일반적인 생물학적 조건에 크게 좌우됨을 확인할 수 있었다. 다음 사례들은 이런 사실을 생생하게 보여준다.

지옥의 기원

올리버 색스는 오스트레일리아 여성 마가렛에게 나를 소개했다. 그녀는 나에게 자신의 임사체험에 관한 내용을 이메일로 보냈다. 그녀는 젊은 시절에 뇌동맥류 진단을 받았다.* 의료진은 수술을 염두에 두고 동맥류를 명확하게 관찰하기 위해 혈관 조영검사를 시행했다. X선 촬영으로 뇌동맥을 포착하기 위하여 그녀의 뇌동맥에 염료(조영제)가 주사되었다.

혈관 조영검사는 일반적으로 대수롭지 않은 처치이지만 마가렛에게는 지독하게 고통스럽고 위험했다. 왜냐하면 여러 의학적 이유 때문에 마가렛은 진정제나 마취제 없이 이 처치를 받았기 때문이다. 염료가 주사될 때마다 마가렛은 통증에 압도되었고 그녀의 심장은 멈췄다. 그녀가 세어본 결과, 그런 일이 무려 13번이나 일어났다. 염료가 주사될 때마다 마가렛은 자신의 발이 긴 터널 안으로 미끄러지는 것을 발견했다. "나는 남편과 어린 아들 둘이 있었지만, 매혹적인 그 터널의 끝에 이르러 모퉁이를 돌고 싶은 욕망이 가족들보다 더 중요했습니다. 그 매혹적이고 따스한 모퉁이를 돌면 만사가 해결되리라는 것을 난 알았습니다."

마가렛은 터널의 벽이 말랑말랑하고 매끄러웠으며 분홍색으로 빛났다고 묘사했다. 그녀가 터널의 끝을 향해 나아갈수록 빛은 더 붉어졌고, 결국 터널 끝 모퉁이 근처에서는 짙은 루비색 빛이 나왔다. 마가렛은 자신의 경험에서 "가장 주목할 만한 것"은 그 빛이라면서, 그 빛을 "붉은 벨벳 커튼과 피아노와 벽난로, [그리고] 당연히 차와 섹시한 여자들이 있는 에드워드 7세 시대의 유곽"과 관련지었다. "거기엔 사교적인 사람들의 요란한 환영 인사가 있었고, 내가 그들과 잘 어울리리라는 것을 알았습니다."

마가렛은 말하자면 사후 퇴행을 겪은 것일까? 그럴지도 모른다.

마가렛의 말에 따르면, 그녀는 자신이 죽음을 경험하는 중이라고 확신했다. 그 후 여러 해 동안 그녀는 이 경험을 이야기하곤 했는데, 일반적으로 돌아오는 반응은 "음… 당신이 어디로 가고 있었는지 당신도 알죠?"였다.

터널 끝의 빨간 빛은 "우리 문화에 만연한 빨간 지옥의 이미지와 아주 훌륭하게 맞아떨어집니다."라고 마가렛은 썼다. "내가 이 경험을 언급하면 어떤 사람들은 이상할 정도로 심각하게 반응하고 심지어 나를 회피하기까지 합니다. 왜냐하면 내가 지옥에 떨어질 사람이라고 생각하기 때문이지요. 하지만 나는 이 특이한 경험에 재미와 큰 호기심을 느낄 따름입니다."

마가렛이 수면 상태와 깨어 있는 상태 사이의 이행기에 이례적인 경험을 하곤 한다고 보고했을 때 나는 놀라지 않았다. "잠에서 깨는 순간이면 늘 나는 깨어 있는지 아니면 잠들어 있는지 판단하는 데 어려움을 겪습니다."라고 그녀는 썼다. "우리는 잠을 깨우는 벨소리 대신에 뉴스 방송이 나오도록 만들어놓았는데, 나는 꿈이 세상에서 일어난 일과 완전히 뒤섞이는 일을 자주 겪습니다. 남편은 재미있다고 하지만, 나는 몹시 혼란스럽습니다."

내가 글이나 대담을 통해 접촉한 수많은 임사체험자와 마찬가지로 마가렛은 자신의 경험이 "현실보다 더 현실적이었다."고 말했다.

"내가 이 경험을 기초로 삼아서 종교를 창시할 계획이 없다고 말하면, 당신은 기뻐하겠죠."라고 그녀는 썼다. "그러나 종교 창시의 유혹이 얼마나 큰지 나는 잘 압니다."

회의주의자

영적인 내용이 있는 임사체험은 이미 영적인 성향을 지닌 사람에게만 일어날 수 있다고 생각하는 독자도 있을 것이다. 그러나 이는 틀린 생각이다.

다음은 런던에서 간행되는 『선데이 텔레그라프 Sunday Telegraph』에 실린 기사의 표제다. "내가 죽어서 본 것은⋯." 누구의 입에서 나와도 충격적인 말이지만, 알프레드 에이어 경의 말이어서 더욱 충격적이다. 에이어는 부유한 가정에서 태어나 영국 최고의 학교를 거쳐 직업 경력의 대부분을 런던 유니버시티 칼리지와 옥스퍼드 대학교의 교수로 보냈다.* 그는 윌리엄 제임스에 관한 글을 썼고* 당대 영국 최고의 철학자 버트런드 러셀의 평전을 썼다.* 에이어와 러셀은 둘 다 유명한 무신론자였다.

에이어는 자신의 임사체험이 사상에 미친 영향에 관한 글을 『선데이 텔레그라프』에 발표했다. 1988년, 폐렴으로 입원한 77세의 에이어는 병원의 음식이 마음에 들지 않아 가족과 친구가 가져온 음식을 먹었다. 그것은 치명적인 실수였다. 훈제 연어 한 조각을 잘못 삼킨 그는 질식하기 시작했다. 심장박동이 급격하게 약해졌다. 곧이어 심장이 멈췄다. 나중에 주치의가 에이어에게 말한 바에 따르면, 에이어는 "심장이 멈췄다는 의미에서 4분 동안 사망 상태였다." 의료진은 에이어를 소생시키는 데 성공했다. 그는 안정을 되찾았지만 여러 날을 혼수상태로 보냈다.

의학적인 세부 사항은 불분명하지만, 에이어의 심장이 멈춘 4분 동안 뇌로 들어가는 혈류가 완전히 차단되었을 가능성은 매우 낮다. 그의 뇌는 죽지 않았다. 만약에 죽었다면, 그는 그렇게 놀랍게 회복하지 못했을 것이다.

혼수상태에서 깨어난 에이어가 가장 먼저 내뱉은 말은 참으로 에이어다웠다. "당신들 모두 미쳤어!"

신문 기사에서 에이어는 자신이 스틱스 강을 건너려 애썼고 두 번째 시도에서 성공했다고 진술했다. "나는 고전 지식을 완전히 떨쳐두고 가지는 않았다."라고 그는 썼다. "아주 예외적인 사건이었다. 나의 생각들이 인물들이 되어 나타났다. 죽음에 근접한 경험에 관한 기억은 다음이 유일하다. 매우 생생한 기억이다. 나는 빨간 빛과 마주쳤다. 유난히 밝고, 심지어 시선을 다른 곳으로 돌려도 매우 고통스러운 빛이었다. 나는 그 빛이 우주를 다스린다는 것을 알아챘다. 그 빛이 거느린 신하들 중에는 공간을 담당하는 두 존재도 있었다." 그 신하들이 임무 수행에 실패했고, "그 결과로 공간이 마치 아귀가 안 맞는 조각그림 퍼즐처럼 약간 어긋난 듯했다… 사태를 바로잡는 것은 나의 몫이었다. 또한 나는 그 고통스러운 빛을 끌 길을 발견하고픈 마음도 있었다. 그 빛이 알려주는 바는 공간이 일그러졌다는 것, 질서가 회복되면 그 빛이 꺼질 것이라고 나는 생각했다."

에이어는 난관에 봉착했다. 그 신하들을 어디에서도 발견할 수 없다. 또한 그들과 마주친다 하더라도, 어떻게 그들과 소통할 것인가? 이 난제를 붙들고 고민하다가 그는 아인슈타인의 일반상대성이론을 떠올렸다. 그는 "시공을 단일한 전체로 간주해야" 한다는 생각에 이르렀다. "따라서 시간을 조작함으로써 공간을 복구할 수 있을 것이라고 생각했다. 곧이어 이리저리 서성거리면서 내 손목시계를 흔드는 묘수를 생각해냈다. 내가 바라는 바는 그들이 시계 자체가 아니라 그것이 가리키는 시간을 주목하는 것이었다. 그러나 이 방법은 아무 반응도 일으키지 못했다. 나는 갈수록 더 절박해졌고, 결국 경험은 갑자기 끝났다."

그레이슨의 측정법에 따라서 나는 에이어의 경험에 12점을 매겼다. 에이어는 "비록 나의 심장은 멈춘 상태였지만 나의 뇌는 계속 작동했다."고 옳게 짐작했다. 결론적으로 그는 사후에도 의식이 존속한다는 증거를 발견하지 못했지만 그가 직업 경력의 대부분 동안 연구한 현상을 숙고했다. 그 현상은 다음 질문으로 요약된다. 우리가 태어나서 죽을 때까지 점유하는 물리적 신체는 끊임없이 바뀌는데, 우리는 어떻게 자아정체성을 유지할까? 우리를 이루는 거의 모든 (뉴런을 제외한) 세포는 7년마다 교체된다.* 심지어 우리가 사는 내내 존속하는 세포를 구성하는 분자들도 바뀐다.

에이어는 자신의 경험을 포함한 모든 임사체험이 유발하는 듯한 일반적인 오류를 지적했다. 그것은 사후의 삶이 신의 존재를 증명한다는 믿음이다. 이승에서의 삶이 신의 존재 증명이 아닌데, 왜 다음 삶은 신의 존재 증명이어야 하느냐고 그는 반문했다. 다음 삶에는 신의 존재 증거가 있을 수도 있겠지만, "관련 경험을 해보지 않은 상태에서 그런 증거가 있다고 추정할 권리는 없다."고 그는 추론했다(에이어는 관련 경험이 어떤 것일지에 대해서는 이야기하지 않았다). 경험은 그에게 강한 인상을 남겼지만, "머지않아 일어날 진정한 죽음이 나의 종말일 것이라는(이것은 나의 여전한 바람이기도 하다) 확신은 아주 조금만 약해졌다." 아울러 그는 자신의 경험이 "신은 없다는 확신을 약화시키지 못했다."고 밝혔다.

나중에 에이어는 "아주 조금만 약해졌다."는 말의 뜻을 설명하느라 애를 먹었다. 사후의 삶이 없다는 믿음이 약해졌다는 것이 아니라 그 믿음에 대한 그의 완고한 태도가 약해졌다는 뜻이라고 그는 해명했다. 처음으로 그는 그 믿음을 검토할 가치가 있을 수도 있다고 느꼈다. 그는 기억, 부활, 환생에 대한 생각을 재검토했다. 에이어는 끝내 무신론자로 남았다. 만약에 뇌가 죽은 뒤에도 의식이 존속한다면, 우리는 "이원론의 승리", 즉 뇌와 영혼의 분리를 직접 목격한 증인이 되겠지만, 그럼에도 "우리 자신을 영적인 실체로 간주할 합당한 이유는 여전히 없을 것"*이라고 그는 주장했다.

에이어는 임사체험을 겪기 직전에 병원에서 스티븐 호킹의 『시간의 역사』를 읽고 있었다. 아마도 그랬기 때문에 그의 임사체험에서 아인슈타인의 일반상대성이론과 시공이 중요하게 등장했을 것이다. 에이어의 임사체험은 파울라가 머리에 부상을 입은 뒤 혼수상태에서 깨어날 즈음에 겪은 임사체험과 여러 면에서 비슷하고 세이모어와 패트릭의 갑작스러운 경험과는 덜 비슷하다. 이 차이는 신경학적 상황의 차이에서 비롯된 것일 수도 있지만, 일인칭 서술을 근거로 뇌에서 일어난 일을 판단하기는 어렵다. 에이어의 사례는 커다란 문제 하나를 분명하게 보여준다. 에이어가 임사체험을 한 때를 정확히 알아낼 길이 없다는 것이다. 그 체험이 발생한 시점을 우리에게 알려줄 표지가 없다. 임사체험은 에이어가 질식하는 중에 있어났을 수도 있고 나중에 그가 혼수상태였을 때 일어났을 수도 있다. 그 일이 정확히 언제 일어나는가는 우리의 연구에서 결정적으로 중요하다.

에이어는 자신의 뇌가 심장마비 상태에서도 계속 작동했기 때문에 임사체험이 일어났다고 확신했다. 경계에 이르고 경계를 넘어가고 다시 넘어옴을 포함한 임사체험 사례를 나는 몇 건밖에 모르는데, 흥미롭게도 에이어의 임사체험이 그런 사례다. 다른 사람들은 경계를 넘지 않았는데 왜 에이어는 스틱스 강을 건넜는지 나는 그 신경학적 이유를 모른다. 반면에 조의 사례에서는, 그를 채가려는 악마를 예수가 막았다. 나는 이것이 신경학적인 차이라기보다 문화적인 차이라고 추측한다.

위대한 정신과의사

20세기의 위대한 사상가 중에 임사체험을 한 사람이 한 명 더 있다. 카를 융은 에이어 같은 무신론자가 아니었다. 유명한 정신과의사이자 저술가인 융은 우리의 뇌가 본성상 종교적이라고 생각했고 직관의 힘을 믿었다. 『주역』에 붙인 서문에서 융은 서양의 과학적 인과 개념을 편협하다면서 물리쳤다. 평생의 대부분 동안 그는 미래를 알고 자신의 잠재의식을 탐구할 목적으로* 『주역』의 점괘를 활용했다.

자서전 『기억, 꿈, 사상』에서 융은 자신이 68세에 심장마비를 겪고 무의식 상태에 있을 때 겪은 임사체험에 관해서 썼다.

"그런 경험이 가능하다는 것을 나는 상상조차 하지 못했을 것이다… 그것은 상상의 결과가 아니었다. 그 광경과 경험은 전적으로 실재했다. 거기에 주관적인 요소는 없었다. 그것은 모두 절대적인 객관성을 띠었다."

융은 우주에 떠서 지구를 내려다보는 자신을 발견했다. 지구는 "눈부신 파란색 빛"에 물들어 있었다. 그는 일생을 돌아보았다. 그가 경험한 모든 것을 돌아보는 느낌이었다. 그는 바다, 대륙, 눈 덮인 산, 공중에 뜬 사원을 보았다. 그는 사원에 다가갔다. 그가 아는 사람들로 가득 찬 방과 마주치고, 그에게 삶의 의미를 이야기해줄 다른 사람들과 만나리라는 것을 그는 확실히 알고 있었다. 그때 그의 여행은 예상치 못한 쪽으로 방향을 바꿨다. 융의 주치의 H 박사가 그의 물리적 신체가 누워 있는 유럽에서 "원초적인 모습으로" 떠올라 메시지를 전해주었다. 융이 지구를 떠나는 것에 대한 항의가 있었다, 돌아와야 한다는 내용이었다. "그 이야기를 듣는 순간, 눈앞의 광경이 사라졌다."고 융은 썼다.

융은 지상의 자기 몸에 들어와 있는 자신을 발견하고 깊이 실망했다. 그러나 이 경험은 그를 변화시켰다. 그는 이렇게 썼다. "그 병 이후에 생산적인 연구의 시기가 찾아왔다. 나는 아주 많은 주요 작품을 그 시기에 썼다… 나의 병 때문에 겪은 다른 일도 있었다." 그는 "내가 보고 이해하는 실존의 조건들을" 더 쉽게 받아들이게 되었다.

임사체험 이후 융과 주치의 사이의 관계는 불편해졌다. 융은 H 박사가 자신을 되살린 것에 분개하는 동시에 그가 느낀 끔찍한 예감 때문에 걱정했다. 융은 H 박사가 임사체험에 원초적인 모습으로 등장했으므로 머지않아 죽을 것이라고, 더구나 "나 대신에 죽어야 할 것이라고" 생각했다.

실제로 그러했다. 융은 "실제로 나는 그의 마지막 환자였다."라고 썼다. 융이 장기 요양을 끝낸 바로 그날, 도시의 다른 구역에서 "H 박사는 병상에 누웠고 끝내 회복하지 못했다."

꿈을 보편 무의식으로 통하는 입구로 본 융은 밤이면 그가 예로부터 아는 전통과 의례에 기초한 "찬란하고 매혹적인" 환상을 보고 아침이면 시시한 세상에서 깨어나면서 회복기간을 보냈다. 그가 꿈꿀 때 나타나는 환상은 서서히 잦아들었다가 그의 아내가 죽은 후에 다시 나타났다. 그녀는 원초적인 모습으로, 영매인 융의 사촌이 지은 옷을 입은 모습으로 다가왔다. "나는 그것이 아내가 아니라 아내가 나를 위해 직접 만들거나 만들도록 의뢰한 초상이라는 것을 알았다."라고 융은 썼다.

융은 영성이 강한 인물이었지만, 그의 임사체험에는 사후의 삶에 대한 증거가 포함되어 있지 않았다. "우리의 일부라도 영원히 존속한다는 구체적인 증거를 우리는 가지고 있지 않다. 우리가 할 수 있는 말은 우리 영혼의 일부가 물리적 죽음 이후에도 존속할 개연성이 어느 정도 있다는 것까지다. 그 존속하는 일부가 자신을 의식할지 여부를 우리는 모른다." 임사체험 중에 마주친 환상에 대한 그의 견해는 이러했다. "그 유령 혹은 목소리가 죽은 인물과 동일한지 아니면 정신적인 투영인지 하는 질문, 그 말들이 정말로 죽은 사람에게서 유래한 것인지 아니면 무의식 속에 있을 수도 있는 지식에서 유래한 것인지 하는 질문은 여전히 남아 있다."

융의 경험은 패트릭과 세이모어의 경험과 달리 과거 기억에 크게 의존한다는 특징을 지녔다. 또한 융의 임사체험은 패트릭과 세이모어의 경험과는 다르지만 에이어의 스틱스 강 건너기와 비교적 유사하게 그의 과거에서 유래한 복잡한 이미지로 가득 차 있다. 이는 어떤 뇌 메커니즘이 임사체험을 설명해준다면, 그 메커니즘은 자서전적인 기억을 풍부한 이야기로 풀어내는 기능도 할 수 있어야 함을 시사한다.

아동의 임사체험

아동의 임사체험에서 자서전적 기억의 역할은 성인의 임사체험에서와는 사뭇 다르다. 성인과 달리 아동은 축적된 인생 경험이 없다. 성인의 임사체험담에서는 자기 삶을 돌아보았다거나 과거 장면들이 섬광처럼 떠올랐다는 보고가 아주 흔하게 등장하지만, 아동은 그런 경험을 하지 않는다. 다른 차이도 있다. 아동의 사후세계 환상에는 성과 무지개가 등장하고 흔히 애완동물, 마법사, 수호천사가 나타난다. 물론 친척과 종교적 인물은 성인과 아동의 환상에서 모두 출현하지만 말이다.

세부적인 차이를 제쳐놓더라도 다음과 같은 매우 흥미로운 질문이 남는다. 아동은 대개 죽음을 거의 또는 전혀 이해하지 못하는데 도대체 어떻게 임사체험을 하는 것일까?

소아과의사 멜빈 모스는 자신의 책 『빛에 더 가까이』에서 아동 26명의 임사체험을 분석했다. 그는 성인의 임사체험에서 나타나는 핵심 특징을 다수 발견했다. 죽었다는 느낌, 빛을 보기, 신체 이탈 경험 등을 말이다. 죽은 친척, 살아 있는 선생, 가족, 천사, 신적인 존재와 마주쳤다고 보고한 아동도 여러 명이었다. 아이들은 평화와 환희를 느꼈다. 모스가 조사한 아이들 중에 거의 절반은 삶으로 돌아오기로 의식적으로 결정했다. 한 아이는 (산타클로스를 닮은) 예수를 보았다고 보고했다.

임사체험은 일부 아이들에게 큰 영향을 미쳤다. 한 아이는 모스에게 이렇게 말했다. "이제 나는 죽는 게 두려워요. 죽음이 무엇인지를 약간 알았기 때문이에요. 모든 노인에게 이 얘기를 해주세요." 10세 여자아이 하나는 임사체험을 한 뒤에 백혈병으로 죽어가는 아이들과 죽음에 대해 상담하는 일을 스스로 떠맡았다. 상담을 한 아이들 중 다수는 자신의 죽음과 부모의 고뇌에 대한 두려움을 누그러뜨렸다.

그러나 삶을 한눈에 돌아보았다고 보고한 아동은 없었다. 시간의 변화나 우주와의 합일감도 없었다. 물론 합일이 실제로는 있었는데 보고되지 않은 것일 가능성도 있다. 왜냐하면 합일 경험은 말로 표현하기 어렵기 때문이다. 심지어 언어 구사력이 매우 뛰어난 성인도 합일 경험을 쉽게 서술하지 못한다.

임사체험이 특정한 신경 시스템 때문에 가능하다면, 아직 완전하게 발달하지 않은 아동의 뇌에서도 그 시스템이 발견되리라고 예상하는 것이 합리적이다. 그러나 아동의 임사체험 묘사가 성인의 그것과 같으리라는 기대는 버려야 한다. 아동과 성인은 관점과 경험의 폭이 사뭇 다르니까 말이다.

상징적인 이야기로서 임사체험

우리가 연구한 피연구자 55명의 임사체험담에서 내가 특별히 주목한한 가지 특징이 있다. 임사체험은 그 근간을 볼 때 하나의 이야기다. 임사체험은 이 일이 일어나고 그다음에 저 일이 일어나는 식으로 진행된다. 임사체험은 흔히 시작과 중간과 끝이 있는 이야기다. 가장 흔한 경우에는 여행을 떠나고 돌아오는 이야기다. 앞에서도 언급했지만, 이런 여행 이야기는 적어도 고대 메소포타미아, 이집트, 그리스 문명까지 거슬러 올라간다. 이 문명들에서는 시체를 예식에 맞게 처리하여 사후세계로의 여행을 준비시켰다.

종교학 교수이며 임사체험 전문가인 캐럴 잘레스키는 현대인이 주고받는 임사체험담의 역사적 배경을 엄밀하게 밝혀냈다. 오늘날의 임사체험이 윌리엄 제임스가 참석했던 19세기의 강령회보다 중세의 부활 이야기에 더 가깝다는 사실을 그녀는 발견했다. 그녀는 이 경험들을, 의미를 상징적으로 전달하는 종교적(또는 영적) 상상력의 산물로 간주한다. 당연한 말이지만, 임사체험이 곧이곧대로 참되다고 여기는 사람들은 그녀의 견해에 반발한다.

사후세계를 얼핏 본 사람들의 일부는 덕을 쌓으면 보상을 받는다는 메시지를 얻어서 돌아온다. 플라톤은 『국가』에서, 전투 중에 사망했다가 화장용 장작더미 위에서 되살아나 자신이 몸을 벗어나 영혼들이 재판을 받는 곳에 다녀왔다고 이야기한 군인 에르Er의 전설을 언급하면서 이 주제를 다룬다. 재판관들은 에르에게 땅으로 돌아가서, 선행으로 가득 찬 올바르고 경건한 삶을 살면 그 보상으로 천국에 갈 것이라는 메시지를 인류에게 전하라고 명령한다.

플라톤이 활동한 시대에는 상징적인 이야기가 아주 진지하게 받아들여졌다. 그러나 융의 시대에는 그렇지 않았다. 융의 자서전에서 '사후의 삶에 관하여'라는 제목의 장은 그가 임사체험을 한 뒤에 쓴 것인데,

여기서 융은 이렇게 개탄했다. "인간의 신화적 측면은 요새 관심을 끌지 못한다." 신화(특히 사후의 삶에 관한 신화)는 잠재의식적 정신과 의식적 정신 사이의 결정적인 연결고리라고 융은 주장했다. "우리는 꿈이 제공하는 빈약한 암시와 무의식에서 유래하는 자발적 계시에 의지하여 사후의 삶에 관한 신화를 구성한다." 우리와 신화적인 상상 사이의 관계, 즉 탐구하는 지성이 마주하는 원료 사이의 관계가 끊긴다면, "정신은 경직된 교조주의의 먹이가 된다"고 융은 말했다.

몇몇 경험이 우리로 하여금 사후의 삶을 새로운 방식으로 숙고하게 한다는 사실을 융은 잘 알았다. 그러면서도 그런 경험에 관한 이야기가 발휘하는 유혹적인 힘을 경계하라고 지적했다. 그런 이야기가 상징과 실재의 혼동을 유발하기 쉽다는 경고였다.

내가 커피 한 잔을 상상할 때, 내 정신 속의 커피는 커피의 모든 특징, 예컨대 향기, 색, 맛, 온기 등을 가질 수 있다. 그러나 나는 내 정신이 뜨거운 커피를 든 모습은 도무지 기대할 수 없다. 임사체험에서 나타나는 사물들은 아마도 일종의 상징적 실재성을 지녔을 것이다.

진실을 목격하기

지금까지 나는 다양한 임사체험담을 액면 그대로 받아들였다. 그것이 우리에게 정확하게 전달되었는지 여부는 묻지 않았다. 그런데 런던의 심리학자 크리스토퍼 프렌치는 거짓 기억이 임사체험의 주요 부분이 아닐까라는 정당한 질문을 제기한다. 기억은 과감한 선택과 왜곡을 동반할 수 있다. 프렌치는 목격자의 증언, 특히 예외적인 사건에 관한 증언이 신뢰할 만하지 않음을 보여주는 수많은 과학 연구 사례를 지적한다. 이 논점은 최근에 결백 프로젝트Innocence Project에 의해 생생하게 부각되었다. 결백 프로젝트란 부당하게 범죄자로 지목된 사람들의 혐의를 DNA를 이용하여 벗겨주는 국제 조직이다. 이 조직의 노력 덕분에 무고한 사람 수백 명이 석방되었다. 그들은 대개 확고한 목격자 증언에 근거를 둔 살인 혐의나 강간 혐의를 받고 있었다.

목격자가 반드시 거짓말을 하는 것은 아니다. 그러나 때로는 엄청난 실수를 저지르기도 한다. 한 예로 제니퍼 톰슨-카니노 사건을 들 수 있다. 1984년 여름 어느 날 밤에 남자 한 명이 제니퍼의 아파트에 침입하여 그녀를 강간했다. 제니퍼는 범인을 오랫동안 가까이에서 보았고 범인의 얼굴을 기억한다고 맹세했으며 나중에 경찰이 보여준 용의자들 중에서 범인을 지목했다. 그러나 몇 년 뒤에 나온 DNA 증거는 그녀가 애먼 사람을 지목하여 감옥으로 보냈다는 사실을 증명했다.

우리 대부분은 나의 경험에 대한 탁월한 증인은 나 자신이며, 영적 경험에 대해서도 예외가 아니라고 여긴다. 영적 경험은 생생하고 강렬하기 때문에 더욱더 그런 생각을 품게 된다.

그러나 의학 문헌과 임상신경과의사로서 저자의 경험은 전혀 모르는 사이에 우리의 지각이 놀랄 만큼 왜곡될 수 있음을 일깨워준다. 이미 보았듯이 우리는 자아에 대한 가장 기초적인 지각에서도 거짓 증인의 노릇을 할 수 있다. 우리가 무엇을 실재로 여기느냐와 관련해서 우리 뇌가 변덕스럽고 독재적인 권력을 휘두른다는 사실을 보여주는 사례는 수두룩하다. 한 예로 50년 동안 함께 산 남편이 뇌졸중을 겪은 후에 갑자기 아내를 알아보지 못할 수 있다.

요컨대 물리적인 뇌는 초월적 존재와의 만남을 신뢰할 만하게 성사시킬 능력을 완벽하게 갖추고 있다. 물론 신비적이거나 환상적인 경험을 설명하기 위해 과학 너머로 나아가서는 안 된다는 말은 아니다. 그러나 경험적 증거나 증명에 관한 논의와 신앙이나 사변에 관한 논의는 구분해야 한다.

 신경학자들은 뇌로의 혈류가 차단되면 기억이 어떻게 손상되는지 탐구했다. 뇌로 들어가는 혈류가 차단되는 것은 임사체험을 유발하는 흔한 원인의 하나다. 기억은 심장정지 환자에서 가장 먼저 손상되고 가장 나중에 회복되는 뇌 기능이다.* 기억 손상은 일시적이거나 영구적일 수 있고, 경미하거나 심각할 수 있다. 또한 최선의 상태에서도, 우리의 시각 경험과 거기에 기초한 기억을 구성하는 뇌 시스템들은 거짓을 출발점으로 삼는다. 회화 작품 「모나리자」를 볼 때 당신이 '보는' 것은 모나리자가 아니다. 화폭에서 반사된 빛은 당신의 안구 뒤편 벽의 망막까지만 도달한다. 그 망막에 맺히는 상은 위아래가 뒤집혀 있다. 눈과 뇌는 그 상을 신경 임펄스로 변환하여 뒤통수엽으로 보내고, 거기에서 신경 임펄스가 가공되어 정신적인 상이 만들어진다. 요컨대 도라 마르와 같은 뇌 활동이 모나리자와 같은 경험으로 바뀌는 것이다.

 신경학자의 관점에서 보면, 우리의 시각 시스템이 작동하는 방식은 잘 알려진 플라톤의 동굴의 비유에서 시각 경험이 이루어지는 방식과 유사하다고 할 수 있다. 그 동굴 안에서 속박된 수인들은 벽에 드리운 그림자만 볼 수 있고 등 뒤의 세계는 전혀 보지 못한다. 우리의 세계에서 우리는 대상 자체가 아니라 대상에서 반사된 빛 파동을 본다. 동굴 안의 수인이 실제 대상을 보지 못하고 벽에 드리운 그림자만 보는 것과 마찬가지다. 우리가 주변 사물에서 지각할 수 있는 것은 그런 그림자가 전부다. 뇌는 우리가 보는 바를 이런 식으로 허술하게 처리한다. 간직

해둔 파편에서 경험을 끄집어내고 우리로 하여금 주관적인 경험이 객관적 실재라고 생각하도록 만든다.

초감각적 지각이나 예지적인 통찰(예컨대 주치의가 자기 대신에 죽을 것이라는 융의 예감)과 관련해서 나는 윌리엄 제임스와 마찬가지로 보이지 않는 우주에 대해 열린 태도를 취하며 예외적인 일들이 가능하다는 생각을 전적으로 수용한다. 그러나 예외적인 주장을 하려면 예외적인 증거가 필요하다.* 신체 이탈 경험을 몸소 겪어본 심리학자 수전 블랙모어는 예외적인 임사체험 주장들을 꼼꼼히 검토했다.

가장 놀라운 축에 드는 것은 맹인이 자기 주변에서 벌어지는 일을 보았다고 주장한 사례들이었다. 그러나 그 맹인들이 본 것은 운 좋게 맞은 추측이거나 미묘한 암시의 결과로 설명할 수 있었다. 융은 주치의의 건강이 나빠지고 있다는 말을 다른 사람들한테서 얼핏 들었을지 모른다. 물론 확인할 길은 없지만, 융이 임사체험을 겪는 동안에 의료진을 비롯한 여러 사람의 대화를 흘려듣거나 반쯤 뜬 눈으로 주변을 봄으로써 정보를 얻은 것일 수도 있다. 환자들은 죽은 것처럼 보여도 환자들의 뇌는 아주 생생하게 살아 있을 수 있으니까 말이다.

사람들은 거의 모든 것에 관하여 거짓말을 할 수 있고 실제로 하지만, 나의 경험에 따르면 거의 모든 임사체험자가 자신의 체험을 진실하게 전달한다. 나는 임사체험이나 기타 영적 경험을 낱낱이 분석하고 비판하려 하지 않는다. 오히려 경험담을 그대로 받아들인다. 그러나 그러면서도 우리의 뇌가 미묘한 선별과 조작과 해석을 통해 미가공 데이터를 왜곡하는 방식에 세심하게 주의한다.

이야기의 한계

임사체험이 비교적 흔한 사건으로 인식되고 일종의 영적 경험으로 인정된 것은 적어도 서양 문화에서는 최근의 일이다. 이런 변화는 끝이 없을 듯한 미디어의 관심에서도 드러난다. 내가 신경학자로서 임사체험의 원인을 모두가 공유한 근본적인 뇌 과정, 즉 뇌가 죽음의 위협과 위기에 반응하는 본능적인 방식에서 찾는 연구에 나선 까닭은 부분적으로 임사체험이 문화권과 시대를 막론하고 흔하게 발생한다는 사실 때문이었다.

우리는 죽은 뒤에 무슨 일이 일어날지 알고 싶어 한다. 죽음의 문턱을 넘었다가 돌아오는 여행 이야기, 죽은 친척이나 전형적인 인물을 만나는 이야기, 초자연적인 빛과 마주치는 이야기는 그 자체로 매혹적일뿐더러 아주 생생하고 극적이기 때문에 더욱더 우리를 사로잡는다.

그레이슨 측정법이 기준으로 삼는 임사체험의 특징—생각과 기분의 변화, 환상과 초자연적인 빛, 우주와의 합일, 신체 이탈 경험, 삶을 되돌아봄—은 광범위한 뇌 구역들이 임사체험에 관여함을 알려준다. 무엇이 그 구역들과 동시에 작동하면서 그것들을 하나로 묶는 것일까?

나는 주목할 만하지 않은 임사체험담은 없다고 생각한다. 그러나 임사체험담은 우리를 뇌로 이끌 뿐이다. 이제부터 현재의 신경과학 지식과 도구에 의지하여 우리가 얼마나 더 나아갈 수 있는지 알아보자. 뇌의 작동 방식에 대한 우리의 지식은 하루가 다르게 발전하고 있다.

영적 경험에 관한 신경생물학 지식도 예외가 아니다.

죽음의 문턱에 이른 뇌
: 빛과 피

"설명을 내놓아야 한다면, 임사체험에 관한 문학은 경이감을 일으키는 힘을 상실할 것이다."
—캐럴 잘레스키

"신비에 대해서 조금 더 알아낸다고 해서 신비에 해가 되는 것은 아니다."
—리처드 파인만, 이론물리학자, 노벨상 수상자

임사체험이 흔한 경험이긴 하지만 정확히 얼마나 흔한지 우리는 모른다. 임사체험에서 한 걸음 더 나아가 죽은 사람은 아무 말도 못하므로, 그런 사람의 임사체험은 영원히 알려지지 않을 것이다. 여러 연구에 따르면, 심장정지를 겪고 살아나 언어 및 기억 능력을 회복한 환자의 6퍼센트에서 12퍼센트가 임사체험을 했다고 한다. 하지만 연구자들은 임사체험을 유발하는 조건을 발견하지 못했다.* 임사체험과 직결되는 특정 약물, 혈액 성분의 불균형, 소생 패턴은 없었다. 환자를 되살리는 데 걸린 시간이나 환자가 무의식 상태로 보낸 시간(이 시간은 뇌에 혈액과 산소가 부족했던 시간을 반영한다)도 임사체험과 무관한 듯하다. 대부분의 연구는 환자의 나이, 성격, 성별이 중요한 요인이 아님을 시사한다. 60세 미만인 사람, 혹은 혈중 산소량이 평균보다 많은 사람이 임사체험을 겪을 가능성이 더 높다는 연구 결과가 있기는 하다. 비록 그 차이는 미미한 정도이지만 말이다. 설령 유의미하더라도 이 연구 결과는 단지 더 젊은 뇌가, 그리고 혈액 및 산소를 더 많이 보유했기 때문에 덜 손상된 뇌가 기억력이 더 좋기 때문에 나온 것일 수도 있다.

의학적 위기를 맞은 우리의 뇌에서 천연 마취제 엔도르핀이 분비되어 임사체험을 유발한다는 이론이 제기되었다. 이 이론은 임사체험에 흔히 동반되는 행복감을 설명하지만 왜 임사체험이 신체 이탈과 밝은 빛을 포함하는지, 왜 흔히 이야기의 성격을 띠는지는 설명하지 못한다.

또 다른 이론은 임사체험의 원인으로 NMDA^{N-methyl-D-aspartate} 시스템을 지목한다. 신경이 서로 소통할 때 사용하는 화학물질인 NMDA는 뇌를 흥분시킨다.* 마취제로 쓰이는 약물 케타민은 NMDA 시스템을 통해 작용하는데, 그 효과는 환각을 포함하고 드물게는 신체 이탈을 포함하여 임사체험의 일부 특징과 유사하다. 그러나 케타민이 유발하는 경험 그 자체는 임사체험 이야기들과 전혀 다르다. 신체 이탈 경험이나 행복감이 발생하는 경우는 극히 드물다. 아마도 가장 중요한 차이는 케타민을 투여받은 환자는 '빛'을 경험하지 않는 반면 우리가 주목하는 임사체험들에서는 빛이 핵심 특징으로 등장하는 경우가 많다는 점일 것이다. 설령 NMDA 시스템이 임사체험에서 어떤 구실을 한다 하더라도, 왜 뇌에서 그 시스템이 발동하는지는 여전히 수수께끼로 남는다.

내가 들은 설명 중에 신경학적으로 가장 기괴한 것은 퓰리처상을 받은 천문학자 칼 세이건의 설명이다. 그의 생각에 따르면, 임사체험은 우리 모두의 내면 깊숙이 저장된 출생의 기억이 방출되는 것이다. 뇌가 기억에 필수적인 시냅스를 형성할 물리적 능력을 갖추기 전에 일어난 출생 경험을 다시 겪는다는 생각은 신경학자인 내가 들어도 감탄이 절로 날 만큼 시적이지만 슬프게도 비과학적이다.

임사체험에 관심이 있는 사람들을 2000명 가까이 조사한 결과, 임사체험을 '이승이 아닌' 영적 세계와의 조우라고 믿는 사람이 45퍼센트에 달했다. 20퍼센트는 임사체험이 신체와 뇌의 기능에서 비롯된다고 답했고, 나머지는 임사체험의 원인이 밝혀지지 않았다고 여기면서 명확한 입장 표명을 거부했다. 이 수치들은 비록 대략적이지만 오늘날 미국인들의 임사체험에 대한 견해가 얼마나 심하게 엇갈리는지를 생생하게 보여준다.

혈류와 뇌

임사체험 중에 일어나는 일을 REM 침입 가설로 설명할 수 있다는 생각에 도달하기 전에 나는 둘 이상의 뇌 구역 또는 시스템이 틀림없이 임사체험에 관여한다고 믿었다. 임사체험의 양태가 참으로 다양했기 때문이다.

내가 가장 먼저 품은 질문들 중 하나는 어떤 물리적 사건이 일어난 다음에 임사체험이 발생하는가 하는 것이었다. 피연구자 55명을 조사해보니, 가장 흔한 사건은 실신, 약간 덜 흔한 것은 심장 기능 장애, 익사 위기, 심각한 외상, 수술 관련 사건 등이었다.

피연구자들이 처한 조건의 절대다수는 뇌로 들어가는 혈류나 산소의 일시적 차단을 유발할 가능성이 있었다. 이 사실은 여러 이유에서 의미

심장했다.

표3 피연구자 55명에게 임사체험을 유발한 조건

원인	명수
암전/실신(완전하거나 거의 완전한)	10
심장 기능 장애	8
익사 위기	8
교통사고	8
머리 외상	5
수술 관련 사건들	5
뇌졸중	3
추락	2
심하게 낮은 혈중 칼슘 농도	2
일산화탄소 중독	1
약물 과다 투여	1
라텍스 알레르기	1
벼락	1
총계	55

혈류 공급량이 평소의 3분의 1로 줄어들면, 뇌는 당장은 활동을 유지하지만 10초에서 20초가 지나면 의식을 잃는다. 이런 상태가 여러 시간 지속되더라도 뇌 손상은 일어나지 않는다. 이 한계 혈류 상황에서 환자는 의식을 잃고 되찾기를 반복할 수 있다. 뇌 혈류가 부족해지는 상황에서 10초 넘게 의식을 유지하는 환자와 피연구자가 그런 식으로 의식을 잃고 되찾는 모습을 나는 여러 번 목격했다.

영구적인 뇌 손상은 혈류가 평소의 90퍼센트 이상 줄어든 상태가 30분 동안 지속되면 발생한다. 만일 뇌로 들어가는 혈류가 1~2분 동안 완전히 차단되면, 그 결과로 발생하는 혼수상태는 여러 시간 혹은 그 이상 지속될 수 있다. 뇌 혈류가 4분 이상 끊기면, 뇌의 일시적인 장애가 영구적인 손상으로 악화된다. 한마디로 뇌는 혈류 공급을 엄격히 통제한다. 왜냐하면 매 순간의 뇌 기능과 생명이 거기에 달려 있기 때문이다.

심장정지로 가장 심각한 유형의 실신을 겪은 환자의 경우에도 심장을 되살리는 일은 가능할 수 있다. 그러나 뇌의 대부분은 되살릴 수 없다. 영구적으로 손상될 가능성이 가장 높은 부분은 해마를 포함한 변연계의 기억 관련 구조물들이다. 해마 다음에는 변연계의 다른 구역, 예컨대 대상회cingulate gyrus가 크게 손상된다. 그러면 환자의 정신 및 정서에 근본적인 충격이 미쳐서 환자는 흔히 심각한 기억상실뿐 아니라 무감정apathy 상태에 빠진다.

이제 임사체험을 일으키는 가장 흔한 원인인 실신을 살펴보자. 임사체험의 원인을 이해하면, 뇌에서 그 체험이 어떻게 나타나는지 살펴볼 수 있게 될 것이다.

실신과 초감각적 지각

나는 10대 시절에 장난을 치다가 임사체험을 유발할 수 있는 원인과 처음 마주쳤다.

어느 지루한 일요일 오후 나와 친구들은 한 친구의 집 지하실에서 빈둥거리고 있었다. 누군가가 기절 놀이를 해보자고 제안했다. 그 제안은 우리의 청소년다운 감성을 자극했다. 여러 친구가 기절을 시도하다가 실패했다. 그러나 나라면 더 잘할 수 있을 것이라는 생각이 들었다. 나는 웅크리고 앉아서 내 입술이 따끔거리고 눈앞이 침침해질 정도로 숨을 몰아쉬었다. 그러다가 벌떡 일어나면서 팔뚝으로 입을 막고 마치 비행기 안에서 먹먹한 귀를 뚫을 때처럼 압력을 가했다.

이런 행동은 뇌에 피가 공급되는 것을 막기 위해 고안된 멋진 묘수였다. 나는 실신했고, 친구 하나가 쓰러지는 나를 붙잡았다.

뇌에 다시 피가 흘러들자 나는 마치 깊은 잠에서 깨어나는 것처럼 의식을 회복했다. 내가 어디에 있는지, 무슨 일이 있었는지 알 수 없었지만 흥분을 느꼈다. 나는 시야가 어두워졌을 때 환상을 보았다. 아버지가 집 대문 앞에 서서 화난 목소리로 나를 부르고 있었다. 아버지가 우리를 불러모으는 경우는 드물었으므로, 그것은 의아한 장면이었다. 아이들을 부르는 것은 어머니의 일이었다.

실신 경험이 무섭거나 불쾌하지는 않았지만, 나는 내 안의 아버지가 두려워 서둘러 집으로 돌아왔다. 늦은 일요일 오후는 대개 가족이 외출하는 때가 아니었다. 그런데 놀랍게도 내가 집에 다다르니 아버지가 나를 붙들고 화난 목소리로 가족이 외출할 계획인데 나 때문에 늦었다고 꾸짖었다.

내가 실신한 동안에 아버지의 목소리나 모습을 물리적으로 듣거나 보았을 리는 없다. 그러나 나는 아버지가 나를 부르는 모습을 어떤 특이한 방식으로 정말로 보았다고 생각했다. 나중에서야 내가 실신했을 때 무언가가 우리 가족의 계획에 대한 나의 기억을 되살렸음을 깨달았다. 나는 그 이례적인 계획을 완전히 잊고 있다가 환상을 보면서야 기억해냈던 것이다.

당신이 나의 기절 묘수를 직접 시도해보기 전에 서둘러 덧붙이는데, 미국 질병통제예방센터는 최근에 더 위험한 실신 방식에 대해서 경고했다. 거의 모든 청소년기 남자아이가 목조르기 놀이를 하곤 한다. 꿈놀이dream game라고도 하는 그것은 목에 줄을 감고 졸라서 피가 뇌에 충분히 오랫동안 공급되지 못하게 함으로써 꿈속 같은 행복감을 일으키는 놀이다. 뇌 혈류를 막는 놀이는 성행위의 일부가 되기도 한다. 그러나 목조르기를 딱 적당하게 하기란 어렵다. 까딱 잘못하면 모험의 끝이 죽음이 될 수 있다.

실험실에서 일으킨 실신

여러 해가 지난 뒤에 나는 그때의 실신 경험이 그리 특별하지 않음을 발견했다. 베를린의 토마스 렘페르트 박사와 그의 동료들은 실신을 연구하면서 나의 경험과 아주 유사한 경험들을 기록했다. 또한 그들은 실신과 임사체험을 연관 지은 최초의 연구자들이기도 하다.

1990년대 초에 렘페르트는 젊고 건강한 피실험자 42명을 실험실에서 안전하게 실신시키면서 발생하는 모든 일을 고속촬영 비디오로 꼼꼼하게 찍었다. 그런 다음에 피실험자와 면담하면서 그들의 말을 주의 깊게 들었다. 렘페르트의 발견은 모든 사람을 경악시켰다. 실신한 피실험자의 60퍼센트가 단순한 안개부터 알록달록한 반점과 밝은 빛까지 다양한 시각적 환각을 겪었다. 일부 피실험자는 익숙한 장소, 상황, 사람이 등장하는 현실적인 장면을 보았다. 환각은 피실험자가 무의식 상태이거나 의식과 무의식 사이의 경계에 있을 때 발생하는 듯했다.

청각적 환각도 발생했다. 렘페르트가 실신시킨 피실험자의 약 3분의 1이 바람소리, 짐승소리(임사체험의 전형적 요소임), 비명, 사람의 목소리 등을 들었다.

피실험자 전체의 10분의 1에 가까운 4명은 신체 이탈 경험을 했다. 83퍼센트의 피실험자는 실신이 정서적으로 '중립적이거나 긍정적인' 경험이라고 느꼈다. 실신이 괴로운 경험이라고 느낀 피실험자는 7퍼센트뿐이었다. 피실험자는 흔히 몸이 가벼워진 느낌, 풀려난 느낌, 평화로운 느낌을 받았다고 보고했다. 어떤 이들은 실신 경험을 마약이나 명상을 통한 경험에 비유했다. 피실험자 2명은 실신이 임사체험을 상기시켰다고 말했다. 한 명은 자신의 실신에 대해서 이렇게 언급했다. "지금 이 순간 죽어야 한다면 흔쾌히 동의하겠다는 생각이 들었다."

렘페르트의 연구팀은 피실험자들의 경험과 무디의 임사체험 묘사를 비교했다. 놀랍게도 연구자들은 그 두 유형의 경험 사이에 실질적인 차이가 없음을 발견했다. 그들이 보기에 실험실에서의 실신과 생명의 위기에 발생하는 임사체험은 거의 같았다.

렘페르트의 연구가 시사하는 바는 대단히 중요하다. 실신은 꽤 흔한 사건이다. 평생 한 번 이상 실신하는 미국인이 최대 1억 명이므로, 임사체험과 여러모로 동일한 경험을 하는 사람도 그렇게 많을 수 있다는 결론을 내릴 수 있다.

표4 T. 렘페르트 박사와 그의 동료들이 행한 연구를 바탕으로 작성한 표. 렘페르트는 이 결과를 무디가 수집한 임사체험 이야기와 비교했다.

경험	임사체험(퍼센트)	실신(퍼센트)
신체 이탈	26	16
시각 지각	23	40
청각적 소음이나 목소리	17	60
평화와 고통 없음을 느낌	32	35
빛이 나타남	14	17
생애를 돌아봄	32	0
다른 세계에 진입함	32	47
초자연적 존재와 마주침	23	20
터널 경험	9	8
미래를 앎	6	0

실신 경험과 임사체험은 신경학적으로 왜 이렇게 유사한 것일까? 이들의 바탕에 어떤 공통된 생리학적 과정이 놓여 있을까? 렘페르트와 그의 연구팀은 '죽어가는' 변연계가 두 경험을 유발한다고 생각했다.

물리적으로 변연계는 대뇌피질 속 깊이, 뇌간 위에 올라타 있다. 변

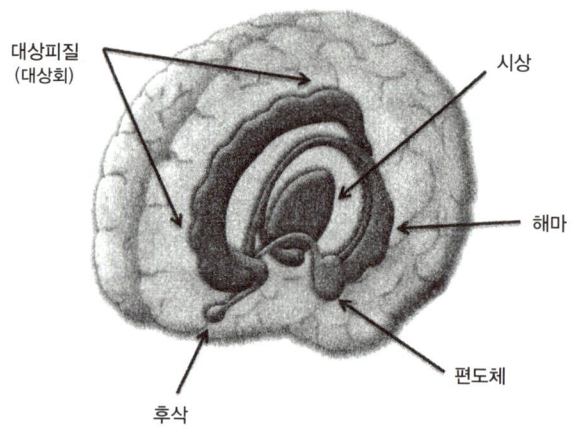

변연계의 주요 요소

연계는 감정(가장 중요한 것은 공포)과 거기에 동반된 신체적 표현, 본능, 기억이 모두 모이는 장소다. 폴 브로카는 변연엽limbic lobe이라는 명칭을 붙였다. 왜냐하면 이 이름으로 불리는 구조들이 뇌의 양 반구 깊숙한 곳에 있는 변방 혹은 경계이기 때문이다. 정확히 어떤 뇌 구역들이 변연계에 속하는지에 대한 신경학자들의 견해는 지금도 완전히 일치하지 않는다. 현미경으로 관찰하면, 변연계에 속한 피질은 더 최근에 진화하여 추론을 비롯한 '더 고차원적인' 대뇌 기능을 담당하는 피질에 비해 원시적이다. 더 진화한 피질에서는 신경이 여섯 층 발견되지만, 변연피질에는 그보다 더 적은 신경 층이 있다. 진화한 피질이 6차선 고속도로라면, 변연계에서는 정보가 4차선 도로로 통행하는 셈이다.

 변연계의 구조물들은 뇌 곳곳에 흩어져 있으므로, 변연계를 이해하는 최선의 길은 물리적인 고찰이 아니라 변연계의 감정 및 기억 관련 기능을 살펴보는 것이다.

변연계는 (이를테면 음식과 섹스가 주는) 쾌감과 동기부여를 비롯해서 감정적 삶의 거의 모든 측면의 바탕에 놓여 있다. 변연계는 내부 장기들을 통제하고 심장박동수 상승과 발한發汗과 같은, 감정에 대한 내장의 반응을 일으킨다. 이 역할 때문에 변연계는 우리가 실신하거나 심장이 멈출 때 전면에 나선다. 우리의 다섯 가지 감각 중에서 변연계와 가장 밀접하게 연결된 것은 후각이다. 왜냐하면 후각은 우리 조상의 생존을 위해 매우 중요했기 때문이다. 변연계는 본능적인 생존 반응에서 주도적인 역할을 하므로, 필요할 때 우리의 의식을 유지시키는 각성 시스템과 밀접하게 연결되어 있다.

그러나 공급되는 피가 부족한 상황에서 변연계가 왜 그렇게 행동하는지는 아직 알려지지 않았다. 왜 그토록 많은 사람이 임사체험 중에 환한 빛을 보는 것일까? 빛은 변연계 구조물들과 별 상관이 없다. 터널은 또 왜 그토록 자주 등장할까? 임사체험 중에 대체로 죽은 사람이 등장하는 까닭은 무엇일까? 임사체험을 변연계의 혈액 부족만으로 설명하는 것은 틀림없이 무리다.

더 나중의 연구에서 렘페르트의 팀은 실신하는 사람 14명의 눈을 관찰했다. 의식이 있는 상태에서 의식을 잃었다가 다시 되찾은 피실험자 전원이 눈을 뜬 채로 그 변화를 겪었다. 실신자들(또는 뇌 혈류의 부족을 경험한 모든 사람)은 주위에서 벌어지는 일을 우리가 생각하는 것보다 더 많이 포착할지도 모른다. 나는 무디 박사가 전한 마틴 부인의 이야기를 기억한다. 마틴 부인은 방사선과의사의 말을 들을 수 있었고 깨어 있었지만 반응할 수는 없었다. 총상을 입고 수술받는 중에 깨어 있었던 잔의 사례도 떠오른다. 최소 의식을 지닌 환자들을 연구해보면, 그들의 뇌가 우리의 예상보다 훨씬 더 활발하다는 사실을 알 수 있다. 실신하거나 심장이 멈춘 사람들은 의사들의 짐작보다 분명히 훨씬 더 많은 것을 알아채고 있다.

임사체험 중에 일어나는 일의 대부분은 혈류 부족이라는 위기에 대한 반응 때문에 발생한다. 그 위기가 아무리 짧게 지속하더라도 마찬가지다. 그러나 놀랍게도 임사체험의 모든 요소가 뇌에 의해 만들어지는 것은 아니다. 적어도 한 명의 신경학자가 보기에는 그러하다.

터널 수수께끼의 해결

임사체험에 터널이 그토록 자주 등장하는 생리학적 이유는 무엇일까? 이 질문에 답하기 위한 단서는 제2차 세계대전 중에 미네소타 주 로체스터 메이오클리닉Mayo Clinic in Rochester의 의료과학관Medical Sciences Building 지하실에 설치된 인간 원심분리기에서 찾을 수 있다.

전쟁을 앞두고 전투기들의 속력과 기동력이 극적으로 향상되었다. 그리하여 전투기가 급선회하거나 급상승할 때 암전을 겪지 않고 버티는 조종사의 능력이 매우 중요해졌다.

조종사가 받는 압력은 지구의 중력가속도 g의 배수로 표현된다. 지상에서 몸무게가 70킬로그램인 사람은 가속도 2g로 선회할 때 몸무게가 간신히 버틸 수 있는 수준인 140킬로그램으로 늘어난다. 아무런 예비 조치도 없는 상태에서 3g 이상을 겪으면, 피부에서 혈액이 빠져나가 얼굴이 '유령처럼 창백해지고' 결국 암전과 의식상실이 발생한다.

암전과 의식상실은 전투에 나선 조종사에게 심각한 문제였다. 미군은 저명한 신경생리학자 에드워드 램버트 박사에게 도움을 청했다. 램버트는 말투가 상냥하고 점잖고 아주 잘생긴 인물이었다(나는 그와 대화할 때 뉴런들 사이의 틈을 시냅스로 명명한 찰스 셰링턴을 떠올렸다). 그는 조종사의 뇌가 가속도로 인한 관성력에 어떻게 반응하는지 알아내고자 했다. 실제 비행기에서 조종사의 뇌를 측정하는 것은 부적절했으므로, 램버트는 비행 중에 조종사가 받는 관성력을 시뮬레이션하는 거대한 원심분리기에 조종실을 장착했다. 그 원심분리기는 2~3초 만에 몇 g에 도달하여 대개 15초 동안 관성력을 유지했다. 램버트는 그 15초 동안 많은 일이 일어난다는 사실을 발견했다.*

램버트와 그의 동료 얼 우드 박사는 원심분리기에 장착된 조종실에 탑승하여 회전하는 조종사가 빛을 볼 수 있는지 측정했다. 실신을 유발할 정도로 강한 관성력에 노출된 후 처음 3초 동안 조종사의 시야는 가장자리부터 어두워지기 시작했고, 다시 5초가 지나자 조종사는 시각을 완전히 잃었다. 우리의 논의에서 특히 중요한 사실은 조종사가 정면의 좁은 원형 구역만 볼 수 있었다는 점이다. 마치 터널 속을 들여다보는 것과 같았다. 실험 시작 후 8초만에 조종사는 중앙 시각이 사라져 아무것도 볼 수 없게 되었지만 의식은 잃지 않았다. 실신 직전에 일어나는 '암전'을 겪은 것이었다. 시각 상실은 일시적이었다. 관성력을 줄이자 조종사는 곧바로 시력을 온전히 회복했다. 램버트는 관성력을 미세하게 조절하여 조종사를 원하는 만큼 오랫동안 '터널' 안에 놔두거나 암전 상태로 놔두면서 의식을 유지시키는 데 성공했다.

암전 상태에서 관성력을 약간, 이를테면 $\frac{1}{2}$g만큼 올리면 조종사는 청각과 의식을 상실한다. 조종사는 "축 늘어졌고" 얼마 후에는 암전 중이나 후에 "꾼 꿈을 자주 회고했다." 비록 그 꿈을 정확히 언제 꾸었는지 판단할 수는 없었지만 말이다.

램버트는 무엇이 터널과 암전을 유발하는지 궁금했다. 눈이나 뇌에서 피가 빠져나가기 때문일까? 그는 특수한 고글에 공기 흡입장치를 설치하여 고글 내부의 압력을 낮출 수 있게 만들었다. 그런 고글을 쓰고 내부 압력을 낮추면 혈류가 안구로 더 쉽게 들어올 수 있다. 특수 고글을 씌우고 실험을 하자 조종사는 의식을 잃기 전에 암전을 겪지 않았다. 오히려 그는 의식이 있는 상태에서 곧바로 실신했다. 이로써 수수께끼는 풀렸다. 머리로 들어오는 혈류가 부족하면, 가장 먼저 눈이 기능을 상실한다. 그래서 뇌가 기능을 잃고 실신하기 전에 먼저 터널 시야 tunnel vision가 발생한다.* 신경학자들은 임상의학에서 '터널 시야'라고 부르는 증상이 무엇인지 잘 안다. 터널 시야는 실신 직전에만 발생하는 것이 아니다. 환자가 불안으로 과호흡을 하는 경우에도 안구의 혈관이 수축하여 혈액 공급이 원활하지 못하기 때문에 터널 시야가 발생할 수 있다. 눈의 망막은 혈류 부족에 아주 민감하다. 머리로 공급되는 혈류가 부족해지면, 뇌보다 먼저 망막에서 반응이 일어나 주변 시각을 상실한다. 눕거나 앉았다가 아주 빨리 일어나면 누구나 터널 시야를 겪는다. 일시적으로 혈액이 다리에 고이면서 머리로 공급되는 혈액이 부족해지기 때문이다. 그러면 시야가 어두워지고, 우리는 현기증을 느낀다.

빨리 일어나기나 원심분리기에 타고 회전하기 외에도 아주 많은 요인이 공포와 고통을 동반한 실신을 유발할 수 있다. 잔의 총상에서처럼 부상으로 심한 출혈이 발생하면, 뇌로 보낼 혈액이 부족해서 실신할 수 있다. 출혈이 매우 심하면, 쇼크가 일어나거나 사망하기도 한다.

이유가 무엇이든 실신하는 과정에서 혈압과 혈류량이 충분히 떨어지면, 피부에서 피가 빠져나가 얼굴과 눈이 동시에 창백해진다. 시야는 가장자리부터 어두워져 터널 시야가 되고, 이어서 완전한 시각 상실과 의식상실이 발생한다. 이 과정은 혈류가 얼마나 빨리 어느 정도로 회복되느냐에 따라서 어느 단계에서든 중단될 수 있다. 환자는 오랫동안 터널 시야나 시각 상실을 겪을 수도 있고, 곧장 의식을 잃을 수도 있다. 이 과정에서 혈액 부족에 민감한 기억이 흔히 교란된다. 실신의 원인은 파편적으로만 기억된다. 혹은 실신한 것을 전혀 기억하지 못하는 환자도 있다.

우리의 연구에서 실신에 이어 두 번째로 흔한 임사체험의 원인은 심장 장애였다. 혈류가 멈추면 처음에 뇌는 대수롭지 않은 실신 때문인지 아니면 심각한 심장정지 때문인지 판별하지 못한다. 두 경우에 처음 10여초 동안 눈과 뇌가 거치는 과정은 동일하다. 뇌의 입장에서 보면, 실신과 심장정지의 주된 차이는 뇌로 들어오는 혈류에 어느 정도로 차질이 생기느냐다. 실신보다 심장정지가 일어났을 때 혈류가 오랫동안 거의 완전히 차단될 가능성이 더 높다. 혈류가 얼마나 빨리 어느 정도로 회복되느냐에 따라 뇌가 손상되는 정도가 결정된다. 결과는 아무 손상 없음부터 뇌사까지 다양할 수 있다.

이제부터 우리는 '뇌사'가 무엇인지 살펴볼 것이다. 뇌사와 관련해서 만연한 오해 때문에 이 작업은 중요하다. 특히 임사체험과 뇌사를 함께 언급할 때 사람들은 많은 오류를 범한다.

죽음이 아님

뇌는 임사체험 중에 죽지 않는다. 임사체험은 죽었다가 되살아나는 것과 전혀 다르다. 이것은 과학문헌에서 상식이지만, 어떤 저자들은 의식을 유지한 채로 물리적 죽음을 맞는 일이 가능하다고 주장한다. 그러나 이 예외적인 주장을 뒷받침하는 경험적인 증거는 없다.

이 문제를 둘러싼 혼동은 전혀 뜻밖의 매체에 의해 조장되었다. 저명한 의학저널 『랜싯』은 2001년에 심장전문의 핌 판 롬멜과 그의 동료들이 쓴 임사체험 관련 논문을 출판했다. 그 논문은 해당 분야에서 가장 중요한 논문 중 하나로 신속하게 자리 잡았고 지금도 여전히 그러하다. 판 롬멜은 심장정지를 겪은 뒤 소생한 환자 344명을 면담했다. 그들 중 62명이 임사체험을 한 것으로 드러났다. "모든 환자는 임상적으로 죽은 상태였다. 우리는 이 사실을 주로 심전도 기록에서 확인했다."라고 저자들은 썼다. 나는 신경학자로서 깜짝 놀랐다. 우리가 보았듯이, 혈류가 멈춘 뒤에도 뇌는 10여초 동안 아주 훌륭하게 활동을 유지한다. 그런 뇌는 죽은 상태가 아니다. 10여초가 지난 뒤에 비로소 뇌의 오작동이 시작되지만, 뇌는 혈류량이 0으로 떨어진 뒤에도 수 분 동안 죽음에 이르지 않는다.

임사체험 중에 뇌는 어느 모로 보나 물리적으로 죽은 상태와 거리가 멀다. 임사체험 중의 뇌는 살아 있고 의식이 있다.

뇌사는 세포들의 죽음에 의해 발생한다. 혈액 부족으로 뇌세포가 죽으면, 칼슘이 밀려 들어와서 세포는 핀에 찔린 물 풍선처럼 터진다. 터져버린 세포를 복구할 길은 없다. 새 세포가 자라나서 죽은 세포를 대체하는 일도 없다. 하나의 장기인 뇌는 세포 하나씩 죽어간다. 뇌세포 1000억 개 중에 대다수가 죽어서 터져버리고 남은 소수도 생명을 유지할 수 없을 때, 뇌는 죽는다. 그러니 판 롬멜이 조사한 임사체험자들은 '임상적으로 죽은 상태'가 아니었다. 그들의 상태는 램버트가 연구한 조종사나 렘페르트가 연구한 피실험자들의 실신 상태와 비슷했다.

많은 사례에서 드러나듯이 우리는 때때로 뇌가 죽는 시점을 정확히 모른다. 뇌가 정말로 죽는 때가 언제인지 모른다면, 임사체험이 죽음 뒤의 삶이 있다는 증거가 아니라는 것을 우리는 어떻게 확신할 수 있을까?

아주 극적인 듯한 질문이지만, 우리가 뇌의 작동 방식을 이해하면 이 질문은 훨씬 더 평범해진다.

세포 하나의 죽음은 뇌 전체를 죽음으로 몰아가지 않는다. 또한 뇌세포의 대다수가 죽은 상태에서 여기저기 흩어진 채로 살아남은 소수의 세포는 인간의 생명을 유지하지 못할 것이다. 다른 한편, 시상과 피질의 뇌세포가 아주 많이 죽어도 인간은 심장 기능과 호흡 능력을 유지한 채로 영구 혼수상태에 빠질 수 있다.

바로 이것이 테리 샤이보에게 일어난 일이었다. 뇌간만 죽으면, 피질 세포들은 각성 시스템을 잃었기 때문에 의식을 산출하지 못한다. 니콜라스 시프 박사의 연구가 매우 흥미로운 까닭은 이 때문이다. 그의 연구를 보면, 뇌간 기능의 일부를 이식된 자극용 전극이 담당할 수 있는 듯하다(72쪽 참조).

우리는 마치 마법의 순간과도 같은 뇌사의 순간을 정확히 파악하지 못할 수도 있다. 어쩌면 그런 순간은 존재하지 않거나 중요하지 않을지도 모른다. 뉴런 하나가 죽는 시점부터 뇌에 있는 모든 세포가 터져버린 시점 사이에는 점진적이고 연속적인 과정이 있다. 세포가 하나씩 죽는 과정의 어딘가에 놓인, 뇌가 진입했다가 살아 돌아올 수 있는 접경지역은 넓고 불분명하다.

산제이 굽타 박사는 이 접경지역의 경계를 발견하기가 얼마나 어려운지 보여주는 사례를 영상기록으로 남겼다. 정형외과 전공의이며 오지에서 스키를 탄 경험이 많은 애나 바겐홀름은 노르웨이 산악지역에서 스키를 타다가 얼어붙은 냇물로 추락하여 90분 동안 얼음 밑에 갇혀 있었다. 사람들은 생명을 잃고 파랗게 변한 그녀의 몸을 얼음물에서 꺼내 헬리콥터 편으로 한 시간 넘게 떨어진 병원으로 옮겼다. 그녀의 체온은 섭씨 14.4도였고, 그녀의 심장은 다시 자력으로 박동할 때까지 여러 시간 동안 멈춰 있었다. 그러나 결국 그녀는 성공적으로 소생하여 현재 방사선과의사로 활동하고 있다. 사고 당시 병원에 도착했을 때 그녀의 뇌는 죽은 것처럼 보였지만 전혀 죽지 않은 상태였다. 오히려 얼음물이 그녀의 뉴런들을 가사상태suspended animation에 빠뜨리는 한편, 풍선처럼 터져버리지 않게 한 것이었다.

정신과 신체를 다시 생각함

정신과 뇌가 따로 존재할 수 있음이 밝혀진다면, 에이어의 말마따나 우리는 사후의 생이 있을 수 있다는 증명에 크게 한 걸음 다가선 셈일 것이다. 그런데 신체 이탈 경험이 일어날 때는 정신과 뇌가 분리되는 듯하다. 우리 의식은 자신이 물리적 자아로부터 분리되었다고 느낀다. 그러나 나로서도 실망스러운 말이지만, 그것은 착각이다.

신체 이탈 경험은 고금을 막론하고 우리에게 영향을 끼쳐왔으며 민요, 신화, 영적인 풍속, 문학, 예술, 종교에서 표현되었다. 자신의 몸 위로 떠오르는 경험과 몸을 벗어나 훨씬 더 멀리 날아가는 경험은 고대와 현재의 문화 모두에서 비물질적인 영의 존재 증명으로 제시되어왔다. 정신과 신체의 분리 또는 정신과 뇌의 분리를 가장 강력하게 주장한 사람 중 하나는 17세기 철학자 르네 데카르트다. 그는 해석기하학을 창시했으며 "나는 생각한다, 고로 존재한다."라는, 철학에서 가장 유명하다고 꼽을 만한 문장을 남겼다. 데카르트는 우리의 '동물적' 신체와 '인간적' 정신을 엄밀하게 구분했다. 동물은 의식은 있으나 영혼은 없는 자동기계요 생각이 없으며 순전히 반사적인 반응들의 꾸러미라고 그는 생각했다. 그가 보기에 동물은 영원한 영과 비물질적이고 합리적인 영혼의 속성인 언어, 생각, 지혜를 갖추지 못한 기계였다.

데카르트는 뇌 속 깊숙이 위치한 솔방울샘을 영혼의 '자리'로 보았다. 솔방울샘이 물질적인 뇌에 영적인 정신을 부여한다는 것이었다. 그는 대략 구형이고 완두콩 크기이며 좌뇌와 우뇌 사이, 액체로 채워진 동공에 매달린 채로 들어 있는 솔방울샘을 뇌의 중심으로 여겼다.

데카르트가 솔방울샘을 지목한 이유를 전부 다 파악할 수는 없겠지만, 솔방울샘은 뇌의 구조물 가운데 유일하게 뇌의 왼편과 오른편이 융합하는 곳이다. 데카르트에게는 이 융합과 솔방울샘의 단일성이 중요했다. 그는 오로지 단일한 구조물만이 분열되지 않고 통일된 의식을 매개할 수 있다고 추론했다. 솔방울샘은 뇌의 두 반구를 연결하므로 뇌와 몸의 왼편과 오른편 모두를 지배할 수 있다는 것이었다. 솔방울샘이 뇌 속의 구멍cavity들에 '동물 영'을 분배하고, 동물 영이 흐르고 소용돌이쳐서 근육들로 하여금 팔다리, 눈, 얼굴을 움직이게 한다고 데카르트는 생각했다.* 임상의사로서 나는 뇌의 장애로 자아분열을 겪는 환자를 매일 보기 때문에 데카르트가 주장한 정신과 뇌의 분리를 받아들이기 어렵다. 뇌를 벗어나는 경험에 대한 믿음은 과학이 아니라 신념에 기초를 둔다. 그러나 데카르트는 다음과 같은 예지적인 글을 남겼다. "내가 이제껏 가장 참되다고 받아들인 모든 것을 나는 감각으로부터 얻거나 감각을 통해서 얻었다. 그러나 때때로 나는 감각이 기만적임을 발견했다. 우리를 한번이라도 속인 자를 온전히 신뢰하지 않는 것은 분별 있는 행동이다."

신체 이탈 경험과 관련해서 이보다 더 참된 글은 없다.

뇌수술 도중 자아와 뇌의 분리

와일더 펜필드는 찰스 셰링턴이 옥스퍼드에서 가르친 가장 유망한 학생 중 하나였다. 고국 캐나다로 돌아온 펜필드는 신경외과의사로 활동하는 내내, 완전히 깨어 있는 환자 수백 명의 대뇌피질을 자극하면서 어떤 일이 일어나는지 살피는 실험을 통한 대뇌피질 연구에 전념했다.*

펜필드는 그 실험을 수술실에서 했다. 펜필드가 탐침으로 어디를 자극하느냐에 따라서 피실험자는 알록달록한 빛, 단순한 모양, 엄청난 공포, 지나가는 자동차의 소음 등을 경험했다. 펜필드의 탐침은 때때로 익숙한 음악이나 기억을 환기시켰다. 어느 피실험자는 이렇게 보고했다. "꿈이 시작돼요. 거실에 사람이 많아요. 한 사람은 우리 어머니에요." 또 다른 환자는 이렇게 외쳤다. "이상한 느낌이에요. 내가 공중에 떠서 멀리 날아가는 것 같아요." 펜필드가 탐침을 움직이자 환자는 이렇게 덧붙였다. "내가 여기에 있지 않은 것 같은 이상한 느낌이 드네요."

펜필드는 자신의 발견에 맥락을 부여하기 위해 윌리엄 제임스를 동원했다. 그는 피실험자의 인생 경험을 제임스가 말한 '의식의 흐름' 혹은 펜필드 자신의 표현을 인용하면, "영원히 변화하면서 흐르는 강물"

에 비유했다. 의식의 흐름을 "마치 매 순간의 소리와 광경과 움직임과 의미를 담은 영화 필름을 재생하듯이" 활성화할 수 있다고 펜필드는 믿었다.

펜필드는 자신의 자극용 탐침이 영화 필름, 즉 원래 경험이 일어날 때 신경 다발의 물리적 변화에 의해 형성된 경로를 재생한다고 생각했다. 그가 아주 중요하다고 생각한 물리적 변화는 셰링턴이 명명한 시냅스의 변화라는 것이 밝혀졌다. 페필드의 자극용 탐침이 되살리는 경험은 전류가 공급되는 동안 유지되었다.

펜필드는 1955년에 가장 흥미로운 축에 드는 사례 하나를 발표했다. 그 사례는 오늘날 우리가 임사체험에 대해서 아는 바와 직접적인 관련이 있다. 펜필드는 우측 관자엽에서 발생하는 간질로 고생하는 33세 남성 'V'에 대해 서술했다. 그의 간질은 평범하지 않았다. 간질 발작이 일어나면 V는 마치 회전목마를 탄 것처럼 빙빙 도는 느낌(회전감)을 받았다. 또한 강한 기시감을 느꼈고 위와 직장이 경직됨과 동시에 공포에 휩싸였다.

V에게 큰 걱정거리였던 간질 발작이 지닌 가장 예외적인 특징의 하나는 냄새에 의해 유발된다는 것이었다. 향수 분자를 포함한 공기가 V의 콧속으로 흘러 들어가면, 후각세포와 신경말단이 향수 분자를 감지하게 된다. 이로 인해 발생한 신경 임펄스가 관자엽으로 이동하고, 그곳에서 여러 뇌 경로를 거쳐 냄새가 의식에 도달한다.

그런데 V의 경우에는 그 경로들이 냄새를 전달할 뿐 아니라 간질 발작도 일으켰다. V는 백화점의 향수 코너에 갔다가 두 번이나 발작을 겪었다. 버스 안에서 그의 곁에 앉거나 군중 속에서 스쳐 지나가는 여성의 냄새는 커다란 위험요소여서 V는 그런 냄새와 우연히 마주치는 것을 피하기 위한 조처를 취했지만 안타깝게도 소용이 없었다.

간질이 기원하는 뇌 구역을 수술로 제거할 수 있다고 확신한 펜필드는 V를 수술실에 눕혔다. 수술 도중에 V의 관자엽 대부분이 노출되었고, 의사의 탐침은 관자엽과 마루엽이 만나는 지점에 거의 2.5센티미터 깊이로 삽입되었다. 그러자 V는 펜필드에게 자신의 혀에 "달콤쌉싸름한 맛"이 느껴진다고 말했다. V는 자신이 입맛을 다시고 침을 삼키는 동작을 한다고 착각했다. 펜필드는 전류를 차단했지만, 너무 늦었다. 그는 V의 간질 발작을 일으키고 말았다.

"오, 하느님! 내가 내 몸을 떠나고 있어요."라고 V가 외쳤다.

비정상적인 뇌 리듬이 잠깐 멈췄을 때, V는 제정신을 찾은 듯했다. 펜필드는 V에게 이 경험이 평소의 간질 발작과 비슷하냐고 물었다.

"예, 약간요. 방금 공포를 느꼈어요."

펜필드는 탐침을 조금 이동시켜서 다시 깊게 삽입했다. 이번 자극은 빙빙 도는 듯한 어지럼을 유발했다. 그 자리를 다시 자극하고 나자, V는 자신이 "서 있는" 것 같다고 느꼈다(실제로 그는 수술대 위에 누워 있었다).

펜필드가 자극한 두 구역에서 V의 간질이 기원하는 듯했다. 첫째 구역은 공포감, 둘째 구역은 어지럼을 일으켰다. 이는 간질 발작이 일어났다는 확실한 신호였다. 펜필드가 수술칼로 어지럼, 공포, 신체 이탈 경험, 기시감을 일으키는 구역들을 절제한 뒤 V의 간질은 사라졌다.

V의 사례에서 신체 이탈 경험은 물리적인 뇌에 대한 물리적인 자극에 의해 일어났다. 신경학자들은 호기심을 느꼈지만 펜필드의 수술실에서 V에게 일어난 일이 더 완전하게 설명되기까지 50년을 기다려야 했다.

실험실에서 일으킨 신체 이탈 경험

신체 이탈 경험은 일반인들 사이에서 놀랄 만큼 흔하게 발생한다. 유럽인 1만 3000여 명을 조사한 결과, 신체 이탈 경험을 했다고 보고한 비율은 5.8퍼센트에 달했다. 적어도 20명 중 한 명이 신체 이탈 경험을 한 셈이니, 줄잡아 미국인 1500만 명이 그 경험을 했다고 추정할 수 있다. 신체 이탈 경험을 연구한 영국 심리학자 수전 블랙모어는 규모가 더 작은 조사 여러 건을 검토하여 그 경험이 아마도 더 흔하게 발생한다는 결론을 내렸다.

이 사실을 진지하게 받아들이는 의사는 드물다. 최근에 나는 신경근육학회 임원을 위한 만찬에 참석했다. 대화 중에 나는 신체 이탈 경험이 대다수 사람들이 생각하는 것보다 훨씬 더 흔하다고 말했다. 내 말의 요지를 생생하게 전달하기 위해서 나는 옆 사람에게 이 방에 있는 누군가가 신체 이탈 경험을 했을 가능성이 높다고 덧붙였다.

그런데 조금 떨어진 학회장이 내 말을 들었다.

"나도 신체 이탈 경험을 했소!" 학회장이 외쳤다.

다들 조용해졌다. 학회장은 여섯 살 때 침대에 누워 있는 자신을 잠깐 동안 내려다본 적이 있다고 말했다. 이제 기억이 희미하긴 하지만 그 경험이 그리 불쾌하지는 않았다고 회고했다. 그 시절에는 잠에서 깨어났는데도 잠시 동안 전혀 움직일 수 없어서 겁을 먹은 일이 자주 있었다고 학회장은 덧붙였다.

신체 이탈 경험은 신체와 분리된 감각, 몸이 실제로 있는 위치와 다른 위치에서 세계를 보는 것이라고 정의할 수 있다. 자신의 몸을 보는 자기상환시autoscopy는 신체 이탈 경험의 특수한 형태다. 자기상환시는 흔히 몸보다 더 높은 위치에서 몸을 내려다보는 방식으로 일어난다. 자기 몸을 올려다보는 경우는 없거나 드물다. 신체 이탈 경험은 순식간에 끝나며 뇌의 불안정한 상태를 반영한다. 자발적으로, 이를테면 깨어 있는 상태와 잠든 상태 사이의 이행기나 임사체험 중에 일어나는 신체 이탈 경험의 지속 시간은 대개 몇 초이며 일부 사례에서는 몇 분이다. 지속 시간이 몇 시간이나 며칠인 경우는 없거나 드물다. 신체 이탈 경험은 자주 발생하지 않고 대개 평생에 한두 번 발생한다. 물론 내가 연구한 몇 사람은 거의 매주 신체 이탈 경험을 했지만 말이다.

신체 이탈 경험은 흔히 잠든 상태와 깨어 있는 상태 사이의 중간에 발생한다. 원인은 수면 부족이나 위험일 수 있다. 신체 이탈 경험은 임사체험과 함께 일어나거나 그렇지 않을 수 있고, 수술 중에 깨어 있을 때, 수술 후 회복기에, 실신했을 때, 간질 발작 중에 일어날 수 있고, 편두통을 동반할 수 있고, 제트비행기를 타고 비행하는 동안, 높은 산에 오르는 동안, 최면 상태에서 발생할 수 있다. 신체 이탈 경험은 거의 모두 경험자가 누워 있을 때 일어난다. 이것은 내가 환자와 피연구자를 통해 확인했고 다른 연구자들에 의해서도 밝혀진 사실이며 신체 이탈 경험의 생리학과 관련한 중요한 단서다.

폴 퍼스와 헤이러니사 볼레이는 특이한 사례에 관한 글을 썼다. 28세의 의사 한 명이 높은 산에서 내려오다가 신체 이탈 경험을 했다. 처음에 그는 다른 사람이 가까이 있다는 느낌을 강하게 받았다. 그 느낌이 몹시 강해서 그는 거듭 고개를 돌려 누가 자신을 따라오는지 보았고 결국 "길동무"와 대화하기 시작했다. 머지않아 "걸어가면서 그는 자신의 다리가 스스로 움직이고 몸통이 길어졌다고 느꼈다. 그는 몸을 떠나 먼 곳에서 자신을 관찰하는 듯한 느낌을 받았다. 그는 그 경험이 환각이라는 것을 알았다. 이 이상한 경험은 10분 정도 지속되다가 저절로 사라졌다."

이 의사는 똑바로 서서 걸어가는 동안에 자신의 몸을 벗어났다.

'분신환시 heautoscopy'라는 유형의 신체 이탈 경험에서는 경험자와 똑같이 생긴 분신이 등장하는데, 경험자는 자신이 분신의 몸 안에 있는지 아니면 자신의 몸 안에 있는지조차 판단하지 못할 수 있다.

놀랍게 들릴지 모르지만, 이런 경험의 대부분은 경험자가 보기에 영적인 의미가 없다. 설명하는 좌뇌가 신체 이탈 경험을 항상 영적인 방식으로 해석하는 것은 아니다. 신체를 떠난 정신은 때때로 단지 기괴할 뿐, 신적이지 않다.

신경학자들은 신체 이탈 경험이 뇌가 감각을 종합하여 자아의 신체도식 body schema을 짜는 과정에서 일어난 교란에 기인한다는 것을 발견했다(오해를 막기 위해 언급하는데, 이 과정은 펜필드가 발견했으며 유령 팔다리와 관련이 있는 감각지도 만들기와 다르다). 신체도식을 만드는 데 얼마나 많은 감각이 필요한지 우리는 모르지만, 몸의 위치(예컨대 지금 당신의 오른발의 위치)와 운동을 느끼는 감각과 촉각이 중요한 것은 분명하다. 우리가 지금 논하는 것은 팔다리 하나나 신체의 한 부분이 아니다. 신체 이탈 경험은 몸 전체의 위치에 대한 오해와 관련이 있다.

신체 이탈 경험이 일어나려면 우리의 시각뿐 아니라 우리가 지구 중력장 안에서 취한 자세에 대한 감각도 교란되어야 한다. 이 감각은 중이에 있는 전정기관과 관련이 있다. 전정기관의 감각은 우리로 하여금 운동과 균형을 느끼게 해준다. 우리가 흔들리는 배 위에서 선 자세를 유지할 수 있는 것은 전정기관 덕분이다. 전정기관에 문제가 생기면, 우리는 어지럼을 느끼고 멀미를 하게 된다.

우리 몸이 어디에 있고 우리 의식이 어디에 깃들었는지 느끼려면, 뇌는 다양한 신체 감각을 종합해야 한다. 뇌는 시각 정보, 내이에서 오는 메시지, 그리고 펜필드의 지도에서 유래한 감각을 종합하여 우리 팔다리의 위치를 파악한다.

V와 같은 환자를 보면, 몸에 대한 감각이 어디에서 뒤죽박죽되는지에 관한 첫 단서를 얻을 수 있다. 증거들은 관자엽과 마루엽이 만나는 곳, 즉 관자마루엽 접합부 temporoparietal junction를 지목한다.

관자마루엽 접합부는 중간지대라고 할 수 있다. 당신이 귀 위의 머리에 손을 대면, 당신의 손은 관자마루엽 접합부 근처에 놓인 것이다. 그 영역은 관자엽 위에 있는데, 관자엽은 소리와 전정감각(균형감각)에 관여한다. 또 그 영역은 마루엽 아래에 있는데, 마루엽은 팔다리의 촉각과 위치 감각을 처리한다. 더 나아가 관자마루엽 접합부는 시각을 담당하는 뇌 부위인 뒤통수엽 피질 앞에 있다.

스위스의 올라프 블랑케와 그의 동료들은 펜필드의 연구에 기초하여 뜻밖의 발견에 이르렀다. 그들은 어느 환자를 수술하기 위해 그의 뇌 지도를 작성하는 중이었다. 전극 100여 개가 그물망의 형태로 환자의 뇌 위에 배치되었다. 의사는 전극 각각에 미세한 전류를 흘려보내면서 그때 일어나는 반응에 기초하여 뇌 기능의 '지도'를 작성했고, 수술을 담당할 외과의사는 그 지도를 보고 제거해도 되는 뇌 부위를 파악했다(이런 유형의 수술은 주로 간질 치료를 위해 실행된다).

블랑케가 담당한 환자 하나는 43세 여성이었는데, 오른쪽 관자엽에서 발생하는 심한 간질로 고생하고 있었다. 간질이 발생하는 지점을 정

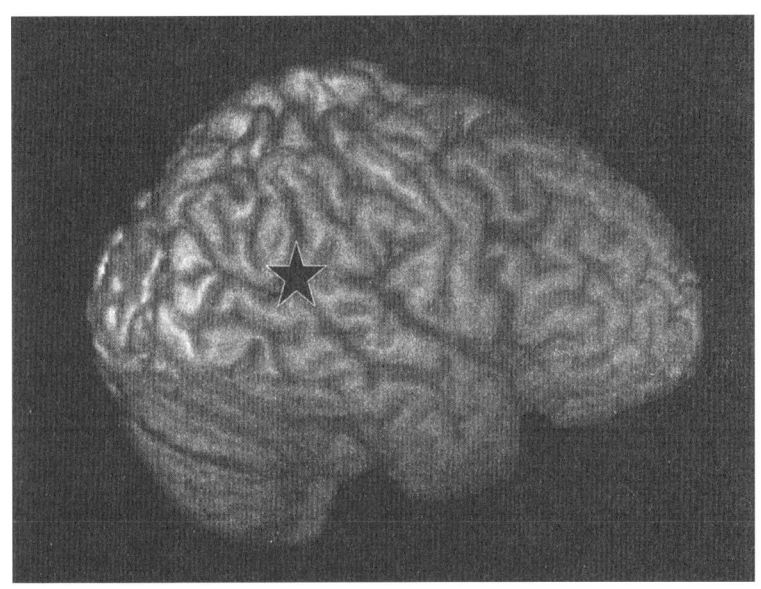

관자마루엽 접합부(별표로 표시된 곳)를 자극하면 신뢰할 만큼 일관되게 신체 이탈 경험이 발생한다.

확하게 파악하기 위해 그녀의 우뇌에 전극들로 이루어진 커다란 그물망이 임시로 설치되었다. 의료진이 뇌의 각 지점을 차례로 자극하자, 예상외로 그녀는 "가라앉는" 느낌이나 "추락하는" 느낌 같은 전정감각을 강하게 느꼈다.

전류의 세기를 높이자, 그녀는 이렇게 외쳤다. "침대에 누워 있는 나를 위에서 내려다보고 있어요. 그런데 다리하고 몸통 아랫부분만 보이네요."

의료진이 전류를 차단하자 그녀는 즉시 제 몸으로 돌아왔다. 다시 전류를 흘려보내자 그녀는 즉각 "가벼움"을 느끼면서 자신의 몸 위로 2미터가량 떠올랐다. 전류가 흐르면 그녀는 즉시 몸을 벗어나고 전류가 흐르지 않으면 몸으로 돌아왔다.

다른 곳에 전류를 흘려보내자 그녀의 왼팔과 두 다리가 짧아졌다. 그 상태에서 그녀가 무릎을 살짝 굽히자 다리가 빠른 속도로 얼굴을 향해 움직이는 것처럼 느껴졌다.

신체 이탈 경험을 일으키는 버튼

요컨대 전류가 흐르는 동안 그녀의 뇌는 공간적 위치에 관한 감각들을 관자마루엽 접합부에서 종합하는 능력을 상실한다. 자극용 전극이 공급하는 전류는 때때로 피질의 회로들을 활성화하기는커녕 도리어 차단하여, 의식적인 감각의 위치를 몸의 내부로 판정하는 데 필요한 감각 정보의 통합을 방해할 수 있는 것이다.

자신이 몸 안이나 바깥에 있다는 그녀의 감각은 스위치를 조작하여 전등을 켜고 끌 때와 마찬가지로 예측가능하게 발생하고 사라졌다. 전류 스위치를 조작하는 사람은 그녀의 의식을 임의로 이동시킬 수 있었다. 이처럼 결과를 예측하고 통제할 수 있다는 것은 확고한 과학적 검증을 통과했다는 사실을 의미한다. 이 성과는 신체 이탈 경험을 유발하는 엘리베이터 상승 버튼을 발견한 것과도 같았다.

매우 명확한 이 실험 결과를 감안하면, 임사체험 중에 의식이 물리적 신체를 벗어난다는 불필요한 결론으로 도약할 이유는 더욱 줄어든다. 오히려 의식이 신체 위치, 접촉, 중력, 운동과 연관된 감각을 상실한다고 보는 편이 옳다. 전정감각을 담당하는 피질 구역이 신체 이탈 감각을 일으키는 구역 근처에 있는 것은 신경학적 우연이 아니다. 신경학자들은 전정감각 이상이 신체 이탈 경험을 동반한다는 사실을 오래 전부터 알았고 이제는 그 이유를 더 잘 이해한다.

그러나 이 대목에서 흥미로운 도약이 추가되어야 한다. 신체 감각들이 통합되지 않고 분열되면, 우리 의식은 가장 주도적인 감각인 시각에 매달린다. 의식은 시각 또는 시각 기억을 활용하여 자신을 우리의 시각 지도 안에, 즉 우리가 보는 광경 안에 일시적으로 투사하고, 그러는 동안에 신체의 나머지 감각은 은폐된다.

신체 이탈 경험은 우주적 의식과의 연결일 수도 있다. 그러나 이 설명에 의지할 필요는 없다. 펜필드와 블랑케의 전극들이 유발한 것은 영적인 깨달음이 아니었다. 그들은 약간의 전류를 적당한 위치에 투입하기만 하면* 신체 이탈 경험을 일으킬 수 있음을 발견했다.

뇌로 들어오는 피나 산소의 일시적 부족을 비롯한 다른 요인들도 관자마루엽 접합부에서 감각들이 통합되는 것을 교란하여 신체 이탈 경험을 일으킬 가능성이 있다. 블랑케가 연구한 환자들(또한 우리가 논한, 신체 이탈 경험을 동반한 임사체험을 겪은 사람들)은 자기 주변에서 일어나는 일을 알아챌 수 있었다. 그들은 단지 자기 몸의 공간적 위치에 대한 감각을 잃었을 뿐이다.

관자마루엽 접합부는 일인칭 관점의 채택, 즉 자신이 행위의 주체라는 지각을 위해서도 중요하다. 더 나아가 이 구역은 타인의 정신을 이해하는 데 기여할 가능성이 있으며 타인과 공감하게 해주는 신경경로들과 관련해서 중요하다. 공감은 영적 경험에 드물지 않게 등장하는 감정이다. 자아의 통합에 결정적인 역할을 하는 피질 구역은 다양하다. 예컨대 앞에서 자기반성과 관련하여 언급한 앞이마엽 피질과 뒤쪽 대상피질이 그런 구역이다. 우리는 의식을 지닌 자아를 위해 결정적으로 중요한 구역들의 목록에 관자마루엽 접합부를 추가할 수 있다. 이 구역은 물리적 신체를 기준으로 한 자아의 상대적 위치를 우리가 어떻게 지각하느냐에 결정적인 구실을 한다.

추방해야 할 영적 환상

신경과학적 증거가 이렇게 압도적이라면, 왜 여러 응급실 심장전문의의 글에는 누군가의 의식이 정말로 몸을 벗어나 천장 근처에서 떠다녔다고 생각해야만 이해할 수 있는 내용이 들어 있느냐고 반문하는 독자도 있을 것이다.

물론 그 의사들은 신경과학적 증거에 맞서서 임사체험 중에 의식이 정말로 신체를 벗어난다는 것을 증명하고자 했다.

언론은 그들의 노력을 상세하게 보도했다. 무엇보다 중요한 것은 그들의 연구가 나아갈 방향에 관한 세부사항인데, 나는 거기에 어떤 악마가 숨어 있는지 모르기 때문에, 이 문제에 대해서는 할 수 있는 말이 거의 없다.* 그러나 내가 보기에 그들의 연구는 사후의 삶을 카드 속임수로 증명하겠다는 것만큼이나 성공할 가망이 없다. 의식이 뇌를 벗어날 수 있다는 주장은 종교인들에게는 예사롭지만 신경과학의 관점에서는 어이없고 불필요하다.

뇌 활동이 없었다고?

판 롬멜과 그의 팀은 '임상적인 죽음'을 실신(뇌로 들어가는 혈류의 부족으로 인한 의식상실) 및 회복 가능한 뇌 손상과 혼동했을 뿐더러 그 혼동에서 크게 한 걸음 더 나아가, '뇌전도가 평탄할 때에도'(뇌전도란 뇌파를 측정하여 얻은 기록이다), 즉 뇌의 전기 활동이 없는 '뇌사' 상태에서도 임사체험이 일어날 수 있음을 보여주는 특별한 사례로 팜 레이놀즈의 경험을 언급했다.

이 특이한 주장이 없더라도 팜의 이야기는 놀라움을 자아낸다. 그녀는 35세에 뇌동맥류 진단을 받았다. 뇌의 바닥에 있는 주요 동맥 하나가 거대하게 부풀었다. 그 동맥이 터지면 치명적인 뇌졸중이 일어날 상황이었다(동맥이 터지지 않더라도 동맥류에 짓눌려 뇌가 손상될 지경이었다).

동맥류를 제거해야 했다. 그런데 그것이 워낙 컸기 때문에 팜의 뇌에서 피를 완전히 빼내고 나서 동맥을 수술하는 고도로 위험한 기술이 필요했다. 따라서 팜의 뇌를 일종의 가사상태에 빠뜨려야 했다. 이를 위해 의료진은 뇌의 온도를 섭씨 15.6도로 낮추고 진정제 바비튜레이트 barbiturate를 다량 투여하여 뇌의 물질대사를 중단시켰다. 물질대사율을 그 정도로 낮춰 뇌에 산소와 포도당이 필요 없게 하면, 뇌는 피가 없어도 오랫동안 생명을 유지할 수 있다.

팜은 수술 당일 아침 일찍 수술실로 옮겨진 것을 기억했다. 곧이어 그녀는 마취되고 수술을 위한 준비를 갖췄다. 팜의 대뇌피질과 뇌간의 전기 활동은 세밀하게 관찰되었다. 신경외과의사가 수술칼로 크게 반원을 그려 머리의 오른쪽 피부를 거의 전부 벗겨낼 수 있게 했다. 두개골이 드러났고, 뇌와 혈관에 도달하기 위해 뼈 자르는 톱으로 두개골 판을 잘라내야 했다. 그 톱은 착암용 드릴처럼 공기 압력으로 작동하며 손에 들고 사용하는 장비다. 팜은 의사가 톱으로 그녀의 두개골을 자를 때 깨어났다. 그녀는 마치 신경외과의사의 어깨 위에 앉아 있기라도 하듯이 수술 장면을 보았다. 처음에 그녀가 들은 것은 어떤 악기 소리였다. 그 소리가 그녀를 정수리 바깥으로 끌어당기는 것처럼 느껴졌다. 팜은 수술실의 공중에 떠서 내려다보았고 자신의 의식이 예리하게 깨어 있음을 느꼈다. "내 인생을 통틀어 의식이 가장 밝은 때라고 느꼈다." 이어서 그녀는 마치 외과의사의 어깨 위에 앉은 듯이 수술 과정을 지켜보았다. 그녀의 시각은 밝았고 "평소 시각"보다 더 선명했다. 그녀는 의료진이 전동 톱을 켜는 모습을 보았고 톱이 회전하며 윙윙거리는 소리를 들었다.

톱질을 마친 신경외과의사는 두개골 판을 떼어내어 팜의 뇌와 뇌막을 노출시켰다. 그 동안에 다른 외과의사들은 그녀의 샅굴부위^{groin}(샅 근처 복부—옮긴이)에서 큰 동맥들을 찾느라 애썼다. 그것은 팜의 피를 빼내기 위한 예비 작업이었다. 팜의 말에 따르면, 그녀는 의사들이 동맥과 정맥을 찾는 데 애를 먹고 있음을 알아챘다. 그리고 자신이 소용돌이에 휩쓸려 끌려 올라가는 것처럼 느꼈다. 그 소용돌이는 "터널과 비슷했지만 터널은 아니었다."라고 그녀는 언급했다. 그때 그녀의 할머니가 부르는 소리가 들렸다. 아니, 정확하게 말하자면, "내 귀로 듣는 것보다 더 선명하게 들렸다." 할머니가 그녀에게 손짓했고, 그녀는 "어두운 수직 굴"을 따라 할머니에게 나아갔다. 그 굴의 끝에서 타오르는 불빛이 갈수록 밝아졌다. 그녀는 빛에 휩싸였고 역시 빛에 휩싸인 다른 사람들을 만났다. 그녀는 할머니를 알아보았다. 팜은 빛에 흡수되고 싶지만 삶으로 돌아가고 싶은 마음이 더 크다고 말했다. 아이들이 그녀를 필요로 한다는 사실을 잘 알고 있었다.

팸의 죽은 친척들이 그녀에게 "생기 넘치는 무언가"를 먹였다. 이어서 삼촌이 그녀를 다시 굴의 끝으로 데려갔고, 그곳에서 끔찍한 광경을 보았다. 그녀의 몸은 "사고가 난 열차의 잔해처럼 보였다. 보기에도 그렇고 실제로도 그렇고, 죽어 있었다. 천까지 덮여 있었던 것 같다. 나는 겁이 났다. 그 모습을 보고 싶지 않았다. 그때 [돌아가는 것은] '수영장에 뛰어드는 것'과 마찬가지라는 말을 들었다." 팸의 삼촌이 그녀의 등을 "떠밀었다." "마치 얼음물이 채워진 수영장에 뛰어드는 것 같았다."라고 그녀는 말했다.

신경외과의사는 팸의 뇌를 경유하여 동맥류에 도달했다. 이제 그곳을 수술할 수 있었지만, 그전에 먼저 팸의 뇌를 가사상태로 유도해야 했다. 뇌 활동을 완전히 중지시키기 위해 의료진은 그녀의 체온을 섭씨 15.6도로 낮추고 바비튜레이트를 투여했다. 곧 그녀의 심장이 멈췄고, 심폐우회기 heart-lung bypass machine 가 몸에 연결되었다. 이때 대뇌피질과 뇌간은 전기 활동을 멈춘 상태였다. 외과 팀이 머리에서 모든 피를 빼내자, 동맥류는 바람 빠진 풍선처럼 쪼그라들었고, 신경외과의사는 그것의 밑 부분을 일종의 집게로 조였다.

팸은 수술실에서 한 번 더 깨어났는데, 이번에는 수술이 끝나고 의료진이 절개 부위를 봉합할 때였다. "내가 깨어났을 때, 그들[외과의사들]은 배경음악으로 「호텔 캘리포니아」를 듣고 있었다."라고 그녀는 회고했다.

심장전문의 마이클 세이봄은 팸의 전설적인 이야기에 관한 글을 썼다. 그는 그녀의 의료기록을 검토하는 행운을 누렸다. 세이봄은 수술

중에 팜의 영혼이 몸에서 분리되어 물질세계를 초월했음을 보여주는 상당한 과학적 증거가 있다고 말했다.

그러나 과학적으로 볼 때 이것은 근거 없는 억측이다. 나는 팜이 잔과 마찬가지로 수술 중에 깨어 있었다고 믿어 의심치 않는다. 팜이 완전히 마취되지 않고 깨어 있었다고 전제하기만 하면 그녀가 경험한 많은 현상을 설명할 수 있다. 수술 중에 환자가 깨어 있는 경우는 다행히 드물어서 전체의 0.18퍼센트 정도에 불과하다. 나는 환자들이 마취에서 깨어날 때 임사체험을 한다는 사실을 안다.

나의 입장에서 보면, 팜의 경험에서 가장 흥미로운 것은 그녀가 임사체험을 한 시기가 수술 중에 의식을 되찾아가던 때와 일치한다는 점이다. 왜 그녀의 관자마루엽 접합부는 블랑케 박사가 실험실에서 연구한 환자들의 그것과 마찬가지로 때때로 제 기능을 잃었을까? 팜이 보고 들은 바를 이해하기 위해 초자연적인 설명을 동원할 필요는 없다. 그녀는 어깨너머로 들은 대화를 기억해두었다가 수술 직전 수술실로 옮겨지던 때의 기억과 결합한 것이 분명하다. 그녀의 의식이 몸을 벗어났다는 주장의 가장 강력한 근거는 그녀의 두개골을 절단할 때 쓴 톱에 대한 그녀의 세밀한(그러나 오류가 있는) 묘사였다. 그러나 그녀는 수술이 시작되기 전 수술실로 옮겨질 때 톱과 기타 장비들을 볼 기회가 있었고, 수술 뒤 자신의 경험에 대해서 대화할 때에도 미묘한 방식으로 전달된 정보가 그녀의 기억과 통합되었다.

그녀의 '뇌전도가 평탄했을' 때 일어난 생생한 경험을 어떻게 설명할 수 있을까? 이 문제에 대해서도 초자연적인 것과 거리가 먼 설명이 더 설득력 있을 뿐더러 명백하게 옳다.* 팜의 임사체험은 뇌가 가사상태에 빠지기 전에 일어났다. 뇌전도가 평탄했을 대 그녀가 할머니를 만나거나 그밖에 다른 경험을 했다고 믿을 이유는 없다. 팜이 기억하듯이, 그녀가 「호텔 캘리포니아」를 들으며 깨어난 것은 뇌가 소생하고 마취 효과가 잦아든 다음이었다.

이미 언급했듯이, 심장정지와 실신 중에 환자는 의사들이 짐작하는 정도보다 훨씬 더 많은 것을 알아챈다. 환자는 "죽은" 것처럼 보일 때에도 주변의 대화를 듣고 환자의 약화된 뇌는 기억을 형성한다. 팜의 경험은 진실하고 근본적으로 중요한 영적 경험이었다. 그러나 의식이 물질세계를 초월한다는 것을 보여주는 과학적 증명이 되기에는 턱없이 부족하다.

내가 의사들에게 한마디 조언한다면 이렇게 얘기하겠다. 의식이 없어 보이는 환자들이 주변 상황을 우리의 짐작보다 훨씬 더 많이 알아차릴 가능성이 있다. 나는 회진 중에 집중치료실에 들르면 함께 있는 동료들에게 이 교훈을 거듭 강조해왔다.

유령 같은 존재

많은 영적 경험, 특히 임사체험의 한 가지 특징은 다른 인물이나 초자연적 존재가 등장한다는 점이다. 파울라는(1장 참조) 죽은 할아버지를 만났다. 에이어와 융은 영적인 존재들과 마주쳤다. 팜은 할머니를 만났다.

내 친구 제이크는 어느 날 새벽 3시에 갑자기 잠에서 깼다. 얼굴에 입김이 느껴졌고, 어머니의 냄새를 맡았고, 어머니가 와 있음을 강하게 느꼈다. 바로 그 순간, 그의 어머니는 머나먼 곳에서 사망했다. 이런 일이 어떻게 일어날 수 있는지를 뇌의 기능을 통해 설명하는 일은 나중으로 미루자. 지금은 다른 존재가 곁에 있다고 느끼는 것도 뇌의 기능이라는 점만 알면 충분하다.

블랑케와 그의 동료들은 뇌 지도 작성 기술을 이용하여 22세 여성의 관자마루엽 접합부에 숨어 있는 유령 같은 존재를 발견했다. 그 여성은 난치성 간질 환자였다. 의료진은 수술을 위해 그녀의 뇌 지도를 작성하는 중이었다. 약한 전류로 관자마루엽 접합부를 자극했을 때, 그녀는 신체 이탈 경험을 하지 않았다. 대신에 그녀 뒤에 한 인물이 나타났다. 그녀는 그 인물이 젊고 고요하고 움직이지 않는 유령 같다고 묘사했다. "그 사람이 내 몸에 닿을 만큼 가까이 있는데, 저는 그 사람이 닿는 것을 느낄 수 없어요."라고 그녀는 얘기했다. 다시 자극을 가하자 한 남자가 그녀 뒤에 앉아서 양팔로 그녀를 불쾌하게 안았다. 의료진은 두 지점을 반복해서 자극했다. 그러자 매번 다른 자리에서 남자가 나타났는데, 그녀의 뒤에서 나타나는 것은 한결같았다.

한번은 그 "인물"이 그녀가 손에 들고 읽는 카드를 빼앗으려 했다. "그가 카드를 가져가려 해요. 그는 제가 [카드를] 읽는 것을 싫어해요."

그 "인물"은 항상 그녀가 있는 자리와 거의 같은 자리에 나타났으므로, 의료진은 그녀가 유령 같은 분신을 창조한 것이라는 결론을 내렸다.

다른 존재를 느끼는 현상은 신체 이탈 반응과 유사하며 이 반응과 마찬가지로 관자마루엽 접합부를 교란함으로써 일으킬 수 있다. 두 경우 모두에서 전류는 물리적 자아와 의식적 자아를 통합하는 데 필요한 많은 감각을 교란한다. 산소가 희박한 높은 산에서 내려오다가 신체 이탈 경험에 앞서 자기 뒤에 다른 인물이 있다고 느낀 의사는 산소 부족으로 관자마루엽 접합부가 교란되어 그런 일을 겪은 것일 수 있다.

영적 경험 중이나 생명이 위태로운 상황을 비롯한 위기 상황에서 초자연적인 존재와 마주치는 현상과 다른 존재가 곁에 있다고 느끼는 현상은 크게 다르지 않다. 그러나 후자의 현상 전부를 관자마루엽 접합부의 교란으로 설명할 수 있을지는 불분명하다. 그런 경험 중에 뇌가 어떻게 기능하는지에 대한 더 완전한 설명은 다른 뇌 구역들의 기억 및 이야기 짓기 능력에 의지하게 될 수도 있다.

이 모든 사례에서 우리는 자아란 뇌 전체에 흩어져 있는 다양한 요소를 그러모아 통일된 전체라는 가상假象을 만드는 종합 과정이라는 사실을 본다. 신경학자들은 이 가상이 얼마나 허술하고 몇몇 유형의 교란에 얼마나 취약한지를 병원이나 실험실에서 두 눈으로 똑똑히 본다. 우리는 그 허술함과 취약함을 목격하고 또 목격한다.

공포에서 비롯된 임사체험

다음 장에서 우리는 사람이 말 그대로 겁에 질려 죽을 수 있음을 보게 될 것이다. 그러므로 겁에 질려 임사체험을 하는 것은 지극히 자연스러운 일인 듯하다. 몇몇 연구자가 임사체험을 하는 데 의학적 위기가 꼭 필요할까라는 질문을 던졌다. 높은 곳에서 추락하는 동안 겪는 영적 경험은 (적어도 경험자가 지면에 부딪히기 전까지는) 내가 지금까지 논한 임사 상태가 아니라 공포에서 유래한다. 자신을 겨눈 총구를 마주하고 겪는 경험도 이런 "죽음 공포" 경험의 하나다. 발사를 앞둔 총구를 마주보는 사람은 아직 의학적으로 위태롭지 않다. 그 사람의 뇌는 이를테면 심장정지로 인한 혈류 부족으로 기능장애를 겪는 상태가 아니다. 그럼에도 죽음 공포 경험과 임사체험은 사실상 다르지 않을 수 있다.

버지니아 대학교의 정신과의사 저스틴 오웬스와 동료들은 이 문제를 탐구했다. 그들은 임사체험을 한 환자 58명의 의료기록을 검토했다. 그 결과 28명은 참된 의학적 위기를 겪은 반면 나머지 30명은 임사체험 당시에 의학적으로 위태롭지 않았음이 밝혀졌다. 그런데 놀랍게도 두 집단의 경험은 거의 똑같았다.* 어느 집단에 속하든 상관없이 다들 터널을 통과했고 비슷한 생각과 감정을 품었다. 전체의 68퍼센트가 신체 이탈 경험을 했는데, 의학적으로 임사 상태에 있었느냐는 이 경험을 했는지 여부와 상관이 없었다. 요컨대 당신은 공포에 질려서 몸을 벗어날 수도 있다.

흥미롭게도 두 집단의 경험에서 발견된 유일한 차이는, 임사체험 중에 실제로 의학적 위기를 겪은 사람들은 신비로운 빛을 보았을 가능성이 훨씬 더 높다는 점이다.

나는 이 연구에서 두 가지 결론을 도출한다. 첫째 결론은 빛과 관련이 있다. 임사체험의 생리학은 빛과 밀접한 관계가 있음이 분명하다. 둘째, 어떤 상황의 귀결로 임사체험이 일어났는지가 결정적으로 중요하다. 실신이나 심장정지 중에 일어나는 일을 기초로 삼고 또한 임사체험자의 인생 경험을 기초로 삼으면, 임사체험 중에 뇌에서 일어나는 일의 많은 부분을 설명할 수 있다. 하지만 우리는 한 걸음 더 나아가 죽음에 대한 공포가 뇌에 영향을 미쳐 영적 경험을 유발하는 경우들을 살펴볼 필요가 있다. 따지고 보면 죽음에 대한 공포는 진화의 역사에서 먼 과거로 거슬러 올라간다. 죽음에 대한 공포는 태초부터 우리의 삶과 뇌와 영적 경험에 지대한 영향을 끼쳐왔다.

오래된 메트로놈

: 공포에서 영적 환희로

"죽음이야말로 정말 무시무시한 야만이다."
—카를 융

뇌는 우리가 지닌 가장 명예로운 장기다. 인간이 이룩한 모든 업적의 장엄함을 조망하는 일은 뇌의 장엄함을 조망하는 것과 같다. 베토벤의 교향곡들, 셰익스피어의 희곡들, 플라톤의 철학, 아인슈타인의 과학적 통찰들—뇌의 능력은 감탄을 자아낸다.

 뇌의 위대한 성취에 주목하다 보면, 뇌의 일차적인 역할이 매순간 우리의 생명을 유지하는 것임을 망각하기 쉽다. 뇌는 우리의 모든 호흡을 통제한다.

 수억년 전 지구의 모든 생물이 단순하고 원시적이었을 때, 신경은 그물처럼 몸 전체에 분포했다. 해파리를 비롯한 대칭형 동물들은 그런 신경 덕분에 바다 속에서 이리저리 이동할 수 있었다. 세월이 흘러 입이 처음 등장했을 때, 몸 곳곳에 많은 신경이 집중되었다. 이 신경들은 몸의 운동과 소화관뿐 아니라 더 나중에 등장한 심장과 아가미도 통제했다. 이 새로운 장기들을 통제하는 신경은 고유의 신경생화학을 도입했고 결국 개수와 복잡성이 증가하여 어류와 양서류의 생존을, 먹이 획득과 위험 회피와 번식을 관리하는 척수와 뇌간을 형성했다. 우리 뇌의 화학을 위한 토대는 몸의 신경들, 즉 소화관, 심장, 폐를 통제하는 신경들의 화학에 의해 마련되었다. 훨씬 나중에 출현한 포유동물은 그보다 앞선 척추동물들이 사용했던 것과 섬뜩할 정도로 유사한 뇌간을 사용했다.

초기의 포유동물은 덩치가 작았으며 더 크고 훨씬 더 많은 파충류의 먹이였다. 진화 역사에서 드러났듯이, 인간의 뇌는 생존이라는 과제를 수행하는 능력이 탁월하다. 북극권에서, 적도 지방의 밀림에서, 외딴 섬에서, 메마른 사막에서 살 수 있는 종이 인간 말고 또 있는가? 이런 조건에서의 생존은 뇌간에서 통제하는 내장반사 visceral reflex 보다 우리의 대뇌피질에서 유래하는 지능에 더 많이 의존한다.

앞 장에서 우리는 임사체험의 여러 측면을 머리로 흘러드는 혈류 부족으로 인한 결과로 설명할 수 있음을 보았다. 이번 장에서는 원시적인 뇌간에 있는 각성 시스템을 주목하기로 하자. 그 각성 시스템은 우리의 의식 상태를 통제한다. 또한 우리는 변연계에 관심을 집중할 것이다. 변연계는 위험에 대한 반응을 통제하며 각성 시스템과 직결되어 있다.

각성 시스템은 생존의 열쇠일 뿐 아니라 임사체험에서 핵심 역할을 하며, 아마도 다른 유형의 영적 체험에서도 그러할 것이다. 곧 보겠지만, 뇌에서 영으로 난 통로가 원시적이며 그 뿌리가 생명의 기원과 연결되어 있다는 것은 이치에 맞는 일이고, 다른 포유류, 파충류, 조류와 공유한 뇌 부위들이 우리가 겪는 가장 영구적이고 초월적인 순간에 관여한다는 것은 적절한 일이다.

의식과 생존

포유동물의 뇌는 갈수록 더 복잡해졌지만, 여러 신경이 복잡하게 합류하는 지점인 원시적인 뇌간은 유별나게도 변화하지 않았다.

200만 년 전의 호모에렉투스도 우리와 동일한 뇌간을 가지고 있었다. 우리와 매우 유사한 인간 종으로는 최초인 호모에렉투스는 결속력이 강한 수렵채집자 집단을 이루어 살았다. 아기는 미성숙 상태로 태어났다. 그러지 않으면 커다란 두개골과 뇌 때문에 산도를 통과할 수 없기 때문이었을 것이다. 긴 양육기는 사회적 유대에 의해 지탱되었다. 긴 다리를 지닌 호모에렉투스는 호미니드 과에서 최초로 빨리 달릴 수 있었고, 이전의 유인원들과 달리 숨을 헐떡이는 대신 땀을 흘려서 체온을 식혔다. 호모에렉투스는 불을 사용한 최초의 호미니드일 가능성이 높다. 그들은 고기도 먹었는데, 버려진 사체를 먹은 것은 확실하고 사냥해서 얻은 고기도 먹었을 것이다. 때론 사냥을 당하기도 했다. 호모에렉투스는 많은 대형 포식자의 먹이였다.

우리 뇌에 자리 잡은 오래된 생존 메커니즘이 우리의 초월 경험, 특히 임사체험과 밀접하게 연결되어 있음을 통찰하기 위해 150만 년 전 아프리카 동부의 평원에서 살아가던 작은 호모에렉투스 집단을 하루 동안 따라다녀 보자.

끝없이 펼쳐진 초원에 저녁 어스름이 깔린다. 시냇가 키 큰 나무들 사이에 숨어서 호모에렉투스 무리가 쉬고 있다. 아이까지 따져서 열다섯 명쯤 되어 보인다.

흡족한 하루가 저물어간다. 일찌감치 여자 여섯과 아이 넷이 어제 봐둔 덩이줄기를 캤다. 그 일을 끝낸 다음에 과일나무 숲을 발견했고, 햇빛에 평원이 지글지글 끓기 전 야영지로 돌아왔다.

남자 다섯도 분주했다. 그들은 아침 일찍 체계적인 계획을 가지고 평원으로 나섰다. 이른 오후에 야영지에서 10여 킬로미터 떨어진 곳에서 그들은 무리에서 낙오한 늙은 영양을 목격했다. 들개 떼의 공격을 간신히 벗어나느라 완전히 지친 녀석이었다. 사냥꾼들은 바람의 방향을 고려하여 매복했다. 웅크린 채로 최대한 살금살금 접근하여 지친 외톨이 짐승을 천천히 그리고 조용히 포위했다. 다들 자리를 잡자 가장 힘센 남자가 벌떡 일어나 묵직한 돌맹이를 던져서 목표물을 명중시켰다. 영양이 잠시 비척거리는 동안 다른 남자들이 달려들어 덮치고 녀석의 머리에 치명타를 가했다.

사냥꾼들은 성공의 기쁨을 만끽하며 머뭇거리지 않았다. 다른 포식자들의 관심을 끄는 것은 그들이 원하는 바가 전혀 아니었다. 사냥꾼 하나가 영양을 들쳐멨고, 다들 야영지를 향해 달리기 시작했다. 영양의 사체를 교대로 메면서 날렵하게 이동했다. 그들이 돌아오자 무리는 환호했다. 돌맹이를 바위에 두세 번 솜씨 좋게 내리치니 날카로운 파편이 떨어져나왔다. 그 파편을 이용해서 사냥물을 해체했다.

무리는 이 야영지에 나흘째 머무는 중이다. 그들은 곧 이 계절의 마지막 열매들을 찾아 이동할 것이다. 그러나 지금은 먹고 쉴 때다. 평온한 포만감 속에서 하루가 저문다.

어둠이 내리고, 무리는 잠자리에 든다. 그러나 맹수가 요란하게 포효하는 소리에 다들 긴장한다. 그들이 야영지로 삼은 빈터의 경계에서 한 남자가 20미터 떨어진 덤불 속에 웅크린 위험천만한 짐승의 윤곽을 발견한다. 호모에렉투스는 그 짐승을 잘 안다. 긴 칼 같은 이빨을 지녔고 덩치가 사자만 한 고양잇과 동물 호모테리움 Homotherium 이다. 그 대형 고양잇과 동물은 대개 평원에서 여러 마리가 함께 코끼리를 뒤쫓는 모습으로 눈에 띈다. 이 외톨이 호모테리움이 신선한 영양고기 냄새를 맡고 야영지에 접근했음을 호모에렉투스들은 안다.

남자들은 덤불에 시선을 고정하고 호모테리움의 움직임을 낱낱이 감시하고 숨어 있을지도 모르는 다른 고양이들을 찾는다. 시간이 촉박하다. 만일 저 호모테리움이 공격에 나선다면 몇 초 만에 여기에 도달할 것이다. 남자들은 돌멩이를 찾고 여자들이 덩이줄기를 캘 때 쓰는 묵직한 막대기를 찾는다. 불현듯 야영지 근처 바위 위의 평평한 자리가 무리의 안전을 지켜줄 것임을 그들은 깨닫는다. 거기에서 힘을 합친다면 호모테리움을 막아낼 수 있다. 어쩔 수 없이 개활지에서 싸운다면 거의 확실히 사망자가 생길 것이다.

경험이나 전승을 통해 배운 대로, 달아나고 싶은 충동을 억누른다. 달아나는 목표물은 고양잇과 동물의 추격 공격 본능을 깨운다. 여자들과 아이들이 먼저 조심스럽게 바위 위로 올라가는 동안, 남자들은 바위 아래에서 돌멩이를 쥐고 막대기를 쳐들어 방어 자세를 취한다. 이어서 남자들이 한 명씩 위로 올라간다.

고양이도 나름의 생각이 있다. 호모에렉투스의 방어 태세를 본 녀석은 영양의 사체를 향해 달려가 입에 물고 조용히 사라진다.

환히 깨어 있음

이 사건이 진행되는 동안 호모에렉투스의 뇌에서는 무슨 일이 일어났을까? 그 일은 우리에게 영적 경험에 관해서 무엇을 알려줄까?

호모테리움이 다가오는 위기의 순간, 뇌는 적절한 의식 상태에 있어야 한다. 이미 언급한 대로 신경학적 관점에서 볼 때 뇌가 선택할 수 있는 상태는 세 가지, 곧 깨어 있음, 렘 수면, 비렘 수면뿐이다. 위험에 직면했을 때 잠들어버리거나 꿈꾸기 시작하는 것은 일반적으로 좋은 생존전략이 아니다. 위험한 순간에 우리를 깨어 있게 하는 것은 뇌의 각성 시스템이 담당하는 일이다.

깨어 있음은 생존을 위한 필수 조건이다. 워낙 당연한 조건이어서 따로 언급하는 것이 어리석게 느껴질 정도다. 실제로 우리는 깨어 있음이 생존의 조건이라는 생각조차 하지 않는다. 그러나 뇌가 늘 당연히 깨어 있는 것은 아니다. 수백만 년 동안 뇌 회로들이 보증해온 대로, 사자의 울부짖음은 깨어나라는 신호다. 깨어나지 않는 뇌는 먹이가 된다. 진화는 그런 뇌를 선택하지 않는다.

의식 조절에 중요한 뇌 부위의 하나인 '청반locus coeruleus'은 뇌간의 양측면에 하나씩 있는 작은 신경세포 집단이다. 뇌에 있는 노르아드레날린은 거의 전부 청반에서 분비된다.* 노르아드레날린은 아주 유사해서 친척뻘 되는 아드레날린이 몸에 영향을 미치는 것과 아주 유사하게 뇌에 영향을 준다. 청반은 세포 1만 6000개로 이루어진 폭 2밀리미터에 길이 15밀리미터의 아주 작고 길쭉한 덩어리다. 청반 세포들은 염색하면 어두운 색을 띠며 맨눈으로 식별 가능하고 뇌의 거의 모든 부위와 연결되어 있다.* 청반 세포 하나에서 뻗어나온 돌기(축삭)는 가지를 뻗

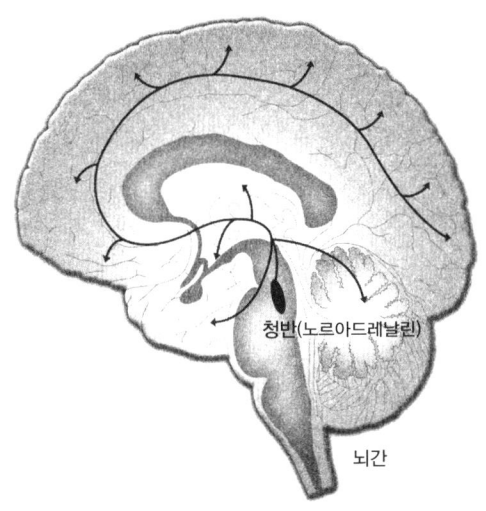

오래된 메트로놈. 청반은 뉴런들로 이루어진 아주 작은 집단으로, 미세한 연결망을 통해 뇌의 거의 모든 구역에 노르아드레날린을 공급한다.

어 산재한 목표물에 도달한다.

청반은 뇌로 하여금 일상적인 활동을 중단하고 무언가 새롭고 중요한 것을 준비하게 하는 데 기여한다. 이런 준비는 우리가 위험한 세계에 직면할 때 중요하다. 청반과 특히 강하게 연결된 부위들 중에는 변연계의 편도체와 해마도 있다. 사자의 윤곽이 우리 조상의 아드레날린 급증을 유발했을 때, 청반은 해마가 생존에 필수적인 기억을 되살리고 저장할 준비를 하게 했다. 이런 식으로 아드레날린 급증과 자서전적 기억의 직접 연결이 이루어진다.

청반은 광범위한 연결을 통해 각성 및 의식 상태, 주의집중, 스트레스에 대한 반응에서 결정적인 역할을 한다.

하버드 대학교 교수이자 정신과의사이고 세계 최고의 꿈 전문가 중한 명인 앨런 홉슨은 우리가 깨어 있음에서 렘 수면으로 또는 그 반대로 이행할 때 청반의 활동이 어떻게 달라지는지 밝혀내는 데 기여했다. 홉슨은 청반을 "뇌의 메트로놈"이라고 칭한다. 그 구역의 뉴런들은 우리가 깨어 있는 동안 한순간도 빠짐없이 규칙적인 리듬으로 점화하기 fire 때문이다. 편안하고 주의집중도가 낮을 때(실컷 자고 일어나 어슬렁거릴 때나 지루한 강연을 들을 때) 청반의 리듬은 느려진다. 무언가가 주의를 끌면 청반의 리듬은 빨라진다. 우리 몸이나 정신이 스트레스를 받으면, 청반은 빠른 리듬으로 점화하면서 뇌 전체를 노르아드레날린으로 적신다. 주의집중이 필요한 작업, 예컨대 퍼즐을 맞추거나 열심히 텔레비전을 보거나 책을 읽을 때 청반은 적당한 리듬으로 점화한다.

놀랍게도 청반의 점화는 행동과 밀접한 관련이 있을 뿐더러 우리가 하려는 행동까지 예견한다. 무슨 말이냐면, 청반의 현재 활동이 곧이은 뇌의 행동에 절대적으로 필요하다는 뜻이다. 그렇다고 청반이 행동을 일으킨다는 의미는 아니다. 그러나 청반은 행동이 일어나도록 하는 데 결정적으로 중요하다. 양쪽 청반을 이루는 뉴런 3만 2000개가 나머지 뇌세포 1000억 개를 위해 튼튼한 발판을 깔아주는 것이다.

이토록 작은 신경 집단이 개인의 행동과 중요하게 연결되어 있다는 것만 해도 놀라운데, 청반은 훨씬 더 놀라운 활동 양상도 보인다. 점화 리듬이 느리거나 아주 빠를 때 청반에 속한 뉴런들은 마치 서로 수천 광년 떨어진 별들처럼 각각 독립적으로 점화한다. 그러나 점화 리듬이 적당할 때는 집단의 점화 패턴이 극적으로 바뀐다. 이제 뉴런들은 독립적으로 점화하지 않는다. 우리가 평온한 상태에서 주의를 집중할 때, 청반 뉴런은 수천 개가 동시에 점화하면서 맥박 치듯이 뇌 전체로 노르아드레날린을 보낸다.*

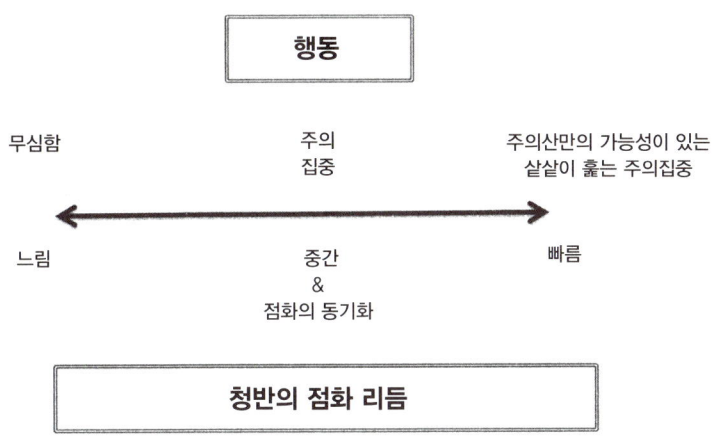

행동과 청반 점화 리듬 사이의 관계

호모에렉투스의 청반

이제 청반을 어느 정도 알았으니, 앞서 본 이야기 속 호모에렉투스의 청반에서 무슨 일이 일어났는지 살펴보자.

배불리 먹고 누워서 조는 한 남성 호모에렉투스의 청반은 느리고 안정된 리듬으로 점화했다. 그 평화로운 점화 리듬은 호모테리움의 포효에 의해 깨졌다. 이제 그는 완전히 깨어나 행동에 나설 준비를 갖췄다. 그의 청반은 극도로 빠른 리듬으로 점화하여 뇌를 노르아드레날린으로 적셨다. 이와 동시에 그의 눈은 호모테리움과 무기가 될 만한 것들과 탈출로를 재빠르게 번갈아 주시하면서 직면한 위험의 심각성을 평가하고 재평가했다.

이 모든 와중에 그의 몸에서는 아드레날린 급증의 효과가 갈수록 뚜렷하게 나타났다.

노르아드레날린 시스템이 활성화하면 뇌는 깨어난다. 반면에 또 다른 뇌 화학물질인 아세틸콜린이 주도권을 쥐면 뇌는 잠든다. 정확히 말해서 렘 수면에 든다. 위기가 닥치면 뇌간의 렘 스위치는 깨어 있음 위치에 놓인다.

호모에렉투스 무리의 암묵적인 방어 계획이 굳어졌을 때, 그 남자는 바위 아래에 버티고 섰다. 아마 막대기를 손에 들었을 것이다. 부릅뜬 그의 눈은 호모테리움의 움직임을 하나하나 주시하면서 다음 동작을 예상한다.

이때 이전에 그의 청반은 점화 리듬을 늦춰 빠르기가 적당하고 동기화된 방식으로 점화하면서 뇌에 노르아드레날린을 공급하기 시작했다. 오래된 기억을 담당하는 변연계의 해마와 즉각적인 작업 기억을 담당하는 앞이마엽에 노르아드레날린 홍수가 났다. 그의 주의가 한 순간이라도 산만해지면 치명적인 결과가 발생할 수 있는 상황이었다.

청반은 호모에렉투스 남자가 맹수에게 주의를 기울이면서 딱 적당한 순간에 바위 위로 기어오르게 하는 데 기여했다. 청반은 신체 바깥의 사물에 주의를 집중시키는 뇌 연결망과 상호작용했다. 우리의 신체도식을 조직하는 연결망의 핵심 요소 중 하나는 우측 관자마루엽 접합부다. 이미 보았듯이, 이곳은 신체 이탈 경험에서 중요하다.

마지막으로 사냥꾼이 안전한 바위 위로 기어오를 때 청반은 일정한 점화 리듬을 유지했고, 그의 눈은 기어오르기에 필요한 동작들을 주시했다. 만일 정신이 집중력을 잃고 "다음 야영지 근처에 물이 있을지"를 고민했다면, 그는 호모테리움의 먹이가 되었을지 모른다. 위험을 벗어나기 위해서 그는 한순간도 놓치지 않고 주의를 집중하고 또 집중해야

(a)

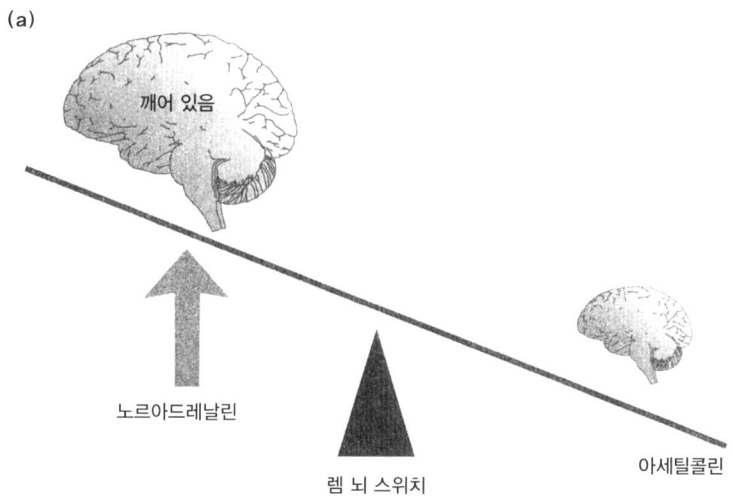

(b)

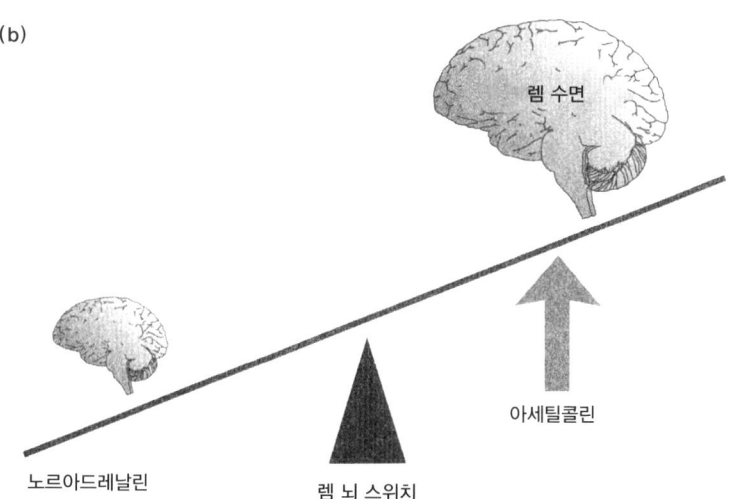

뇌간의 상반 각성 시스템reciprocal arousal system. 아드레날린 시스템이 활성화하면 뇌는 깨어나고(a) 아세틸콜린 시스템이 활성화하면 뇌는 렘 수면에 든다(b).

했다.

우리는 노르아드레날린과 청반이 위험에 대한 반응에서 얼마나 중요한지 보았다. 하지만 이 같은 신경생물학에 함축된 영적인 의미를 논하기에 앞서서 우리의 몸과 뇌가 함께 공포에 반응하는 방식을 살펴보자. 내가 보기에 이 방식은 많은 영적 경험과 근본적으로 연결되어 있다. 이제 초원 위의 호모에렉투스를 떠나 내가 의과대학을 졸업한 직후에 뉴멕시코 주 앨버커키 교외의 건조한 지역에서 겪은 일을 이야기하자.

예상 외로 위험했던 여행

나는 수련의 과정을 위해 7월에 앨버커키에 도착했다. 어느 날 오후, 아직 새 거주지에 적응하는 중이었던 나는 자전거를 타고 리오그란데 도로를 따라 도시의 변두리로 향했고 이내 도시를 벗어나 교외에 진입했다. 자전거 길은 강을 따라 구불구불 이어졌다. 여름 햇빛이 강렬했지만, 고도가 높은 곳이어서 미시건 주 출신인 나도 쾌적하게 자전거를 탈 수 있었다. 나는 평소답지 않게 천천히 페달을 밟으며 낯선 경치를 구경했다. 그러다가 갑자기 폭발음을 들었다. 100미터쯤 앞에 세워진 흰색 밴 옆에 선 두 남자 쪽에서 나는 소리였다. 또 한 번 폭발음이 났다. 이번에는 총소리임을 확실히 알 수 있었다. 나는 그들을 바라보았지만 걱정하지는 않았다. 청소년 시절에 총을 들고 숲을 누비며 많은 시간을 보낸 나는 그 두 남자가 사격 연습을 하는 중이라고 짐작했다. 나는 계속 페달을 밟았고, 폭발음을 한 번 더 들었다. 이번에는 폭발음에 이어 '휭' 하는 소리가 내 오른쪽 귀를 스쳐갔다. 나는 멈춰 섰다. 설마 저자들이 나를 겨냥하고 총을 쏜단 말인가? 혹시 표적이 될 만한 다른 것들이 있는지 둘러보았다. 텅 빈 벌판에 나만 있었다. 반경 50미터 안에 작은 덤불조차 없었다. 탕! 내 자전거 앞바퀴 근처에서 흙먼지가 피어올랐다. 도저히 믿을 수 없는 일이었지만, 그들은 나를 향해 총을 쏘고 있었다.

그런데 이상하게도 나는 겁을 먹지 않았다. 그들이 나를 맞추려는 것인지 재미 삼아 겁만 주려는 것인지 궁금했다. 그러나 그 궁금증을 해소할 마음까지는 없었으므로, 자전거를 돌려 그들한테서 멀어지기 시작했다.

겨우 몇 미터 이동했을 때 어깨 너머로 밴이 움직이는 모습이 보였다. 그들이 나를 쫓아오고 있었다. 나는 주위를 둘러보았다. 자전거 길과 자동차용 비포장도로 사이에는 바닥이 마른 수로가 있었다. 그들이 자전거 길로 넘어올 수는 없었다. 하지만 그것은 중요하지 않았다. 자전거 길과 수로와 비포장도로는 내가 볼 수 있는 가장 먼 곳까지 나란히 뻗어있었다.

나는 미친 듯이 페달을 밟았지만, 그들과의 거리는 이내 좁혀졌다. 그때 운 좋게 기회가 찾아왔다. 완만한 굽이 길을 도는 동안 나는 뜻밖에도 몇 초 동안 그들의 시야에서 벗어났다. 자전거 길 옆에 키 큰 풀이 무성했다. 숨기에 적당했다! 나는 자전거에서 뛰어내려 얼굴을 흙에 대고 납작 엎드렸다.

밴이 다가오는 소리를 들을 수 있었다. 들판을 건너면 캠핑카 주차 구역이 있었다. 그들이 사격 준비를 갖추기 전에 그곳으로 내달리려면 몇 초 안에 행동을 개시해야 했다. 나는 자신감을 느꼈다. 이미 드러났듯이 그들의 사격 솜씨는 그리 뛰어나지 않았다. 나는 장거리 달리기에 익숙하므로 분명히 무사히 탈출할 수 있을 터였다. 그러나 나는 자전거를 버리고 가기 싫었다. 돈이 궁했고 자전거는 나의 일용할 출근 수단이었다.

밴이 천천히 내 옆을 지나 그대로 전진했다. 그들이 겨우 20미터 정도 멀어졌을 때 나는 고개를 들었다. 그들이 뒷거울로 나를 볼 수도 있는 상황이었지만, 그들이 멀어지는 것을 보고 싶은 충동을 억누를 수 없었다.

다행히 그들은 그냥 멀어져갔다. 그들이 보이지 않게 되었을 때 나는 자전거와 함께 길 위에 섰다. 내가 느낀 안도감은 예상만큼 크지 않았다. 그러나 방금 일어난 일을 회상하자 몸이 떨리기 시작했다. 곧이어 내 몸은 주체할 수 없을 정도로 후들거렸다. 이 반응은 나를 어리둥절하게 만들었다. 내 안에서 일어나는 아드레날린 급증을 견디기 힘들 지경이었지만, 나는 억지로 자전거에 올라 그곳을 벗어났다. 자전거 페달을 힘껏 밟지 않는데도 심장이 쿵쾅거렸고 호흡은 얕고 빨랐다. 내 몸은 빠르게 이동할 준비를 갖췄다. 하지만 어디로 이동한단 말인가? 내 정신은 맑았다. 나는 공황에 빠지지 않았고 특별히 무섭지도 않았다. 그러나 내 몸은 행동할 준비를 갖췄다.

초원의 호모에렉투스 이야기에서 우리는 어떻게 뇌가 행동을 준비하는지 보았다. 이제 위기의 순간에 뇌와 몸이 어떻게 상호작용하는지를 더 자세하게 살펴보자.

방금 언급한 피격 사건을 돌이켜보면 두 가지 점이 확연하게 눈에 띈다. 첫째는 내가 공포를 느끼지 않았다는 사실이다. 추격당하는 동안 나는 평온하고 냉정했다. 마치 그 상황으로부터 분리된 것처럼 느꼈다고 해도 과언이 아니다. 나는 무슨 일이 일어나고 있는지 알았고, 그 일이 비현실적으로 보일 만큼 또는 내가 다른 사람에 관한 영화를 보는 중이라고 느낄 만큼, 그 일에서 멀리 떨어져 있지 않았다. 나는 현장의 당사자였는데도, 정신적 동요는 방 안에 앉아 책을 읽을 때보다 더 크지 않았다. 그러고는 곧이어 일어난 몸의 떨림에 놀랐다.

둘째, 내가 달아나는 동안 시간이 느려졌다. 초원의 호모에렉투스와 마찬가지로 나는 탈출로를 찾기 위해 주위를 샅샅이 살폈다. 생각이 빠르게 이어지면서 나는 달아날 시간이 충분하다고 느꼈다.

나중에 나는 시간이 느려진 덕분에 감각이 더 예리해지고 위험을 평가하고 의사를 결정하는 능력이 더 강화되었을까 하는 의문을 품은 끝에, 나의 초연함과 생각의 속도 상승이 내 뇌의 생존 반응이었음을 깨달았다.

그런 상태를 유발하는 뇌 활동을 나는 최근에야 이해했다. 클리프(법적 분쟁에 휘말렸던 재활의학 전문의)가 자신의 영적 경험을 들려주었을 때, 나는 오래 전 추격을 당한 뒤에 내 몸에서 아드레날린이 급증했던 경험을 떠올렸다. 물론 그의 경험과 나의 경험 사이에는 중요한 차이점들이 있지만 말이다. 클리프는 정서적으로 위태로웠지만 물리적으로는 그렇지 않았고, 그의 아드레날린 급증은 곧바로 영적 환희로 이어졌다. 나는 위태로웠다고 인정하지만 한번도 그것을 영적 경험으로 간주하지 않았다. 우리의 경험은 이처럼 피상적으로는 상이하게 보일지 몰라도 중요한 유사성이 있다고 나는 생각한다. 클리프와 나는 둘 다 뒤늦게 동요를 겪었다. 추측컨대 아드레날린 급증이 지연되었다가 우리가 주의를 집중할 위험이 사라졌을 때 일어났기 때문일 것이다.

나는 이런 유사성을 기초로 삼아 임사체험 도중 뇌에서 일어나는 일에 관한 이론을 구성해나갔다. 임사체험에 관한 기존의 모든 논의는 우리를 이끌어 위기를 헤쳐나가게 하고 생명을 유지하게 하는 핵심 본능들을 무시했다. 임사체험의 신경과학은(당시에는 어차피 변변치 못한 수준이었지만) 뇌의 다른 부위들에만 초점을 맞췄다. 그러나 나는 임사체험 중에 뇌와 몸의 생존 본능이 어떤 구실을 하는지 이해하고 싶었다.

나는 이런 생각을 품고서 하버드 대학교 카운트웨이 의학도서관에 갔다. 임사체험 중에 일어나는 일에 관한 단서를 신체의 생존반응을 처음으로 이해한 인물한테서 얻기 위해서였다.

'싸우기 또는 도망가기'

도서관의 특별 소장품을 모아둔 비공개 자료실에 과학사를 통틀어 가장 위대한 생리학자 중 한 명의 일기가 있다. 그는 윌리엄 제임스의 제자 중에서 아마도 가장 성공한 인물이며 과학의 관점에서 보면 제임스보다 더 영향력이 큰 사상가라고 할 만하다. 월터 캐넌은 체격이 다부지고 키가 중간쯤 되는 사람이었다. 그의 중서부 풍 옷차림은 깔끔했지만 하버드 대학교의 말쑥한 상류층과는 뚜렷하게 대비되었다. 그는 가정에 충실했고, 직업적인 경쟁자들에게 관대했으며, 나치 시대 유럽의 유대인 과학자들을 보호하기 위한 활동을 일찍부터 적극적으로 벌였다.

제임스와 캐넌은 서로를 존중했지만, 그들의 관계는 복잡했다. 캐넌은 몸이 감정(특히 공포)을 표출하는 방식에 관한 '제임스–랑게(James-Lange)' 이론을 반박하면서 직업경력의 대부분을 보냈다.* 제임스와 캐넌의 입장 차이는 말하자면 닭이 먼저냐 달걀이 먼저냐를 둘러싼 논쟁과 비슷했다. 제임스는 감정이 몸의 물리적 반응에 의존한다고 주장했다. 곰을 보면 심장이 쿵쾅거리면서 우리는 공포를 경험한다. 요컨대 공포는 본인의 심장이 쿵쾅거림을 감지하는 것에서 비롯된다고 제임스는 주장했다. 캐넌은 반대 입장을 취했다. 곰을 보면 뇌가 공포를 느끼고 이어서 우리의 심장이 쿵쾅거린다는 것이었다.

진실에 더 가까운 설명은 캐넌의 이론이라는 것이 밝혀졌다. 자율신경계가 망가져서 심장과 뇌의 연결이 끊긴 환자도 공포를 느낄 수 있다. 곰이 나타나면 그런 환자의 심장은 쿵쾅거리지 않는다. 하지만 그 환자는 곰을 무서워할 수 있다.

캐넌의 사무실에는 클로드 베르나르와 찰스 다윈의 초상화가 오랫동안 걸려 있었다. 1865년, 베르나르는 '내부환경 milieu interieur'이라는 개념을 도입했다. 내부환경이란 몸이 세포 각각에 제공하는 안정적인 환경을 의미한다. 캐넌은 이 개념을 역동적으로 확장하여 혈중 포도당과 산소 따위에 관한 화학을 포괄하게 만들었다(훗날 캐넌이 증명했듯이, 혈중 포도당과 산소도 위기 상황에서 중요한 구실을 한다). 이 확장을 통해 '항상성 homeostasis'이라는 새로운 개념을 고안한 캐넌은 어떻게 몸이 평상시에 당과 산소 등의 영양분을 일정하게 유지하는지 보여주었다. 그는 위기가 항상성을 위협할 때 작동하는 생리 메커니즘을 탐구했다. 그런 위협의 예로 출혈, 통증, 공포 등이 있다.

캐넌은 부신이 호르몬을 분비하는 현상을 발견하고 그 호르몬을 '아드레날린'으로 명명했다.* 아드레날린은 노르아드레날린에 기초한 교감신경계와 협력하여 작용한다. 뇌와 신경에 있는 노르아드레날린은 몸에 있으며 더 잘 알려진 아드레날린과 화학적으로 크게 다르지 않다.

부신과 그 짝꿍인 교감신경계는 몸의 일차 방어수단이다. 위험에 직면하면, 몸은 즉시 싸우거나 달아날 준비를 갖춰야 한다. 폐가 공기 통로를 확장하고 더 많은 공기를 받아들임에 따라 혈액 속의 산소가 풍부해진다. 혈액이 절실히 필요한 뇌와 근육에 혈액을 공급하기 위해 심장이 빠르게 박동하고 혈압이 상승한다. 그와 동시에 아드레날린이 간에서 당을 떼어내 혈액 속으로 보낸다. 확장된 동맥은 활동에 필요한 영양분을 근육에 공급한다. 더 많은 빛을 받아들이기 위해 동공이 넓어져 시각이 강화된다. 근육이 에너지를 태우느라 발생한 열을 식히기 위해 땀이 분비된다. 소중한 물을 혈액 공급 확대와 땀 생산에 쓰기 위해 몸은 침 생산을 중단한다. 당장 필요하지 않은 장기들, 예컨대 소화관과 피부에서 혈액이 빠져나간다.

우리는 누구나 이런 아드레날린 급증을 경험한다.* 위기의 순간에 우리가 강력한 힘을 발휘할 수 있는 것은 아드레날린 덕분이다. 아드레날린은 전쟁터에서도 분출하고 축구경기장에서도 분출한다.

캐넌은 몸의 내부환경 유지하는 개념을 다윈의 진화론과 연결하는 방식으로도 확장했다. 생존투쟁에서 자연선택은 위기 상황에서 아드레날린 급증을 통해 필요에 부응하는 동물을 선호한다.

아드레날린 급증과 '싸움-또는-도주'라는 생존 반응을 연결하는 발상은 캐넌에게 상당히 갑작스럽게 떠올랐다. 캐넌이 1911년에 쓰기 시작한 일기는 4년 동안 작성되었다. 가장 이른 편에 속하는 1911년 1월 20일의 일기는 드물고 이례적이게도 느낌표로 끝난다. "토끼를 가지고 실험했지만—성공하지 못했다. 흥분 시에 부신이 근육의 힘을 강화하고 근육이 쓸 당을 동원한다는 생각에 이르렀다—야생 상태에서라면, 싸우거나 도망칠 준비를 하는 것이다!"*

아드레날린과 교감신경계가 사람을 위험에 대처하도록 준비시킨다

> JANUARY 20
> 1911 F. Tried experiment on rabbit - but no success. Got idea the adrenals in excitement serve to affect muscular powers + mobilize sugar for muscular use - thus in our wild state readiness for fight or run!

월터 캐넌이 '싸우기 또는 도망가기'라는 중대한 개념을 처음 떠올렸을 때 쓴 일기

는 캐넌의 생각은 오랜 세월에 걸친 과학적 검증을 통과했다.

오늘날 우리는 싸움이나 도주를 위해 몸을 준비시키는 아드레날린 급증이 물고기에서 인간으로의 진화에 근본적으로 중요했다는 것과 아드레날린 급증을 통제하는 회로가 진화 역사에서 가장 오래되고 가장 원시적인 뇌 구역에 있다는 것을 안다.

이토록 강력한 시스템은 반드시 억제될 필요가 있다. 캐넌에 따르면, 신경 및 화학 시스템 두 개가 서로 맞서서 균형을 이루는데 그중 하나가 부신과 함께 작용하는 교감신경계다. 부신과 교감신경에 대립하는 맞수는 부교감신경이다. 활동이 필요할 때 주도권을 쥐는 것은 교감신경계다. 부교감신경계는 우리가 쉴 때 주도권을 쥔다. 부교감신경들은 예컨대 심장 박동을 늦추거나 음식이 소화관을 통과하는 속도를 높이기 위해 신경 임펄스를 다른 조직들에 전달할 때 '아세틸콜린'이라는 화학물질을 이용한다.

교감신경계와 부교감신경계는 함께 자율신경계를 이룬다. 자율신경계는 내부 장기들, 바꿔 말해 '식물성' 기능들을 통제하고 내부환경을 결정한다. '자율'이라는 표현이 붙은 이유는 자율신경계가 장기들을 통제하는 데 의식적인 의지는 불필요하고 도움이 될 때도 드물기 때문이다. 우리는 심장박동이나 호흡 각각을 의식적으로 의지할 필요가 없다.

그것들을 통제하는 것은 자율신경계의 몫이다. 싸움 – 또는 – 도주 반응은 근본적인 정신-신체 연결의 한 예, 정신적 스트레스가 몸에 영향을 미치는 방식의 하나다.

지금까지 보았듯이 자율신경계는 몸의 싸움 – 또는 – 도주 반응의 핵심이다.

교감신경계와 부교감신경계는 상반관계로 맞물려 있다. 한쪽이 득세하면 다른 쪽은 실세한다. 위기가 닥치면 교감신경계와 아드레날린과 노르아드레날린이 세력을 얻고, 부교감신경계와 아세틸콜린은 세력을 잃는다. 심장과 폐를 통제하는 이 상반 시스템은 뇌간의 각성 시스템 및 의식 조절 스위치들과 곧장 연결된다.

뇌와 몸은 서로를 반영하며 화학적으로 연결되어 있다. 뇌는 셰익스피어의 희곡들을 지어낸 장본인이기도 하지만 많은 신경으로 이루어졌으며 항상 몸과 보조를 맞춰야 하는 물질적인 장기이기도 하다. 이 사실은 우리 조상이 바다를 떠나 육지에서 기어다니기 이전에도 마찬가지였다. 앞에서 언급했듯이 뇌 화학은 몸 화학의 확장에서 직접적으로 비롯된 결과다.

부두 죽음

내가 하버드 대학교에서 캐넌의 글을 읽고 있을 때, 도서관 직원 하나가 캐넌의 일기를 가져다주면서 웃었다. 그 일기를 찾다가 우연히 '부두 죽음Voodoo Death'이라는 표찰이 붙은 상자를 보았기 때문이었다. 말할 필요도 없겠지만, 그것은 나의 관심에 딱 맞는 자료였다. 나는 그 상자의

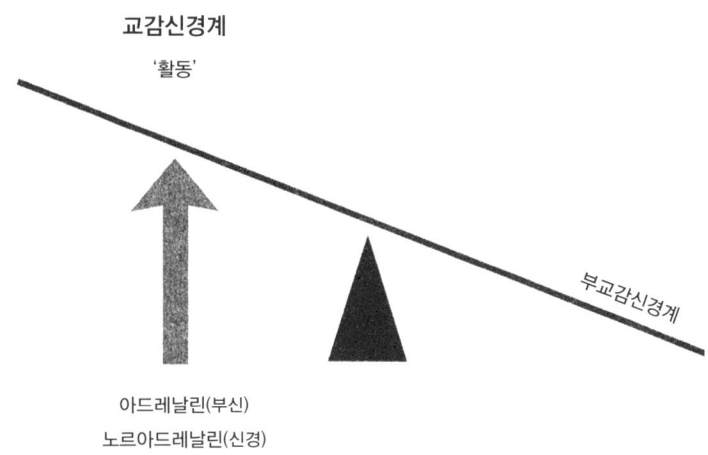

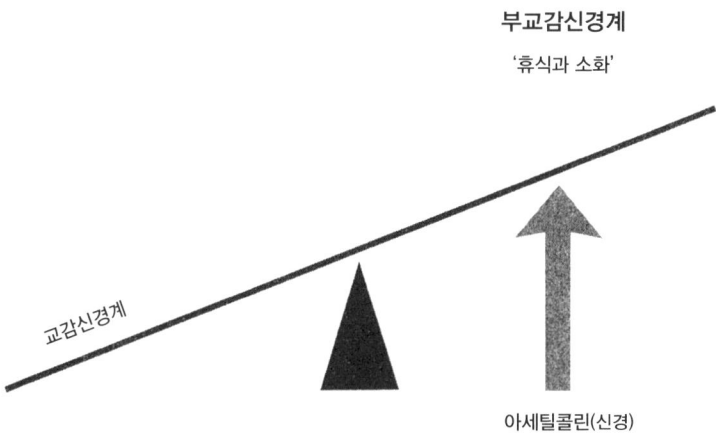

교감신경계와 부교감신경계는 우리의 장기들에 상반되게 작용하여 우리 몸의 내부환경을 균형 있게 유지시킨다. 노르아드레날린은 뇌가 깨어 있는 의식을 유지하기 위해 사용하는 화학물질이기도 하다. 아세틸콜린은 뇌가 렘 수면을 위해 사용하는 화학물질이다.

내용물에 대해 알고 있었다. '부두 죽음'은 캐넌이 1942년에 『미국 인류학자 American Anthropologist』라는 저널에 발표한 논문의 제목이었다.

캐넌처럼 저명한 과학자가 주류를 벗어난 주제의 논문을 자기 분야와 거리가 한참 먼 저널에 발표했다는 것은 이상한 일일 수도 있겠지만, 그럴 만한 이유가 있었다. 인류학자들은 주문이나 마술의 힘으로 죽음이 발생하는 듯한 사례들을 알고 있었고, 캐넌은 그런 사례에 관심이 있었다. 그는 "불길하고 지속적인 공포 상태가 한 사람의 생명을 종결시킬 수 있을까?"라는 질문을 제기했다. 그는 인류학자들의 보고서를(방금 언급한 상자 안에 많은 보고서가 들어 있다) 생리학자의 눈으로 검토하면서 싸움-또는-도주 반응이 치명적일 수 있음을 보여주는 단서를 탐색했다.

캐넌이 보기에 부두 죽음은 농담이 아니었다. 예언이나 마술은 정말로 사람을 죽일 수 있었다. 그는 싸움-또는-도주에 관한 지식을 근거로 그렇게 판단했다. 부두 희생자는 덫에 걸린 동물과 유사하다. 그는 자신이 구제할 길 없이 저주받았다고 확신한다. 그런 희생자는 음식 섭취를 중단하곤 한다. 캐넌은 "명백하거나 억제된 공포"에 대응하여 아드레날린 급증 상태가 지속되면 결국 혈액에서 소중한 혈장이 빠져나가 혈압이 지속 불가능한 수준으로 낮아지는 쇼크가 일어난다고 추측했다. 실제로 캐넌은 제1차 세계대전 중 군의관으로 복무하면서 출혈이 심한 병사들에게 그런 쇼크가 일어나는 것을 보았다.

캐넌은 전쟁터에서 빈번히 사망을 일으키는 쇼크의 생리학을 발견했고 액체와 무기질과 베이킹소다(탄산수소나트륨)로 혈액순환을 강화하여 쇼크 환자를 되살리는 치료법을 고안했다. 캐넌은 쇼크로 죽어가는 부상병을 처음으로 살린 날을 "나의 외과의사 경력에서 기억할 만한 중요한 날"로 여겼다. 그의 치료법은 제1차 세계대전 이후에 무수한 생명을 구했으며 외상환자에 대한 기본 처치로 지금도 실행된다.

여담이지만 잔이 우연한 사고로 총상을 입고 겪은 쇼크도 부상병들의 쇼크와 같은 유형이었다. 잔의 쇼크는 수술을 받는 동안에 일어난 임사체험에서 절정에 이르렀다.

캐넌이 부두 죽음에 대한 자신의 견해를 발표한 것은 전 세계 인류학자들에게 조사 현장에서 아드레날린 급증과 직결된 현상을 유의해서 관찰하도록 호소하기 위해서였다. 그러나 자율신경계가 죽음을 일으키는 방식에 관한 캐넌의 견해는 부분적으로만 옳았다. 사람이 겁에 질리면 아드레날린이 급증하여 죽음에 이를 수 있다는 것은 명백하게 옳다. 그러나 이 과정에서 혈압 급강하는 캐넌의 생각과 다른 방식으로 일어난다.

부두 죽음의 생리학에 대한 지식은 아직 불완전하지만, 우리는 부두 죽음이 심장에서 완결된다는 사실을 안다. 뇌는 부신과 자율신경계를 통하여 심장을 불규칙하게 박동하게 하고 멈추게 할 수 있다. 아드레날린이 엄청나게 급증하면 곧바로 심장세포가 파괴될 수 있다. 급작스럽고 심한 감정적 스트레스는 심장을 마비시켜 심장세포가 마치 심한 경련을 겪는 것처럼 딱딱하게 수축한 채로 죽게 만들 수 있다. 이럴 경우 심장은 심지어 돌처럼 단단해지기도 한다. 뇌졸중, 간질, 머리 외상 환자가 뜻밖에 급사하는 현상의 배후에는 뇌와 아드레날린 급증이 있다. 지진과 태풍 같은 끔찍한 자연재해 중에 예상외로 갑자기 일어나는 사망 사례들도 마찬가지다. 테이저건을 비롯한 전자 무기가 뜻밖의 사망을 불러오는 이유도 뇌와 아드레날린 급증 때문으로 보인다.

간단히 말해서 우리는 공포 때문에 죽을 수도 있다. 공포가 부신과 자율신경계를 너무 오랫동안 혹사시키면 우리는 말 그대로 연료를 소진하고 붕괴한다.

다윈의 추락

다윈은 자서전에 이렇게 썼다. "아버지와 누나는 내가 아주 어린 소년인데도 혼자서 오래 걷기를 무척 좋아한다고 말하곤 했다. 하지만 그들의 말에 대해서 내가 어떻게 생각했는지는 모르겠다. 나는 생각에 몰두할 때가 잦았고, 한번은 학교로 돌아가는 길에 슈루즈버리 둘레의 오래된 요새 꼭대기에서 (그곳은 공공 산책로로 바뀌었고 한쪽 가장자리에는 난간이 없었다) 발을 헛디뎌 바닥으로 떨어졌다. 높이가 2미터 정도에 지나지 않아 순식간에 일어난 일이었지만, 갑작스럽고 전혀 예상치 못한 그 추락 도중에 정신을 스쳐간 생각의 단편은 놀랄 만큼 많았다. 내가 알기로 생리학자들은 각각의 생각에 상당한 시간이 필요함을 증명했는데, 그때 내가 한 생각의 개수와 그들의 증명은 양립하기 어려운 것 같다."

다윈이 생각하는 당대 생리학자들의 증명이 무엇인지 나는 모른다. 하지만 나는 오늘날의 생리학자들이 위기 중에 우리가 시간을 경험하는 방식에 관심을 기울인다는 것과, 이 방식이 죽음을 목전에 둔 사람이 순간적으로 일생을 돌아보는 것과 여타의 영적 경험에서 우리가 시간을 경험하는 방식과 직결됨을 안다. 영적 경험이 흔히 "실제보다 더 실제적"이라고 일컬어지는 이유의 하나가 이런 시간 경험 방식 때문이라고 나는 생각한다.

위기 중에 뇌에서 무슨 일이 일어나기에 우리는 시간이 느려진다고 느끼는 것일까? 다윈이 추락하는 동안 그의 생각의 속도가 정말로 빨라졌던 것일까? 우리가 위험에 처하면 뇌가 마치 고속카메라처럼 작동해서 우리의 지각이 예리해질까? 그래서 우리는 심지어 벌새의 날갯짓까지 볼 수 있게 될까? 시각의 강화는 생존투쟁에서 아주 요긴한 진화적 장점일 것이다. 시각이 강화되면 우리 머리 위로 돌이 떨어지거나 맹수가 우리 목을 노리고 뛰어오를 때 더 잘 대응할 수 있을 것이다. 내가 낯선 밴의 추격을 당할 때에도 시간이 느려졌다. 혹은 내 생각이 빨라졌다. 그래서 나는 어렵지 않게 순간적인 결정을 내렸고 덕분에 충격을 당하지 않았다.

텍사스 주 베일러 대학교의 심리학자 체스 스테트슨과 그의 팀은 공포가 뇌의 처리속도를 향상시키는지 연구했다. 그들은 피실험자 여러 명을 탑 위에서 30미터 아래 안전그물로, 등을 바닥으로 향한 자세로 떨어뜨리는 실험을 했다. 피실험자들이 착용한 특수한 손목시계에는 아주 짧은 시간 동안 숫자 하나가 나타났다. 그 시간은 피실험자들이 지상에서 평온한 상태로 있을 때 숫자를 알아보는 데 걸리는 시간보다 약간 더 짧았다. 그럼에도 추락이 일어나는 2.5초 동안에 공포가 뇌를 가속시킨다면 피실험자들이 손목시계의 숫자를 충분히 알아볼 수 있을 것이라고 연구진은 추론했다. 그러나 숫자 알아보기 실패는 뇌 활동의 가속과 전혀 무관한 원인 때문에 일어날 수도 있다. 연구자들의 추론이 타당하려면, 피실험자들은 추락하는 내내 눈을 뜨고 있어야 한다. 그들이 눈을 뜬 상태를 유지하는지 확인하려면, 피실험자 각각이 추락할 때마다 연구자가 함께 추락하면서 피실험자의 눈을 관찰했어야 옳다.

추락하면서 숫자를 알아본 피실험자는 전체 13명 가운데 한 명도 없었다. 공포가 뇌를 가속시켜 우리가 사건들을 더 선명하게 볼 수 있게 해준다는 생각이 틀렸다는 사실이 밝혀진 셈이다. 이 결과는 어떤 면에서 실망스럽다. 신경학자로서 나는 위기 중에 뇌가 더 빠르게 작동할 수 있다는 결과를 더 선호한다. 그러나 이 실험이 보여주는 바는, 우리가 위기에 처했을 때 시간이 느려지거나 생각이 빨라지는 것처럼 지각한다는 것이다.*

피실험자들의 시간 지각은 추락 뒤에도 변화한 상태를 유지했다. 탑에서 떨어지기 전에 피실험자들은 누군가의 추락을 상상하면서 스톱워치를 작동시켜 그 추락 시간을 표시했다. 곧이어 직접 추락을 경험한 피실험자들은 자신의 경험을 회상하면서 스톱워치로 추락 시간을 표시했다. 결과는 한결같았다. 피실험자들은 상상의 추락보다 자신이 경험한 추락이 33퍼센트 넘게 더 길다고 판단했다.

우리가 시간을 지각하는 방식은 복잡하며 완전히 이해되지 않았다. 위기 중에 뇌는 다양한 감각(시각, 청각, 신체 위치 감각, 운동감각 등)을 신속하게 동기화해야 synchronize 한다. 뇌는 각각의 감각을 동일한 방식으로 처리하지 않는다. 쉽게 말해서 오른발의 위치를 아는 것은 빛 파동을 감지하는 것과 전혀 다르다. 다양한 감각은 다양한 속도로 처리된 다음에 기억으로 옮겨진다. 따라서 여러 감각을 조정하여 일종의 통일체를 구성하는 것이 (시간 속에서 일어나는 일들이 우리가 인과관계를 경험하는 방식의 토대를 이룬다면) 결정적으로 중요한 뇌 기능이다. 감각의 동기화는 뇌가 우리의 경험을 동기화하는 방식과 연결되어 있을 가능성이 있으며, 드문 예외를 빼면 우리 자신이 언제나 우리 몸속에 있다고 경험하는 이유다.

스테트슨과 동료들은 시간 지각과 기억이 밀접하게 연결되어 있다고 추측했다. 시간이 느려진다는 지각은 우리가 영화에서 느린 화면을 보는 경험과 다르다. 시간이 느려진다는 지각은 변연계에서 기억이 형성되는 방식과 관련이 있다.

뇌가 기억을 창조하고 불러내는 방식은 흥미로운 이야깃거리지만, 나는 여기에서 이 문제를 너무 깊게 논하고 싶지 않다. 그러나 우리가 공포를 경험할 때 뇌가 기억을 형성하는 방식은 임사체험에서 매우 중요하므로 어느 정도 설명할 필요가 있다.

공포와 변연계

우리가 무서운 경험을 하고 있을 때 뇌의 변연계에 속한 해마는 풍부한 기억을 형성하느라 바쁘다. 스테트슨의 연구팀은 더 많은 기억으로 채워진 1초를 사람들이 더 길게 느낀다고 추론했다.

해마는 영적 경험의 토대가 되는 기억과 감정을 담당하는 핵심적인 변연계 구조물이다. 해마는 신경세포가 복잡하게 집중된 부위인 편도체와 직결되어 있다. 편도체는 정보를 중계한다. 심장, 폐와 연결된 아래쪽의 뇌간과, 생각하고 의사를 결정하는 위쪽의 대뇌피질을 (또한 해마를) 연결해주는 일종의 배선반이라고 할 수 있다. 우리의 심장이 빠르게 박동하거나 폐가 공기를 갈구할 때 편도체는 뇌간에서 오는, 공포와 불안의 바탕을 이루는 감각들을 처리한다(유의미한 방식으로 융합하고 뭉뚱그린다고 할 수 있겠는데, 사실 우리는 편도체가 무슨 기능을 어떻게 하는지 정확하게 알지 못한다). 그 감각들은 내부환경에서 유래한, 생명에 필수적인 정보다. 우리가 생존을 위해 의지하는 그 감각들은 뇌의 다른 구역에서 편도체로 전달된 청각, 시각, 촉각, 미각을 포함한다.

펜필드 박사가 연구한 환자 'V'를 기억하는가? 그의 간질 발작은 후각에 의해 촉발되었고 공포를 동반했다. 그 발작은 변연계에서 발생했고, 편도체 및 해마와 연결된 후각 회로 및 공포 회로와 관련이 있는 것이 분명하다.

해마는 뇌가 기억을 창조하는 방식에서 중요하기 때문에 우리가 시간을 경험하는 방식에서도 중요하다. 시간을 측정하는 단일하고 통합적인 뇌 시계는 발견되지 않았다. 그러나 우리는 진화 역사의 아주 이른 시기부터 우리 뇌가 위험을 신속하게 감지하고 대응하는 능력을 갖췄음을 안다. 아주 이른 시기의 생물들도 마찬가지다. 잡아먹느냐 먹히느냐는 아주 짧은 순간에 달렸다.

진화의 압력은 생존에 유리하도록 몸과 뇌를 개량해왔다. 원시적인 생존 반사와 본능은 우리에게 대물림되면서 매우 인간적인 방식으로 다듬어졌다. 우리는 먼저 반응하고 나중에 자유의지를 발휘한다. 맨발로 유리 파편을 디뎠을 때 재빨리 발을 빼게 해주는 척수반사를 예로 들 수 있다.

좌우 변연계의 상태는 좌뇌와 우뇌에 반영된다. 양쪽 변연계를 모두 잃으면, 다른 사람의 표정에서 공포를 인지하는 능력을 상실한다. 그런 상태에서도 우리는 잠재의식적으로 공포를 지각할 수 있다. 타인의 얼굴에서 공포를 보는 능력은 집단으로 위험에 처할 때 매우 중요하다(맹수와 마주친 호모에렉투스 집단을 상기하라). 내가 뉴멕시코 주에서 충격을 당했을 때 경험한 것처럼, 공포를 느끼지 않는데도 우리 몸은 공포 반응을 나타낼 수 있다.

임사 위기 중에 환자가 공포를 느끼지 않더라도 환자의 뇌가 기억을 형성하고 불러내는 것은 놀라운 일이 아니다. 내가 자전거를 타다가 겪은 끔찍한 일은 공포를 느끼지 않아도 싸움 - 또는 - 도주 반응이 일어날 수 있음을 보여준다. 그 일을 겪는 동안 시간은 느려졌고 나의 기억은 아주 활발해졌다.

우리가 위험을 지각할 때 형성되고 회상되는 기억은 매우 중요할 수 있다. 우리가 살아남는다면 위기를 벗어나는 데 무엇이 도움이 되었는지 또는 애당초 우리가 어떻게 위험에 처했는지 기억하는 편이 좋다(거꾸로 통제 불능의 위기 기억이 외상 후 스트레스 장애로 경험자를 무력화할 수도 있다).

편도체는 근처의 해마와 밀접하게 연결되어 있다. 기억이 형성되는 장소인 해마는 바다에 사는 해마와 비슷한 모양이어서 그런 이름이 붙었다(영어 이름 'hippocampus'는 말을 뜻하는 그리스어 '히포스'에서 유래했다). 편도체와 해마는 생존을 위해 공포 상황을 회피하는 데 매우 중요한 자서전적 기억에 필수적이다. 공포를 느끼면서 형성한 기억은 강력하여 우리가 원래의 공포를 잊는다 하더라도 보통 평생토록 유지된다. 많은 성인이 어린 시절에 느낀 어둠에 대한 공포를 생생하게 기억한다. 이제는 성인이 되어 어둠을 무서워하지 않는데도 말이다.

감정적인 경험을 잘 기억하는 까닭은 편도체와 해마(또한 기타 구조물들)*가 긴밀하게 연결되어 있기 때문이다. 쉽게 짐작할 수 있듯이 편도체는 아드레날린, 아세틸콜린, 스트레스 호르몬들과 상호작용하면서 기능한다. 흥미롭게도 공포 감정(불안, 두려움, 걱정, 공황)과 공포스러운 사건에 대한 강렬한 기억은 의식 수준 아래의 편도체에서 발생할 수도 있는데, 편도체는 위험을 신속하게 감지해야 하므로 이는 납득할 만한 일이다. 생각은 어마어마하게 많은 뉴런과 시냅스의 협응된 상호작용을 필요로 하므로 소중한 시간을 소모한다. 이런 연유로 우리의 반사 반응은 생각하는 피질보다 낮은 수준의 뇌 부위에서 통제된다.

나는 편도체의 역할들 중 하나가 공포를 이용하여 기억을 보강하는 것(또는 기억을 이용하여 공포를 보강하는 것)이라는 말을 학생들에게 농담 반 진담 반으로 하곤 한다. 따라서 내가 강의 시간에 공포를 일으키는 것은 학생들을 위한 것이니 고맙게 여겨야 한다고 말이다. 학생들은 이 말을 전혀 받아들이지 않는 듯하지만 아무튼 항상 기억한다.

지금까지 우리는 뇌가 어떻게 위기에 대응하고 임사체험과 기타 영적 경험에 동반된 공포감을 처리하는지 살펴보았다. 그러나 여전히 우리는 수많은 임사체험에 동반되는 환희를 전혀 설명하지 못한다. 뇌는 어떻게 공포에서 영적 환희로 옮겨가는 것일까? 이 전이를 표도르 도스토옙스키만큼 잘 묘사한 사람은 드물다.

세메노프스키 광장에서 얻은 깨달음

1849년 4월 23일 새벽 네 시, 상트페테르부르크, 차르의 비밀경찰대 장교가 청년 도스토옙스키를 잠에서 깨워 감옥으로 끌고 갔다. 도스토옙스키의 혐의는 제정 러시아 농노들의 처지를 말과 글로 비판하는 진보적 지식인 집단에 가담했다는 것이었다.

도스토옙스키는 심문을 받고 투옥되어 두 달 동안 비참하게 지냈다. 12월 22일 아침, 간수들이 비슷한 혐의로 투옥된 도스토옙스키를 비롯한 죄수들을 살을 에는 추위 속에 줄지어 대기 중인 마차로 데려갔다. 죄수들은 얇은 옷만 걸치고 있었다. 마차들은 30분 동안 달린 후에 멈쳤고, 죄수들이 내린 곳은 세메노프스키 광장이었다. 무장한 군대가 그들을 둘러쌌고 군중이 모여 있었다. 도스토옙스키는 광장 중앙에 검은 천으로 장식된 사형대가 새로 설치된 것을 보았다. 성직자가 말 없이 죄수들을 사형대 위로 이끌었고, 거기에서 그들에게 사형선고를 하고 수의를 지급했다. 한 손에 성경, 다른 손에 십자가를 든 성직자가 그들에게 회개를 촉구했다. 그는 죄수 한 명 한 명에게 차례로 다가갔다. 죄수들은 성직자가 내미는 십자가에 입을 맞췄다. 확고한 무신론자인 도스토옙스키도 그 절차에 동참했다.

맨 앞의 세 명이 가까운 말뚝에 묶였다. 두 명은 무언가를 뒤집어썼지만, 나머지 한 명은 사격 자세를 취한 군인들을 노려보았다. 도스토옙스키는 다음으로 처형될 세 명 중 하나였다. 그가 죽음을 맞을 준비를 할 때 북소리가 들렸다. 도스토옙스키는 장교로 복무한 적이 있었으므로 그 북소리가 후퇴를 의미하고 자신이 죽지 않을 것임을 즉시 알아챘다. 실제로 그러했다. 차르의 부관이 말을 타고 광장에 들어와 차르의 판결을 전달했다. 도스토옙스키는 시베리아 감옥으로 이송되었다.

이 가짜 처형식 도중 사격 자세를 취한 군인들 앞의 말뚝에 묶였던 한 남자는 도스토옙스키가 '신경 붕괴'라고 묘사한 증상을 보였다. 도스토옙스키는 수감 생활로 인해 정신 상태가 허약했던 그 남자의 얼굴이 핏기 없이 창백했다고 썼는데, 나는 그 남자가 실신하기 직전이었을 수도 있다고 생각한다. 그 남자는 그때의 정서적인 충격을 끝내 극복하지 못한 듯하다.

반면 죽음을 직면한 도스토옙스키는 전혀 다르게 반응했다. 그는 영적으로 각성했다. 그는 감옥으로 돌아오자마자 당국이 그를 시베리아로 내치기 전에 서둘러 형에게 편지를 썼다. 죽음을 대면했기 때문에 삶의 의욕을 새롭게 얻었다고 썼다. 그는 불현듯 황홀한 깨달음에 휩싸이면서, 삶 자체가 가장 큰 기쁨이며 우리는 각자 매 순간을 '영원한 행복'으로 만들 힘을 자기 안에 지녔다는 찬란한 진실에 이르렀다. 사형대 위에서 죽음을 기다리면서 도스토옙스키는 용서하고 용서받고 싶은 욕구를 느꼈다. 죽음에 직면한 도스토옙스키에게 무조건의 사랑과 용서로 타인을 보듬는 일은 인간의 가장 큰 미덕이 되었다. 이후 이 확신을 늘 간직한 도스토옙스키는 여러 해 뒤에 아내에게 이렇게 말하게 된다. "내 기억에 그날처럼 행복했던 때는 없소."

도스토옙스키는 영적인 부활을 통해 굳게 단련되었다. 시베리아 수감 생활을 목전에 둔 그는 "나는 새 모습으로 거듭났다."라고 썼다. 이후 종교적 신앙은 도스토옙스키의 중심을 차지하게 되었고 그의 남은 작가 경력 내내 문학적 소재와 예술적 에너지를 제공했다. 가짜 처형을 겪은 지 20년 뒤에 쓴 마지막 소설 『백치』에서 원숙한 도스토옙스키는 자신이 세메노프스키 광장에서 겪은 시련과 거듭남을 예수를 닮은 주인공 미슈킨 왕자 Prince Myshkin의 눈을 통해 묘사했다. 미슈킨은 비슷한 일을 겪은 한 사내의 생각을 이렇게 전했다.

"그는 5분 후면 죽을 운명이었다. 그 5분이 무한한 시간처럼, 엄청난 재산처럼 느껴졌다고 그는 나에게 말했다. 그 5분 안에 아주 많은 일을 할 수 있어서 아직 마지막 순간을 생각할 필요가 없다고, 시간을 쪼개면 쪼갤수록 할 수 있는 일이 더 많아진다고 그는 느꼈다. 그는 동지들과 작별할 시간 2분을 떼어놓았다. 또 다른 2분은 마지막으로 생각하는 데 할애하기로 했다. 나머지 1분은 주변을 둘러보는 데 쓰기로 했다. 그는 시간을 그런 식으로 쪼갰던 것을 아주 잘 기억했다. 그는 27세의 힘

세고 건강한 청년으로 죽음을 맞이하는 중이었다. 동지들과 작별하다가 한 동지에게 다소 엉뚱한 질문을 던지고는 대답에 특별한 관심을 기울였던 것을 그는 기억했다. 작별 인사를 하고 나자 홀로 생각하기 위해 준비한 2분이 시작되었다. 무엇을 생각할 것인지는 이미 정해져 있었다. 그는 지금 살아 있는 자신이 3분 뒤에 다른 무언가가 되는 것이 대체 어떻게 가능한지를 최대한 신속하고 명확하게 깨닫고 싶었다. 대체 어디에서 무엇이 된단 말인가? 그는 이 모든 질문에 2분 내로 답할 작정이었다. 그리 멀지 않은 곳에 교회의 금박 입힌 지붕에서 밝은 햇빛이 반사되고 있었다. 그는 그 지붕과 거기에서 반짝이는 햇빛을 물끄러미 바라본 것을 기억했다. 그는 자신과 그 빛을 분리할 수 없었다. 그 빛살이 자신의 새로운 본성인 듯했고, 3분 뒤면 자신이 그 빛살 속으로 녹아들 것 같았다."

신경학자의 눈으로 보면 명백히 알 수 있듯이, 도스토옙스키가 사형대 위에 섰을 때 그의 아드레날린은 급증했고 변연계는 자서전적 기억을 그의 해마에 새겨넣었다. "그 5분이 무한한 시간처럼 느껴진" 까닭은 그때 아주 많은 기억이 형성되었기 때문이다.

얼굴이 창백해진 동지의 경우와 달리, 대개의 임사체험자처럼 도스토옙스키가 실신 직전이었다거나 뇌에 피가 부족했다는 조짐은 없다. 그렇다면 도스토옙스키의 뇌는 어떻게 싸움-또는-도주와 공포에서 황홀한 깨달음으로 옮겨간 것일까? 그의 '마지막' 생각에서 우리는 임사체험에 흔히 등장하는 자비와 사랑을 볼 수 있다. "그제야 나는 내가 형을 얼마나 사랑하는지 깨달았다."라고 그는 편지에 썼다. 그 몇 분 동안에 그는 자신이 소중히 여기는 모든 것에 생각을 집중했다. "삶은

선물이다"라고 그는 형에게 썼다. 그리고 결국 그는 삶의 기적을 보상으로 받았다. 반감을 불러일으킬 수도 있겠지만, 나는 이렇게 주장하고 싶다. 다양한 영적 경험에 동반되는 지속적 행복감을 이해하기 위해 우리가 살펴보아야 할 것은 뇌가 크고 작은 보상을 취급하는 방식이다.

뇌는 신적인 보상을 받는다

이미 보았듯이 싸움–또는–도주 반응 중에 뇌간은 정보의 격류를 편도체로 보내고, 편도체는 그 정보를 변연계의 다른 구역으로 중계한다. 이때 변연계에 속한 앞이마엽 구역prefrontal region도 정보를 받는데, 이곳은 대상을 좋게 느끼는 능력을 담당한다. 변연계에 속한 안와 앞이마엽 구역orbital prefrontal region과 안쪽 앞이마엽 구역medial prefrontal region은 서로 밀접하게 연결되어 있다.

변연계 꼭대기에 있는 안쪽 앞이마엽 구역은 감정과 연계된 심장, 폐, 소화관의 반응과 땀을 통제한다. 이 구역은 편도체와 강력하게 연결되어 있어서 감정적인 내장 반응visceral response을 이해하고 행동과 선택의 바탕에 깔린 기분을 설정할 수 있다.*

안쪽 앞이마엽 구역이 손상되면, 정상적이고 자동적인 내장 반응을 할 수 없게 된다. 예컨대 공포를 느껴야 할 상황에서 공포를 느낄 수 없게 된다. 이런 환자는 합리적인 지능이 온전함에도 심한 정신 장애를 나타내며 자해를 저지르거나 정신병 증상을 보일 수 있다. 감성 지능emotional intelligence은 가정생활부터 사업에 이르기까지 모든 유형의 의사

결정에 영향을 미친다. 이것은 피니스 게이지의 두개골을 관통하면서 안쪽 앞이마엽 구역을 손상시킨 쇠막대가 그의 몰락을 가져온 이유 중 하나다.

게이지처럼 다친 사람은 즉각적인 보상을 선택하고 자신의 결정을 후회하지 않는다. 신경학자 안토니오 다마시오는 아이오와 대학교에서 행동을 전문으로 다룰 때 팀을 꾸려 게이지의 뇌 부상을 상세하게 연구했다. 게이지 같은 불행한 부상자는, 잠재의식적이고 감정적인 경고를 제공하여 특정 행동을 피하게 하는 '신체적 표지somatic marker'*를 상실한 상태라고 다마시오는 믿는다.

편도체와 강력하게 연결된 두 번째 변연계 연결망은 안와 앞이마엽 구역이다. 이 부위는 쾌락과 보상에 감정적 가치를 부여한다. 안와 앞이마엽 구역은 무언가의 가치를 (높거나 낮게) 책정하고 그 결과를 다른 뇌 구역으로 전달하여 올바른(또는 그릇된) 의사결정을 하게 한다. 호모에렉투스가 특정 덩이줄기에 영양분이 많다는 사실을 발견하면, 그의 뇌는 그 덩이줄기의 가치를 높게 책정할 것이다. 안와 앞이마엽 구역은 다른 뇌 구역들, 예컨대 시각 담당 구역에 가치 정보를 제공할 것이고, 호모에렉투스는 그 덩이줄기의 잎을 쉽게 발견할 수 있게 될 것이다.

영적 경험처럼 숭고한 것을 뇌의 보상 시스템에서 비롯된 산물로 취급하는 우리의 태도가 매우 도발적일 수도 있겠지만, 뇌 과정에서 유래하는 경험들이 아주 기본적인 수준에서 보상에 기초를 둔다는 것은 엄연한 사실이다. 우리 뇌는 생존 가치가 높은 보상들과 함께 진화했다. 예컨대 우리는 음식과 섹스에 아주 많은 관심을 기울인다. 안와 앞이마엽 구역은 후각, 촉각, 시각, 신체감각을 받아들이고 이것을 융합하여 예컨대 음식의 쾌락을 산출한다.

우리 조상도 이런 식으로, 맛과 냄새를 담당하는 중추들이 안와 앞이마엽 구역과 강하게 연결된 덕분에, 음식의 쾌락을 즐겼다. 방금 죽은 영양의 냄새와 맛은 호모에렉투스의 안와 앞미아엽 구역을 흡족하게 만들었다.

안와 앞이마엽 구역은 음식의 온도, 질감, 맛에 반응한다. 아기가 젖을 빨 때 이 구역이 활발하게 사용되는 것이 분명하다. 엄마가 굽는 사과파이 냄새를 아기가 맡고 그것을 얻기 위해 최선의 행동을 할 때, 아기의 뇌에서는 보상 시스템이 작동하기 시작한 것이다. 어떤 사람들에게는 초콜릿이 보상이다. 초콜릿을 몹시 좋아하는 사람에게 초콜릿을 보여주기만 해도, MRI 영상에서 안와 앞이마엽 구역이 "밝아진다."*

다른 동물의 안와 앞이마엽 구역이 주로 음식의 쾌락에 반응하는 반면 현대인의 안와 앞이마엽 구역은 사실상 모든 유형의 쾌락(또는 보상)에 반응한다. 보상 시스템은 우리의 행동을 이끄는 중요한 구실을 하지만 부정적인 측면도 지녔다. 보상 시스템은 초콜릿 중독뿐 아니라 헤로인, 코카인, 도박 중독의 토대이기도 하다.

신경학자의 관점에서 보면, 우리가 천국에 가거나 깨달음에 이를 때 얻을 보상을 영적 경험 중에 어렴풋이 대면하는 것은 안와 앞이마엽 구역 덕분인 것이 분명하다. 그 구역은 임사체험을, 아니 모든 영적 경험을 가장 중요한 보상으로 만든다. 도스토옙스키는 안와 앞이마엽 구역을 포함한 영적 통로를 통과하여 초월을 경험했고, 그 경험은 그의 삶을 바꿔놓았다.

보상에 대한 주의집중

안와 앞이마엽 구역은 보상에 기초를 둔 의사결정에서 최고위 책임자다. 그 구역이 무언가(예컨대 음식)에 부여한 보상으로서의 가치는 다른 뇌 구역에도 전파된다.

안와 앞이마엽 구역은 보상 가치의 표지로 뇌 전체에서 쓰이는 공통의 통화를 주조하는 셈이다. 거꾸로 생각과 주의집중을 담당하는 뇌 구역들이 안와 앞이마엽 구역과 보상 시스템에 영향을 미치기도 한다. 청반과 안와 앞이마엽 구역은 튼튼하게 연결되어 있다. 생각해보면 자명하지만, 보상을 기대한다는 것은 주의를 집중한다는 것을 함축하니까 말이다. 야구 경기에서 타자는 날아오는 공에 주의를 집중한다. 공이 방망이에 정확하게 맞는 느낌과 소리는 포물선을 그리며 날아가 관중석에 떨어지는 홈런 공을 보는 쾌락을 증폭한다.

안와 앞이마엽 구역은 시각과도 연결되어 있다. 그래서 우리는 우리의 욕망과 유관한 대상을 알아볼 수 있다. 사회적 동물인 우리는 타인의 미소와 찡그림을 알아보고 사회적 보상을 얻을 수 있게 행동의 방향을 정한다.

안와 앞이마엽 구역이 부여한 보상 가치는 말과 생각만으로도 바뀔 수 있다. 우리의 보상이 추상화되고 신속하게 갱신될 수 있고 행동의 직접적 동기에서 한참 떨어져 있을 수 있는 이유는 우리가 지닌 특별한 지능 덕분이다. 고결한 행동부터 맛있는 커피까지 모든 것은 우리의 직접적인 감각을 벗어난 다음에 앞이마엽 구역에 표상된다. 보상을 담당하는 앞이마엽 구역의 대단한 크기와 복잡성은 언어를 담당하는 좌뇌 구역과 더불어 인간과 유인원을 구분 짓는 가장 뚜렷한 특징이다.

안와 앞이마엽 피질과 안쪽 앞이마엽 피질은 목표와 감정을 연결하며, 우리가 경쟁하는 보상들의 서열을 정하는 데 기여한다. 모종의 감정적 쾌락이나 만족을 동반한 보상이 생존 행동을 재강화한다는 견해가 있다. 당연한 말이지만, 유전자도 우리가 생존에 도움이 되는 보상을 선택하도록 도울 가능성이 있다. 어떤 목표 추구 행동에서 오랜 기간 일관되게 보상을 얻는다면, 그 행동은 직접적인 보상을 동반하지 않더라도 습관이 된다. 예컨대 야구선수는 늘 타격 연습을 한다.

보상 시스템은 우리의 일상생활에서도 역할을 한다. 쇼핑을 할 때 우리는 흔히 우리의 자아관에 어울리는 구매 결정을 하려고 애쓴다. 안와 앞이마엽 구역은 우리가 구매할 수 있는 선택지들에 보상 가치를 부여한다. 이 가치들을 비교하고 제때 결정을 내리는 것은 안쪽 앞이마엽 구역의 몫이다.

안와 앞이마엽 구역은 뇌에서 통용되는 가치를 부여하고 우리의 선택에 영향을 미치지만, 만일 우리가 자유로운 선택권을 지녔다면, 자유로운 선택은 안쪽 앞이마엽 구역에서 이루어질 수도 있다.

싸움 - 또는 - 도주 행동을 할 때 우리가 전적으로 본능적인 반응들에 좌우되는 것은 아니다. 안쪽 앞이마엽 구역은 신속하고 '좋은' 반응을 허용하면서도 본능적인 싸움 - 또는 - 도주 반응을 억제할 수 있도록 진화했다. 그 구역은 다양한 감정을 일으켜 옳은 행동을 부추기고 그른 행동을 억제할 수 있다. 선택을 할 때 우리는 안쪽 앞이마엽 구역을 활용하여 감정적 반응을 평가한다. 평가가 끝나면 안쪽 앞이마엽 구역은 연결된 다른 구역에 선택 결과를 전달한다.

앞에서 언급한 이야기에서 호모에렉투스가 맹수를 처음 보았을 때 즉시 달아나고 싶은 충동을 억누른 것은 안쪽 앞이마엽 구역 덕분이었을 수 있다.

영적인 자유의지를 비롯한 자유의지가 가용한 돈으로 최선의 텔레비전을 고르는 것과 유사한 합리적 선택이 아니라면 어떨까? 영적인 자유의지가 어떤 형태로 존재하든 간에 그저 변연계의 감정이나 느낌이나 직감에 따른 선택이라면 어떨까?

우리의 감정적 반응에서 핵심 구실을 하는 안쪽 앞이마엽 구역은, 우리가 다시 태어나도 기독교인이나 불교 수도승, 불가지론자, 또는 무신론자가 되겠다고 선택할 때 그 선택이 이루어지는 자리이기도 할까?

많은 사람에게 영적 경험은 삶에서 가장 보상이 큰 경험까지는 아니더라도 그런 경험들 중 하나다. 신경학자로서 나는 도스토옙스키의 변연계 앞이마엽 구역의 보상 시스템이 그가 가짜 처형을 경험한 그 겨울날 아침에 영구적으로 변화했고, 그 변화가 그의 작품의 방향과 질에 영향을 끼쳤음을 의심하지 않는다.

우리는 어디에 있었을까?

지금까지 우리는 임사체험에 관여하는 다양한 요소를 살펴보았다. 실신이나 심장정지로 인한 뇌 혈류 감소는 임사체험의 여러 특징을 유발한다. 관자마루엽 접합부에 이상이 생기면, 우리는 신체 이탈 경험을 하거나 다른 존재가 곁에 있다고 느낀다. 안구로 들어가는 혈류가 차단되면, 우리는 터널 시야를 경험한다.

공포만으로도 임사체험이 발생할 수 있다. 총살에 직면한 도스토옙스키에게 떠오른 생각과 느낌은 내가 자주 거론하는 임사체험 이야기의 요소들과 일치한다. 우리는 그것들이 변연계, 그리고 변연계의 보상 시스템과 어떻게 연결되어 있는지 보았다.

  이제 우리는 임사체험의 한 가지 핵심 요소로 눈을 돌릴 것이다. 그 요소는 빛과 이야기를 산출하는 메커니즘이다. 그것은 실신, 심장정지, 의식 스위치, 변연계와 연결될 수 있어야 한다. 잠든 우리의 눈이 빠르게 움직일 때, 무슨 일이 일어날까? 렘 의식은 뇌에서 영으로 난 통로를 여는 열쇠일까? 영적 경험과 렘 수면의 연결은 내실은 없이 기발하기만 한 아이디어에 불과할까?

꿈과 죽음이 만나는 곳
: 무엇이 나올까?

"죽음 – 잠 – 그래 잠! 아마 꿈도 꿀 거야. 아하, 이것 참 큰일이군.
죽음이라는 잠 속에서 무슨 꿈이 나올는지."
—셰익스피어, 『햄릿』, 3막, 1장

임사체험 중의 뇌 기능에 관한 마지막 퍼즐 조각을 맞추기 위해 다시 잠깐 사바나의 호모에렉투스 집단으로 돌아가 6장 도입부에서 상상한 것과 전혀 다른 시나리오를 구성해보자.

칼 같은 이빨을 가진 고양잇과의 맹수가 야영지의 경계에서 웅크린 자세로 엄니를 드러내고 도약할 준비를 한다. 집단의 다른 인원들은 이미 바위 위의 안전한 곳에 자리 잡았고, 바위 아래에는 사냥꾼 두 명만 남았다. 그중 한 명이 몸을 돌려 바위 위로 기어오르자, 작은 돌멩이와 자갈이 굴러내려 아래에 남은 한 명 주위에 떨어진다. 지상에 남은 마지막 남자가 돌멩이 떨어지는 소리를 듣고 반사적으로 위를 쳐다본다. 그를 노려보던 맹수는 고양잇과 동물답게 남자가 한눈을 파는 순간을 놓치지 않는다. 달아나기 위해 바위 위로 기어오르는 남자가 맹수의 공격 본능을 자극했고, 맹수는 가장 가까운 표적인 바위 아래 남은 남자를 덮친다. 그가 한눈을 파는 동안, 맹수는 세 번의 도약으로 그에게 도달하여 그의 목을 깨문다. 맹수는 머리를 흔들고, 맹수의 휘어진 앞니가 남자의 경정맥을 끊는다. 호모에렉투스의 피가 흙 위로 떨어진다. 몇 초 지나지 않아 남자의 혈압이 급강하고, 남자가 점차 쇼크에 빠지는 동안 그의 의식은 꺼져간다.

생의 마지막 몇 초 동안 호모에렉투스에게 무슨 일이 일어났을까? 이미 비슷한 상황을 논하며 언급했듯이, 생명의 위기에 처하자 각성 시스템이 해마와 기억 재생 메커니즘을 활성화하여 그는 시간이 더디 간다고 느꼈다. 그는 극도로 각성하여 싸우거나 도주할 준비를 갖췄다. 맹수가 덮쳐 최후의 일격을 가할 때에도 그의 뇌와 몸은 여전히 그런 각성 상태였다. 혈압이 떨어지고 눈에서 피가 빠져나가면서 그는 터널 시야를 겪고 어쩌면 신체 이탈 경험을 했을지도 모른다. 그러나 마지막 순간, 어쩌면 임사체험과 관련해서 가장 중요한 그 순간에 어떤 메커니즘이 작동하기 시작했을 것이다. 그 메커니즘은 아주 강력해서 청반의 활동을 정지시켰을 것이다. 우리의 삶에서 청반이 활동을 멈추는 때는 이 마지막 순간뿐이다. 청반이 고요해짐과 동시에 천국의 빛이 나타나 그를 화려한 환상이 있는 의식의 변방으로 데려갔을 것이다.

이제 우리는 임사체험에 관여하는 마지막 뇌 메커니즘을 논할 준비를 갖췄다. 그 메커니즘은 우리로 하여금 캄캄한 잠 속에서 사물을 보게 해준다. 그 메커니즘은 마치 우리가 지상에서 가장 흥미로운 쇼를 구경하기라도 하는 것처럼 우리 눈을 눈꺼풀 밑에서 움직이게 만든다. 요컨대 그 메커니즘은 렘 의식을 산출한다. 렘 의식은 수수께끼 중의 수수께끼다. 우리는 왜 우리가 렘 의식과 꿈에 진입하는지조차 모른다.

죽음과 잠

"사느냐, 죽느냐"로 시작하는 독백에서 햄릿은 죽음을, 절대적인 소멸을, 철저히 없어지는 잠을 열망한다. 그러나 곧이어 그는 생각을 바꾼다. 깊은 잠과 같은 죽음이 매일 밤 어떤 꿈을 선사할지 누가 알겠는가? 또한 햄릿은 "어떤 여행자도 돌아오지 못하는 개울 건너 미지의 나라"에 진입할 때 자신이 무슨 일을 겪을지 걱정한다.

유사 이래로 사람들은 잠과 꿈이 연결되어 있다고 생각해왔다. 셰익스피어는 그 생각을 긍정한다. 그러나 과학은 그 연결이 뇌에서 어떻게 나타나는지를 생물학적으로 기술할 도구를 이제야 마련하기 시작했다.

신경과학자인 나는 왜 죽어가는 뇌가 의식을 완전히 잃기 직전에 잠이 든다고 추측할까? 위기에 처한 뇌가 렘 의식을 켜는 것은 얼핏 보면 생물학적 가치나 생존 가치가 거의 없는 듯하다. 맹수에게 목을 물린 호모에렉투스에게 렘 의식이 무슨 도움이 되겠는가? 렘 의식에 대해서, 그리고 뇌가 렘 의식을 산출하는 방식에 대해서 조금 더 알고 나면, 우리는 이 질문을 다른 시각으로 보게 될 것이다.

죽음이 다가올 때 뇌가 렘 의식으로 이행하는 방식을 제대로 이해하려면 우리 뇌에서 가장 오래된 부위들, 특히 각성 시스템과 뇌간을 더 자세히 살펴볼 필요가 있다. 임사체험의 원천을 더 나중에 진화한 대뇌 피질에서 찾는 신경과학자에게는 뇌간의 역할이 반직관적일 것이다.

뇌 속의 번개

우리의 자연적인 삶에서 뇌 활동이 멈추는 일은 (우리가 오랫동안 얼음물 속에 머물지 않는 한) 결코 없다. 우리가 잠들었을 때도 뇌는 활동한다. 수면 중이라도 뇌 활동은 우리가 마취되었을 때만큼 많이 줄어들지 않는다. 렘 수면 중에는 뇌 활동이 특히 활발하다. 신경학자들은 렘 수면을 일컬어 '역설적인 수면'이라고 한다. 왜냐하면 뇌파를 기준으로 보면, 깨어 있는 상태와 렘 수면은 거의 다를 바 없기 때문이다.

우리가 꿈을 꿀 때, 뇌교posns(뇌간의 일부)에서 시작된 강한 전기 파동이 위로 퍼져나가 슬상체geniculate(시상의 시각 담당 부위)에 도달하고 이어서 뒤통수엽occipital 피질(시각 피질)에 도달한다. 줄여서 'PGO 파동'이라고 부르는 이 파동은 시각을 담당하는 뇌 부위를 감전시켜 꿈의 광경을 창조하는 번개라고 할 수 있다. 우리가 렘 수면을 유지하는 동안, PGO 파동들은 뇌의 시각 담당 부위에 연달아 밀려든다.* 렘 수면에 든 사람을 자세히 관찰해보면, 감긴 채로 씰룩거리는 눈꺼풀 밑에서 눈이 좌우로 빠르게 움직이는 모습을 볼 수 있다. 그 움직임을 보면 잠든 사람의 시각 시스템이 활동 중임을 확실히 알 수 있다.

우리는 졸 때와 비렘 수면을 할 때에도 꿈을 꾼다. 그러나 대부분의 꿈은 렘 수면 도중에 꾼다. 가장 길고 완전한 축에 드는 꿈은 확실히 렘 수면 중에 발생한다.

렘 수면 중의 뇌 활동에 대한 우리의 이해는 10년 남짓 전에 뇌 스캔(MRI와 PET) 영상들을 계기로 혁명적으로 발전했다. 이제 우리는 어느 뇌 구역이 활동하거나 하지 않는지 볼 수 있다. 그 덕분에 우리는 꿈 경험의 많은 측면을 설명해냈다.

꿈은 주로 시각적 감각이다. 촉각, 후각, 미각, 청각은 시각적인 광경에 비해 덜 중요하다. 꿈속의 감정, 특히 공포는 변연계에 속한 편도체와 안와 앞이마엽 구역, 뒤쪽 대상피질의 활동과 관련이 있다. 앞에서 보았듯이 이 부위들은 싸움-또는-도주 반응에서 중요하다. 꿈 기억은 해마의 활동을 통해 설명된다.

렘 수면 중에는 척수마비가 일어나기 때문에 우리는 꿈속에서의 행동을 실제로 할 수 없다(실제로 할 수 있다면 꿈꾸는 당사자에게 위험할 것이다). 그러나 우리의 눈과 호흡 근육들은 마비되지 않는다.* 외부세계에서 들어오는 감각들은 차단된다.

렘 수면과 꿈의 목적은 여전히 거의 완벽하게 수수께끼로 남아 있지만, 우리는 렘 수면이 생명에 필수적임을 안다.* 렘 수면을 박탈하면 음식 섭취를 중단했을 때보다 더 빨리 사망에 이른다. 렘 수면은 에너지 관리를 위해 필요한 행동일 가능성이 있다. 렘 수면을 박탈당한 동물은 죽기 전에 심각한 에너지 불균형 상태에 빠진다. 렘 수면과 기억의 관련성은 명백하지만, 구체적으로 어떤 관련이 있느냐는 논쟁거리다.

렘 수면 중에 어떤 뇌 부위들이 꺼지는지는 어떤 뇌 부위들이 켜지는지에 못지않게 중요하다. 꺼지는 부위들 중 하나는 '뒤 바깥쪽 앞이마엽 피질dorso-lateral prefrontal cortex'이다. 숙달된 의사가 부르기에도 번거로운 이름을 가진 이 부위는 논리적 문제풀이 능력과 '실행' 또는 계획 능력을 위해 결정적으로 중요하다. 이 부위는 정보, 생각, 감정을 조직화한다. 우리가 쾌락을 뒤로 미룰 때, 이 부위가 역할을 한다.* 꿈꾸는 당시에 꿈이 현실처럼 느껴지고 우리가 꿈을 꿈으로 알아채지 못하는 이유는 이 부위가 꺼지기 때문일 가능성이 매우 높다. 꿈이 흔히 맥락이 없고 혼란스럽게 보이는 까닭도 부분적으로 이 부위가 꺼지기 때문이다.

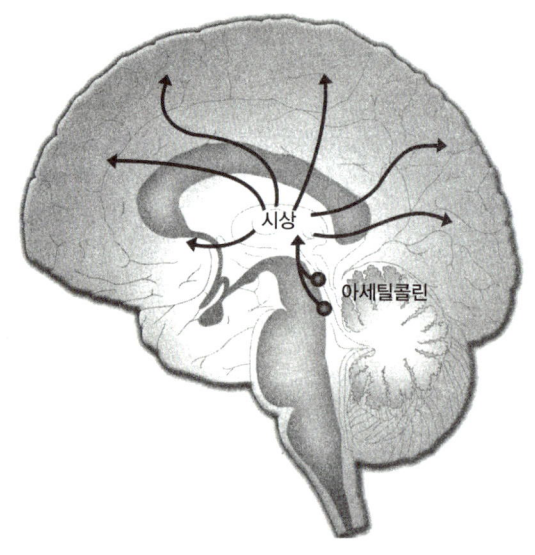

뇌간의 각성 시스템은 REM을 위해 아세틸콜린이라는 화학물질을 사용한다.

꿈속에서는 시간, 장소, 인물이 갑자기 엉뚱하게 바뀐다. 홉슨은 꿈을 섬망delirium이라고 썼다. "꿈에 빠진 사람은 광인 못지않게 미친 상태다." 꿈속에서 우리는 의지하지 않는 행동을 한다. 우리 꿈의 광기는 막무가내로 발생한다.

성 아우구스티누스는 꿈에 대해서 다른 견해를 보였다. 그는 『고백록』에 이렇게 썼다. "눈이 감겨도 이성은 활동을 멈추지 않는 것이 분명하다." 그러나 뇌 스캔을 통해 확인해보면 우리가 꿈꿀 때 뇌의 추론 담당 부위는 활동을 멈춘다. 하지만 성 아우구스티누스가 지적하려 한 것은 최근에야 분명하게 밝혀진 어떤 사실일지도 모른다.

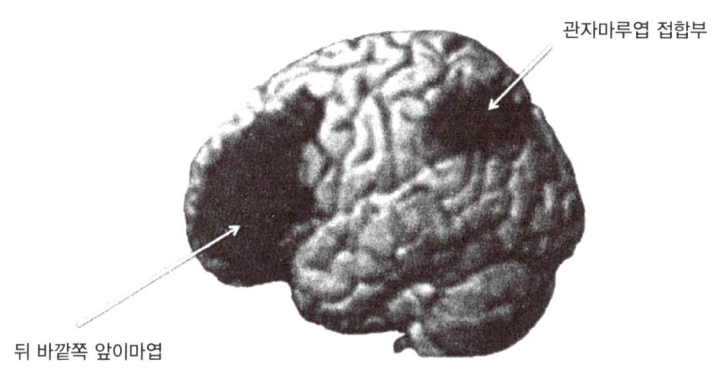

PET 영상 207개를 조합하여 만든 이 그림은 렘 수면 중에 뒤 바깥쪽 앞이마엽 구역과 관자마루엽 접합부가 꺼져 있음(에너지를 덜 사용함)을 보여준다. 이런 발견들은 왜 꿈이 기괴한지, 왜 생생한 꿈과 임사체험이 실제처럼 느껴지는지, 왜 렘 수면이 신체 이탈 경험을 유발하는지 설명하는 데 도움이 된다.

자각몽

만약에 뒤 바깥쪽 앞이마엽 피질이 렘 수면 중에 꺼지지 않고 활동한다면, 우리는 꿈이 전개되는 동안에 그것이 꿈임을 알아챌 수 있을 것이다. 이런 상태를 일컬어 자각몽이라고 한다. 혼성hybrid 의식 상태의 하나인 자각몽은 임사체험과 매우 유사할 수 있다.

자각몽은 렘 수면 상태와 깨어 있는 상태가 혼합된 결과인데, 사람들은 모든 꿈의 3퍼센트에서만 이런 변방 의식 상태에 든다. 자각몽은 꿈꾸는 동시에 깨어 있는 상태라고 할 수 있다. 이런 상태에서 꾸는 꿈은 우리가 완전히 깨어 있을 때 보는 세계 못지않게 실재적으로 느껴진다. 자각몽은 꿈의 초현실성과 이성 사이에서 위태로운 균형을 유지한다.

자각몽을 꾸는 사람은 대개 렘 수면에서 자각몽으로 진입한다. 그러나 깨어 있는 상태에서 곧장, 이행을 거의 느끼지 못하면서, 자각몽으로 진입하는 경우도 있다.

자각몽을 꾸는 사람은 흔히 비정상성을 느끼면서 자신이 꿈을 꾸는 중이라고 의심하게 된다. 예컨대 자명종 시계의 버튼이 나사처럼 생겨서 끌 수 없을 때, 또는 책에 인쇄된 단어들이 희미하거나 괴상할 때, 의심이 생긴다.

어떤 뇌 과정이 '실재'와 상상을 구별하는지 우리는 모른다. 하지만 그 과정이 렘 수면의 변방에서 뒤죽박죽되는 일이 잦다는 것만큼은 확실하다.

자각몽은 신기한 현상에 불과하지 않다. 수백 년 전부터 티벳 불교에서 자각몽은 영적인 도구였다. 아마 다른 영적 전통들도 자각몽을 중시할 것이다. 우리는 꿈을 자각하는 법을 배울 수 있고 연습을 통해 그 솜씨를 향상시킬 수 있다. 이를 위해 여러 기술이 고안되었는데, 대부분은 정신적인 훈련에 의지하거나 우리가 꿈꾸는 중임을 알아채게 해주는 단서들에 의지한다.

자각몽을 꾸는 데 익숙한 사람은 자각몽 속에서 공포, 영적 황홀경, 성적인 쾌락을 비롯한 다양한 감정을 느낄 수 있다. 섹스는 자각몽의 주제로 흔히 등장한다. 심지어 자각몽의 절정에서 오르가즘을 느끼는 경우도 있다.

자각몽에 대한 기억은 평범한 비자각몽 이후의 파편적인 기억보다 더 완전하다. 자각몽은 당사자가 깨어난 다음에도 생생하게 유지된다. 자각몽에 관한 아래의 진술을 읽어보면, 우리가 살펴본 임사체험들 중 일부와 자각몽이 얼마나 비슷한지 실감하게 될 것이다.

> 나는 내가 꿈꾸는 중임을 알아챘다. 나는 양팔을 들어올렸고 떠오르기 시작했다(정말로 나는 상승하고 있었다). 검은 하늘로 떠올랐고, 검은 하늘은 쪽빛을 거쳐 짙은 자주색, 연보라색, 흰색으로, 그다음에는 아주 밝은 빛으로 바뀌었다. 내가 상승하는 동안 그때까지 들어본 가장 아름다운 음악이 줄곧 울렸다. 악기 소리보다 목소리에 가까운 듯했다. 내가 느낀 기쁨을 말로 표현할 수 없다. 나는 아주 천천히 땅으로 다시 내려왔다. 내가 삶의 전환점에 이르렀고 옳은 길을 선택했다고 느꼈다. 그 꿈, 내가 경험한 기쁨은 일종의 보상이었다. 적어도 나는 그렇게 느꼈다. 나는 계속 음악을 들으면서 오랜 시간에 걸쳐 천천히 깨어났다. 행복감은 여러 날 지속되었고, 기억은 영원히 남았다.

―――――

여행하는 느낌, 행복감, 기쁨, 전환점 도달, 땅으로 돌아옴은 모두 임사체험의 특징이다. 경험에 대한 기억이 경험자의 영혼에 깊이 새겨졌다는 사실도 마찬가지다.

어느 여성은 나에게 편지를 써서 자신의 임사체험이 렘 수면과 깨어 있는 상태가 뒤섞인 일종의 자각몽을 일으킨 듯하다고 밝혔다. 알고 보니 그 여성의 경험은 자각몽과 임사체험의 관련성을 보여주는 흥미로운 사례였다.

앤은 나의 연구에 관한 글을 잡지에서 읽고 나에게 연락을 취했다. 그녀는 14년 전에 교통사고를 당하고서, 영적이지는 않지만 몇 가지 점에서 그녀를 바꿔놓은 경험을 했다.

"터널이나 밝은 빛은 없었습니다. 하지만 저는 신체 이탈 경험을 했고, 제 삶이 섬광처럼 눈앞에 떠오르기도 했어요(하지만 제가 본 것의 대부분은 인생에서 아직 하지 않은 일들이었어요). 고요, 행복, 따스함도 느꼈고요. 그때 이후로 저는 죽음을 두려워하지 않습니다. 하지만 전통적인 의미의 사후세계가 있다는 확신은 여전히 들지 않아요. 제가 보기에 저는 여전히 불가지론자입니다." 라고 그녀는 썼다.

앤은 교통사고 이후에 시작된 "괴상하고 복잡한 수면 문제" 때문에 편지를 쓰기로 했다. 영성은 그녀의 관심사가 전혀 아니었다.

앤은 이렇게 썼다. "꿈꾸는 중에 제가 다시 몸속으로 떨어진다고 느낄 때가 가끔 있습니다. 깨어난 다음에도 꿈이 계속되는 것처럼 느낄 때도 있고요. 완전히 잠들기 전인데도 꿈꾸는 중이라고 느낄 때도 있어요. 말하자면 깨어 있는 상태에서 수면 상태로 또는 그 반대로 이행할 때 지체가 일어난다고 할 만합니다."

우리는 성 아우구스티누스가 나름대로 옳았다고 인정해야 할 듯하다. 그는 꿈이 너무나 현실적인 것에 충격을 받았다. 어쩌면 그가 자각몽을 꾸었을지도 모른다. 그는 현실과 구분하기 힘든 꿈의 생생함을 놓고 고민했고, 꿈속에서의 도덕적 행동과 깨어 있을 때의 도덕적 행동을 구분해야 한다고 느꼈다.

자각몽을 꾸는 사람은 렘 의식 상태이므로, 그의 감각들은 외부세계로부터 격리되어 있다. 그가 경험하는 모든 감각은 그의 꿈 세계에서 유래한다. 그는 요와 이불의 감촉을 느끼거나 머리맡 시계의 초침소리를 들을 수 없다. 그러나 그는 꿈속의 사건을 의도대로 통제하는 능력을 어느 정도 지녔다. 자각몽은 불안정한 의식 상태이며 평균적으로 2분보다 짧게 지속한다. 강렬한 감정 혹은 통증과 같은 강렬한 감각이 자각몽을 갑자기 중단시킬 수 있다.

깨어 있는 상태에서 능동적으로 상상하는 사람과 실제로 자각몽을 꾸는 사람을 어떻게 구별할 수 있을까? 누군가가 정말로 자각몽을 꾸는 중임을 증명하려면, 그의 꿈 세계에서 유래한 확실한 증거가 필요하다.

스탠퍼드 대학교의 스티븐 라베르지 박사와 그의 연구팀은 어느 누구보다 더 집중적으로 자각몽을 연구해왔다. 라베르지는 자각몽을 꾸는 훈련을 받은 (그 자신을 비롯한) 여러 피실험자의 몸에 의료장비를 연결하여 뇌파, 안구 운동, 호흡, 근육 상태를 측정했다. 피실험자는 미리 합의한 대로 안구 운동이나 호흡 패턴을 일종의 모스부호로 활용하여 자신이 자각몽을 꾸고 있음을 연구자들에게 알렸다. 그때 피실험자의 손과 발은 움직일 수 없는 상태였다. 이런 생리학적 측정 결과들은 피실험자가 렘 수면 상태이지만 놀랍게도 타인과 소통할 수 있음을 입증했다.

최근에 나온 연구 결과들은 꿈을 더 많이 자각할수록 뒤 바깥쪽 앞이마엽이 더 많이 활동함을 시사한다. 건물 옥상에서 떨어진 사람이 공중에 둥둥 떠다니는 것이 불합리함을 꿈꾸는 당사자가 알아챈다면, 그것은 렘 의식의 다른 부분들은 그대로 지속되는 가운데 뒤 바깥쪽 앞이마엽 구역이 다시 켜졌기 때문일 수 있다. 자각몽은 학습 가능하므로, 뒤 바깥쪽 앞이마엽 피질의 활동은 적어도 어느 정도는 우리의 통제하에 있는 듯하다.

최근에 이루어진 정교한 뇌파 측정은 자각몽이 렘 수면과 깨어 있음 사이의 의식 상태라는 사실을 보여주었다. 비자각 렘 의식에서 자각 렘 의식으로의 이행이 일어날 때, 시상과 피질 사이의 공명 에너지resonant energy가 증가하여 깨어 있는 상태와 비슷해진다. 자각 렘 의식 상태에서 뇌파의 리듬은 초당 40회로, 뇌 곳곳에서 유래한 감각과 생각이 결합돼 온전한 의식적 지각이 형성될 때 뇌파의 리듬과 동일하다.

렘 의식의 변방

우리가 깊이 잠들면 우리의 눈은 눈꺼풀 밑에서 빠르게 움직이기 시작한다. 실제로 우리는 이전까지와 다른 유형의 의식 상태에 진입한다. 이 전이는 과학적으로 아무리 연구해도 여전히 자연의 신비로 남는다. 렘 의식의 요소들—마비, 시각 활성화, 꿈—은 다양한 뇌 구역과 관련이 있다. 그 구역들은 우리의 의식이 렘 수면과 깨어 있음 사이를 오갈 때 각각 독립적으로 기능할 수 있다. 일부 구역은 켜지고 일부 구역은 꺼진 상태에서 렘 수면이 불완전하게 일어날 수도 있다.

이런 일은 대개 깨어 있음과 렘 사이의 이행기에 일어난다. 노르아드레날린 시스템과 아세틸콜린 시스템이 마치 빠르게 흐르는 밀물과 썰물처럼 우리를 한 의식 상태에서 다른 의식 상태로 옮길 때 말이다. 그럴 때 우리가 렘 수면과 깨어 있음 사이의 접경지역에 잠깐 동안 붙박이는 일이 일어날 수 있다. 그 접경지역은 불안정한 의식 상태여서 우리는 몇 초나 몇 분 내로 더 안정된 렘 상태나 깨어 있음 상태에 안착한다.

다른 연구자들은 이런 접경지역 경험을 기이하게 여기지만, 우리는 일부 사람들이 깨어 있음과 수면 사이의 이행기에 보는 깨어 있는 렘 이미지waking REM images를 발견했다. 잠들어갈 때 꾸는 꿈이라고 할 만한 그 이미지들은 대개 인지되지 않는다. 우리가 잠들어갈 때나 렘 수면에서 깨어날 때, 뚜렷하거나 희미한 꿈 이미지들이 우리에게 나타날 수 있다. 밝고 화려한 그 환영은 흔히 사람, 동물, 사물이 등장하는 복잡하고 완전한 동영상이다. 때로는 요란한 충돌음, 또는 희미한 목소리나 음악이 환청으로 들리기도 한다.

렘 마비REM paralysis는 두 가지 형태로 일어난다. 일반적인 형태는 렘 수면에서 깨어난 직후에 일어난다. 이것은 나머지 뇌는 깨어났는데 렘 의식은 유지되고 있는 상태다. 이런 렘 마비를 겪는 사람들은 깨어 있는 채로 누워있는데 안구 외에는 아무것도 움직이지 못한다. 그들은 자신의 가슴 위에 누군가가 앉아 있거나 무언가가 놓여 있다고 느낀다. 또한 흔히 공포를 느낀다. 렘 마비를 겪는 사람은 자신이 죽어간다고 느낄 수 있다. 타인이나 사물이 곁에 있다는 느낌도 발생할 수 있다. 렘 마비는 몇 초 동안 지속하다가(그 몇 초가 몇 시간으로 느껴질 수도 있다) 당사자가 엄청난 노력으로 작은 근육 하나를 움직여 마법을 깨뜨리고 힘을 되찾을 때 끝난다.

내가 연구한 사람 중 하나인 매트는 27세의 기면병 환자다. 그는 타인이 곁에 있다는 느낌을 동반한 렘 마비를 자주 겪는다. 이 증상은 그가 대학 기숙사에 살 때 시작됐고 보통 두려움을 자아냈다. 그는 자신이 수면과 깨어 있음 사이의 접경지역에서 겪는 일을 이렇게 묘사한다.

내가 내 위에서 떠다니는 느낌이 든다. 주위를 둘러보지만 안구 외에는 아무것도 움직일 수 없다. 나는 사물들을 본다. 환각하는 것이다. 내가 기억하는데, 한번은 내 방의 선반 위에 야구공이 놓여 있는 것이 보였다. 그런데 그 공이 썩어가는 시체의 머리로 바뀌었다. 그리고 소음을 내기 시작했다. 나는 캔 하나가 통통 튀는 것을 보았다. 때로는 내 귓가에서 망치질을 하는 것처럼 소음이 심하다.

내가 잠자리에 들면, 내 뇌는 곧 무슨 일이 일어날지 안다. 나는 기괴한 중간 상태에 진입한다. 나는 누군가를 본다. 하지만 그는 유령 같다. 그는 방 안을 거닐고 허리를 숙여 내 귀에 대고 말을 한다. 왜 내가 좋은 것들을 보지 않는지 모르겠다. 내 곁에 있다고 느껴지는 타인과 내가 보는 환영은 거의 항상 적대적이고 공격적인 면을 지녔다. 때로는 타인이 다가와 침대에 앉아서 내 귓가에 무언가 속삭인다. 나는 소리를 지르려 하지만 꼼짝도 하지 못한다. 이런 일을 하룻밤에 연거푸 다섯 번이나 겪은 적도 있다. 30분 간격으로 잠들 때마다 그랬다.

내가 편안할 때, 내 여자친구와 함께 잘 때는 이런 일이 일어나지 않는다. 집 안에 누군가가 나와 함께 있으면 대개 더 수월하다. 그 일은 주로 내가 혼자 있을 때 일어난다. 그래서 애완견을 길러볼까 하고 생각하는 중이다.

기면병은 믿기 어려울 정도로 쉽게 잠들게 해준다. 할리우드 영화에 나오는 기면병과는 다르다. 내가 수프를 먹다가 접시에 머리를 처박고 잠드는 따위의 일은 없다. 밥을 먹고 나면 나는 몹시 피곤하다. 나는 12시간 동안 잘 수 있고, 그러고 나서도 한 시간만 지나면 또 잠들 수 있을 것 같은 느낌이 든다.

수면마비(렘 마비)는 전체 인구의 6퍼센트 정도에서 나타나며, 스트레스, 피로, 수면박탈을 계기로 발생할 수 있다. 수면마비는 유전되며 전 세계에서 발견된다. 일본에서는 수면마비를 '가나시바리kanashibari'라고 부르는데, 이 명칭은 '쇠사슬에 묶임'을 뜻한다.(위키피디아 영어판에 따르면, 우리말 명칭은 '가위눌림'—옮긴이) 뉴펀들랜드 지방의 민담에 등장하는 '올드 하그Old Hag'도 수면마비와 관련이 있다. 늙은 여자인 '올드 하그'는 잠든 사람의 가슴 위에 앉아서 공포를 일으키고 그 사람을 꼼짝 못하게 만든다.

그 수가 얼마나 되는지는 아무도 모르지만, 아주 많은 사람이 외계인에게 납치되었던 경험을 이야기한다. 그들은 우주선에 탑승하여 외계인을 만나거나, 흔적이 남지 않은 대수술을 받거나, 외계인으로부터 인류나 영적인 깨달음에 관한 중요한 메시지를 전달받거나, 외계인과 섹스를 했다고 주장한다. 이 모든 경험을 자각몽을 동반한 렘 침입과 렘 마비의 탓으로 돌릴 수 있다. 기억의 오류를 연구하는 크리스토퍼 프렌치가 런던에서 이끄는 팀은 그런 피납치자들을 조사했다. 프렌치는 그들 중에 수면마비를 겪는 사람이 많다는 것과 심리적인 면에서 그들이 자신의 경험을 외계인의 납치로 해석할 가능성이 다분하다는 것을 발견했다.

또 다른 형태의 렘 마비는 사람이 완전히 깨어 있을 때 일어난다. 이 마비는 격하게 웃은 뒤에, 또는 강렬한 감정이 일어나거나 깜짝 놀랐을 때, 갑자기 다리나 무릎에 힘이 빠지는 증상이다. 매트는 이 증상도 지녔다. "갑자기 웃게 만드는 모든 것이 그런 마비를 유발할 수 있다."라고 그는 말한다. "갑작스러운 기분 변화가 일어난다. 나는 불가항력적인 허탈발작cataplexy이 일어났다고, 갑자기 내 뜻과 무관하게 근육에 힘이 없어졌다고 느낀다." 이 느낌은 우리가 무방비로 간지럼 태움을 당할 때 느끼는 무력감과 유사하다. 또한 고양이 어미가 새끼를 목덜미를 물어 들어올릴 때 새끼가 축 늘어지는 것과도 유사하다.

위기의 순간에 렘 스위치의 구실

누군가가 렘 수면과 깨어 있는 의식 사이의 접경지역에 붙박이는 일은 어떻게 발생할까? 뇌간에 있는 스위치 하나가 우리로 하여금 이 두 상태를 오가게 한다. 그 스위치의 위치는 청반 근처다. 그것은 다양한 요소로 이루어졌는데, 그 요소들은 작고 불분명해서 아주 특별한 기법을 동원하지 않으면 현미경으로도 관찰하기 어렵다. 일부 요소들은 의식을 렘 상태로 설정하고, 다른 요소들은 깨어 있음 상태로 설정한다. 렘 스위치는 거의 항상 전부-아니면-전무의 방식으로, 다시 말해 승자독식의 방식으로 작동하면서 뇌로 하여금 렘 수면과 깨어 있는 상태 사이를 오가게 만든다. 렘 스위치는 믿기 어려울 정도로 위력적이다. 렘 스위치를 구성하는 겨우 몇천 개의 뉴런이 다른 뉴런 수십억 개를 지배한다. 뒤 바깥쪽 앞이마엽 구역의 뉴런들도 렘 스위치의 지배를 받는다.

기면병 환자들은 화학적 결함을 지녔기 때문에,* 그들의 렘 스위치는 빈번하고 신속하게 렘 의식으로 설정된다. 매트와 같은 기면병 환자들을 괴롭히는 증상으로 수면발작 sleep attack(갑자기 저항할 수 없을 정도로 잠이 쏟아지는 증상—옮긴이), 렘 침입, 렘 마비, 꿈 환영이 있다. 기면병 환자가 지닌 근본적인 문제는 뇌의 세 의식 상태 사이를 넘나드는 이행을 통제하지 못한다는 것이다.

렘 스위치의 핵심 요소 중 하나가 최근 하버드 대학교의 신경학자 클리프 세이퍼의 연구팀이 수행한 멋진 연구를 통해 알려졌다. 세이퍼의 연구는 혈압, 실신, 임사체험, 렘 수면의 상호관계를 밝혀내는 데 도움이 된다. 그는 뇌간의 중심 근처에 'vlPAG'라는, 렘 스위치의 한 부분*이 숨어 있음을 발견했다. 그 부분이 활성화되면 의식은 렘을 벗어나 깨어 있음을 향해 이동한다. 기면병 환자의 vlPAG는 활기가 없다.

혈압이 떨어질 때 vlPAG가 하는(또는 하지 않는) 일은 매우 흥미롭다. vlPAG는 통증을 느낄 때, 혈액 속에 산소가 부족할 때 또는 출혈로 혈압이 낮아졌을 때 활성화된다. 납득할 만한 일이다. 뇌로 공급되는 혈류가 줄어들면, 활성화된 청반에서 노르아드레날린이 분출하고 우리는 완전히 깨어나야 한다. 우리는 전면적인 싸움-또는-도주 모드에 진입해야 한다.

그러나 통증이 강하고 불가피하거나 실신이나 심장정지 상황에서처럼 혈압이 심하게 낮으면, 근본적인 변화가 일어난다. 출혈이 심하면 vlPAG 신경세포들은 교감 반응(아드레날린과 노르아드레날린)을 철회하고 아세틸콜린 부교감신경계를 전면에 내세운다. 그리하여 심장은 혈압 유지를 위해 빠르게 박동하는 대신에 느려지고, 혈압은 더 떨어진다.

대체 왜 이런 일이 일어나는 것일까?

심한 통증이나 출혈이 발생한 상황에서 vlPAG가 아드레날린과 노르아드레날린을 거둬들여 심장이 느려지고 혈압이 떨어지면, 이제껏 흥분하여 주위를 샅샅이 훑어보던 사람(또는 동물)은 아주 고요하고 무심해진다. 그는 자신을 둘러싼 상황에서 해방된다. 부상이 심하고 불가피할 때 평정을 유지하는 것은 효과적인 생존전략일 수 있다. 자는 척하기, 죽은 척하기, 몸부림을 그치기를 생각해보라. 그 이점이 정확이 무엇이든 간에 이런 평정 유지 전략은 충분히 효율적이어서 우리의 뇌간에 하드웨어로 설치되었다. 극심한 위기의 순간에 우리의 청반은 빠른 리듬으로 점화하기를 그치고 느리고 고요하게 점화한다. 무엇이 청반을 이렇게 느리게 활동하게 만들까?

말하자면 휴식을 유도하는 장치가 우리 안에 있는 셈이다. 우리는 공황을 일으키는 공황 버튼뿐 아니라 평정 버튼도 가지고 있다.

일반적으로 vlPAG가 후퇴하면, 곧바로 렘 수면이 발생한다. 오직 렘 의식 상태 중에만 청반이 완전히 고요해지는 것은 우연이 아니다. 렘 의식 상태로의 전환은 청반의 활동을 중단시키는 가장 강력한 브레이크다. 이것은 어마어마하게 중요한 사실이다.

렘 스위치와 청반의 연결은 싸움 또는 도주나 가만히 누워있기 같은 성공적인 행동들이 적절한 의식 상태와 짝을 이루어야 한다는 점을 반영하고, 위기 상황에서 우리 의식이 렘 상태로 전환되는 방식에 관한 중요한 단서를 제공한다. 이런 사실들만으로도, 의식이 싸움 – 또는 – 도주 모드에서의 내장 반응들과 직결되어 있음을 짐작할 수 있다.

호모에렉투스가 고양잇과 맹수에게 목을 물려 혈압이 떨어지고 몸이 축 늘어져갈 때, 죽어가는 호모에렉투스가 렘 의식으로 도피하는 것은 그 자신에게 개인적으로 좋은 일일 수 있다. 유명한 스코틀랜드 선교사 겸 탐험가 데이비드 리빙스턴은 사자에게 물렸을 때의 경험을 이렇게 묘사했다.* 쇼크가 "꿈꾸는 듯한 느낌을 일으켰고, 그 느낌에 휩싸이자 통증도 공포도 감지할 수 없었다. 나는 모든 상황을 완전히 의식하고 있었는데도 말이다." 리빙스턴은 자신의 반응을 "우리의 선하신 창조주가 죽음의 고통을 줄여주기 위해 예비하신 자비로운 조처" 덕으로 돌렸다. 더 나아가 붙잡은 먹이가 탈출을 위한 몸부림을 멈췄기 때문에 맹수가 다른 호모에렉투스들을 추격하기를 중단한다면, 그것은 호모에렉투스 집단에게 확실히 이로운 결과다.

렘 의식이라는 새로운 변방

최근까지만 해도 임사체험은 전적으로 대뇌피질에서 발생한다는 견해가 대세였다. 대뇌피질은 가장 고도로 발달한 뇌 구역이며 이성과 언어를 비롯한 인간의 두드러진 특징이 깃든 자리이므로, 그런 견해가 득세할 만했다. 우리를 다른 동물들과 가장 확실하게 구별해주는 뇌 부위인 대뇌피질에서 영적 경험을 탐색하는 것은 자연스러운 접근법이었다.

나는 신경학자의 시각으로 임사체험을 처음 고찰했을 때 이미 임사체험과 렘 의식 사이에 확실한 관련이 있다고 느꼈지만, 그것을 증명하는 것은 별개의 문제였다. 나는 렘 수면이 마비를 유발한다는 사실과 의식 스위치가 있다는 사실을 알았으며 이 사실들이 몸과 뇌의 싸움 - 또는 - 도주 화학 시스템과 어떻게 연결되는지 짐작할 수 있었다. 하지만 이 연결을 어떻게 증명할 수 있을까? 이것이 큰 문제였다. 과학적으로 접근할 엄두가 나지 않는 과제였다.

많은 사람들이 병원에서 임사체험을 하는 것은 사실이지만, 누가 언제 임사체험을 할지 예측하기는 불가능하다시피 하다. 그렇다면 어떻게 임사체험을 연구할 수 있을까?

나의 연구팀과 내가 세운 계획은 막상 실행해보니 간단한 것이었다. 우리는 이런 가설을 채택했다. 만일 렘 의식이 임사체험을 유발한다면 위기에 처한 모든 사람이 임사체험을 하는 것은 아니므로, 그 특별한 경험을 하는 사람들은 뇌의 각성 시스템이 특별해서 렘 의식과 깨어 있는 의식의 혼합이 쉽게 일어나는 성향을 지닌 것일 수 있다. 일부 사람들은 뇌의 작동 방식 때문에 목숨이 위태로울 때뿐 아니라 다른 때에도 렘 의식과 깨어 있는 의식의 혼합을 겪기 쉬운 것일 수 있다.

임사체험을 한 사람들에게 정보와 지원을 제공하기 위해 만든 어느 인터넷 동호회*의 도움으로 우리는 연구에 참여할 의사가 있는 피연구자 55명의 소재를 파악했다. 앞에서도 언급했지만, 모든 피연구자는 임사체험을 할 때 자신이 위험에 처했다고 믿었다. 또한 우리는 그레이슨 임사체험 측정법에서 7점 이상을 기록한 사람만 피연구자로 받아들였다.

연구 결과는 대단히 놀라웠다.

우리는 피실험자들에게 일생 동안의 수면 경험에 대해서 물었다. 모든 실험자에게 똑같은 질문을 던졌다. 우리는 특히 깨어 있음과 수면 사이의 이행기에 대해서 알고 싶었다. 그 이행기에 환영이나 환청이나 마비를, 바꿔 말하면 렘 의식을 경험한 적이 있느냐고 우리는 물었다.

임사체험을 한 사람들에서는 깨어 있는 의식과 렘 의식을 조절하는 뇌 스위치가 그 체험을 못 해본 평범한 사람들에서와 다르다는 것을 우리는 발견했다.

표5 임사체험자 55명에서 렘 의식이 깨어 있는 의식 안으로 침입한 사례들. 나이와 성별이 같은 대조군 55명과 비교함.

	임사체험자	대조군
깨어 있는 동안의 렘 환시		
"잠들기 직전이나 깨어난 직후에 다른 사람들이 보지 못하는 사물이나 사람을 본 적이 있습니까?"	42%	7%**
깨어 있는 동안의 렘 환청		
"잠들기 직전이나 깨어난 직후에 다른 사람들이 듣지 못하는 소음이나 음악, 목소리를 들은 적이 있습니까?"	36%	7%*
깨어 있는 동안의 렘 마비		
"깨어났는데 움직일 수 없었던 적이나 마비되었다고 느꼈던 적이 있습니까?"	46%	13%*
"갑자기 다리나 무릎에 힘이 빠져서 주저앉은 적이 있습니까?"	7%	0%
유형을 막론한 렘 침입		
한 가지 이상	60%	24%*
한 가지	16%	20%
두 가지 이상	44%	4%*

** 렘 침입과 임사체험의 상관성이 단순한 우연이 아님을 어떻게 알 수 있을까? 이 자료를 근거로 통계학적으로 계산해보면, 임사체험자들에서 렘 침입이 우연히 일어날 확률은 10000분의 1보다 낮게 나온다. 주사위를 만 번 정도 던진다면, 똑같은 숫자가 다섯 번 연거푸 나오는 일이 우연히 일어나리라고 기대할 만하다. 그러나 그런 일은 그리 자주 일어나지 않는다.

* 이런 결과가 우연히 발생할 확률은 1000분의 1보다 낮다(주사위 던지기에서 똑같은 숫자가 네 번 연거푸 나올 확률과 비슷하다).

임사체험자들에서 그 뇌 스위치가 렘 수면과 깨어 있음 사이를 곧바로 오가지 않고 이 두 상태를 혼합할 확률이 평범한 사람에서보다 2.5배 높았다. 전반적으로 임자체험자들이 렘 침입―렘 환시, 렘 환청, 렘 마비―을 더 많이 겪었다. 임사체험과 렘 침입을 모두 겪은 사람이 임사체험을 먼저 겪었을 확률과 렘 침입을 먼저 겪었을 확률은 똑같이 50퍼센트였다.

또 하나 주목할 만한 것은 시각적이거나 청각적인 렘 침입을 겪은 사람들의 임사체험이 그레이슨 측정법에서 더 높은 점수를 받았다는 사실이다. 이 사실은 그들에게 렘 성향이 있기 때문에 그들의 임사체험이 더 생생함을 시사한다.

우리가 연구한 임사체험자들은 대부분의 사람과 다른 각성 시스템을 지닌 것이 분명했다. 이 차이는 렘 스위치 자체와 관련이 있을 가능성이 높다.* 그들에게서 깨어 있는 의식과 혼합되는 것은 렘 의식의 한 부분에 머물지 않는다. 렘 의식의 모든 부분(모든 유형의 환각과 마비)이 혼합되고, 그 모든 부분이 신경학적으로 렘 스위치와 관련 있다.

이 임사체험자들이 죽음에 바투 접근하여 피할 수 없는 통증이나 출혈에 직면하면 이들의 vlPAG는 일반인의 그것보다 더 쉽게 교감신경계를 억제하고, 렘 의식을 유발하는 것일지도 모른다.

렘 스위치―그리고 렘 스위치의 한 부분인 vlPAG―는 렘 의식과 임사체험 사이의 관련성을 시사하는 확실한 단서다. 우리의 연구는 임사체험자들의 각성 시스템이 렘 의식과 깨어 있는 의식을 혼합하는 성향이 있음을 강력하게 시사한다.

렘 침입은 우연히 일어나지 않는다

어떤 이들은 임사체험 중에 느껴지는 궁극적인 실재와 감정적인 힘을 렘 수면 중의 꿈으로 설명하는 일이 불가능하다고 주장한다. 그런 초월적인 느낌들은 꿈과 전혀 다르다고 그들은 단언한다.

그러나 우리는 꿈이 무엇인지 과연 알고 있을까? 초월이 무엇인지를 우리가 정말로 안다고 할 수 있을까? 아무튼 다른 한편으로 우리는 렘 의식 중에 무슨 일이 어떻게 일어나는지 안다.

가장 먼저 주목할 것은 렘 침입이 우리가 건강할 때에도 일어나고 병들었을 때에도 일어난다는 점이다. 이것은 중요하다. 건강한 사람들도 렘과 깨어 있음 사이의 이행기에 수면마비와 환시를 흔히 겪는다. 우리의 연구만 봐도 알 수 있다. 우리가 무작위로 선정한, 임사체험을 하지 않은 사람들의 대략 4분의 1이 렘 침입을 겪었다. 통상적인 생각보다 더 많은 사람이 임사체험을 할 소질을 지닌 것이다. 이 소질은 영적인 재능의 하나일지도 모른다. 또한 실험실에서 건강한 사람을 깊은 잠에서 깨움으로써 상당한 확률로 렘 침입을 일으킬 수 있다. 렘 수면에서 깨어난 사람을 다시 재우면 몇 분 내로 다시 렘 수면에 드는데, 이때 그를 다시 깨우면 깨어난 채로 렘 의식을 보유할 가능성이 높다. 그는 단지 약간의 렘 의식을 보유하는 정도가 아니라 생생한 환시, 환청, 촉각적 환각을 동반한 마비를 겪을 수도 있다.

더 나아가 어떤 사람들은 렘 상태를 놀라울 만큼 자주 겪는다. 당연한 말이지만, 기면병 환자들은 렘 침입을 흔히 경험한다. 그들의 렘 스위치는 경미한 유인만 있어도 렘-켜짐 위치로 넘어간다. 그들은 흔히 잠드는 것과 거의 동시에 렘 상태에 진입한다. 따라서 그들에서는 렘 의식과 깨어 있는 의식이 뒤섞일 기회가 풍부하다. 때로는 뇌간 뇌졸중으로 우리 몸의 자연적인 균형이 교란되어 렘 시스템이 정상적인 속박에서 풀려난다. 많은 뇌간 뇌졸중 환자가 깨어 있는 동안 꿈같은 환각을 느꼈다고 보고했다. 한쪽 끝에 "금빛 대문"이 있는 터널과 천사를 보았고 자신이 하늘로 떠오르는 것을 느꼈다는 식으로 말이다. 진전섬망 delirium tremens (만성알콜중독자의 금단증상)은 아드레날린 급증과 렘 의식 상태에서의 환각을 유발한다. 파킨슨병은 뇌간의 신경세포가 퇴화하여 신체 동작이 느려지고 떨리고 뻣뻣해지는 병인데, 이 병의 말기에 발생하는 생생한 환각은 부분적으로 렘 침입에 기인한다. 뇌간의 장애 악화로 의식 상태들 사이의 경계가 불분명해져서 기면병과 비슷한 증상이 나타나는 것이다.

기면병, 진전섬망, 파킨슨병에 걸린 사람들에서는 렘 침입의 정도가 매우 심해서 이들의 뇌파와 기타 생리적 지표들을 봐서는 렘 의식과 깨어 있는 의식을 구별하기 어려울 수 있다.

길랭-바레 증후군 — 렘 침입을 유발하는 또 다른 신경학적 질환 — 은 면역계에 의해 촉발되어 뇌 바깥의 신경을 공격하는 희귀병이다. 가장 심하게 공격당한 신경들은 무력해지고, 이와 함께 호흡 근육이나 심장을 비롯한 필수 장기를 제어하는 자율신경도 무력해진다.

길랭-바레 증후군의 원인은 다양하다. 이 희귀병은 신종인플루엔자 A $H1N1$ 나 그 백신에 의해 촉발될 수 있다. 병에 걸린 사람은 몇 주나 몇 달 안에 거의 모두 회복한다. 병의 초기에 심장 및 혈관과 정보를 주고받는 자율신경이 심하게 손상될 수 있다. 그러면 심장박동이 불안정해진다(너무 빠르거나 느려진다). 혈관은 수축하거나 확장하여 혈류를 줄이거나 정작 필요한 곳(예컨대 뇌와 심장)이 아닌 다른 곳으로 전환시킨다.

이로 인해 아드레날린 급증이 일어날 수 있고, 때로는 치명적인 혈압 요동까지 발생할 수 있다.

신경학자이며 수면 전문가인 이사벨 아르눌프 박사와 그녀의 연구팀은 파리에서 길랭-바레 증후군 환자를 100명 넘게 연구했다. 그녀는 이 병이 파편화되고 불안정한 수면을 야기한다는 사실을 발견했다. 그녀가 연구한 환자들에서는 의식이 깨어 있음, 렘 수면, 비렘 수면 사이에서 이행하는 일이 갑작스럽게 또한 자주 일어났다. 비정상적이게도 잠들자마자 렘 수면이 시작되었고, 렘 수면과 깨어 있음 사이의 경계가 자주 흐려졌다.

아르눌프는 길랭-바레 증후군으로 자율신경계가 지나치게 활발해지면 의식 상태가 심하게 달라지고 환시가 일어남을 발견했다. 그녀의 환자들은 눈을 감자마자 마귀를 비롯한 헛것을 보고, 수면 중에는 날아다니거나 몸을 벗어나는 내용의 기이하고 정교한 꿈을 꾸었다. 환자들은 이런 경험을 몇 달 뒤에도 또렷하게 기억했다.

길랭-바레 증후군의 영향을 받는 대상은 목 아래 몸의 신경들인데, 대체 어떻게 강렬한 렘 의식이 발생하는 것일까? 이것은 심장이나 폐나 소화관 내부의 무언가가 의식(특히 렘 의식)의 근본적인 변화를 유발할 수 있음을 의미한다.

이 대목에서 심장전문의와 신경학자는 각자의 길을 간다. 몸과 뇌가 떼려야 뗄 수 없게 연결된 방식에 대한 견해가 엇갈리는 것이다. 임사 체험 수수께끼의 핵심인 이 문제는 오랫동안 숨어 있었다.

렘 침입과 심장 신경

인간에 관한 생물학을 아무리 많이 알더라도 심장과 의식이 어떻게 연결되어 있는지 모른다면, 렘 의식과 임사체험의 관련성을 완전히 이해하는 일은 불가능하다. 영적인 세계로 열린 통로는 우리의 내장과 밀접한 관련이 있다.

임사체험에 관한 단서를 얻기 위해 살펴보아야 할 곳은 당연히 심장으로 이어진 신경이다. 왜냐하면 임사체험은 심장에 장애가 발생했을 때 일어나는 경우가 가장 많기 때문이다. 게다가 우리는 심장 신경이 독자적으로 꿈을 만들어낼 수 있음을 안다.

뇌가 자신에게 공급되는 혈액(바꿔 말해서 혈압)을 매순간 통제할 수 있도록 하기 위해 뇌간은 몸의 모든 부분에서 오는 정보를 최대한 신속하게 수용한다. 또한 이미 언급했듯이 뇌는 우리가 상황에 따라 적절한 의식 상태를 취하게 만든다(덕분에 우리는 기초 물질대사에 맞게 산소와 포도당 등을 관리하거나 성공적으로 싸움 – 또는 – 도주를 수행하거나 혈압이 급격히 떨어질 경우에는 저항하기를 그친다). 결과적으로 우리의 식물성 기능들은 의식과 밀접하게 연결되어 있다. 뇌는 공항의 관제탑과 유사하다고 할 수 있다. 관제탑은 공항으로 들어오고 나가는 항공기와 레이더나 전파로 접촉하여 얻은 정보를 활용하여 항공 교통을 지휘한다. 안전한 지휘를 위해 관제탑은 적절한 정도로 주의를 집중해야 한다.

임사 상황 중에 혈압이 낮아지면 신경은 심장, 혈관, 폐에 있는 다양한 센서에서 유래한 정보를 황급히 뇌간으로 전달하여 뇌로 공급되는 혈액을 확보할 수 있게 한다. 이 정보의 대부분은 미주신경을 거친다.

미주신경은 거대하다. 부교감신경계의 일부인 미주신경은 임펄스를 전달하기 위해 아세틸콜린을 사용한다. 아세틸콜린은 뇌간에 속한 렘 시스템이 사용하는 화학물질이기도 하다. 미주신경의 80퍼센트는 정보를 뇌간으로 운반한다. 미주신경은 또한 심장을 통제하는 데 있어서 다른 어떤 신경보다도 탁월하게 주도적인 역할을 한다. 심장박동속도를 결정하는 것이 미주신경이다. 미주신경이 지나치게 활성화되면 급격하게 심장박동이 느려지고 혈압이 떨어져 실신이 일어난다. 길랭-바레 증후군으로 자율신경계가 요동하는 동안, 미주신경은 혼란스러운 메시지를 뇌간이 감당할 수 없을 정도로 많이 전달한다. 그런데 미주신경이 그렇게 난폭하게 활동하기만 하면, 렘 의식이 켜질까?

그런 것으로 보인다. 모든 포유동물은 렘 의식을 지녔다. 우리가 실험실에서 쥐와 고양이의 미주신경을 전기로 자극하면 완전한 렘 의식이 신속하고 확실하게 유발된다.

미주신경 자극은 렘 의식을 조장하고 PGO 파동(앞에서 언급한 "번개")을 일으키며 마비를 유발한다. 이 전이는 매우 갑작스럽고 현저해서 일부 연구자들은 그것을 '반사 렘 기면병 reflex REM narcolepsy' 또는 '기면병 반사 narcoleptic reflex'라고 부른다.

인간과 관련해서는 당연하게 사정이 약간 더 복잡하다. 우리는 실험실 동물을 연구할 때처럼 공격적으로 환자들을 연구하지 않는다. 하지만 우리는 갑작스러운 렘 의식 켜짐이 렘 의식과 깨어 있는 의식의 혼합을 초래한다는 것을 안다. 의학적 목적으로 환자의 미주신경을 자극하면,* 환자는 신속하게 잠이 들면서 렘 상태에 빠지고, 렘 상태가 비렘 상태 안으로 침입한다.

심장과 혈관의 센서들은 미주신경을 거쳐 뇌간의 아세틸콜린 신경과 연결된다. 아세틸콜린 신경은 렘 의식을 위해 결정적으로 중요하다. 렘 스위치 근처*에서 혈압과 호흡을 조절하는 신경세포들은 렘 의식 상태에서 활동하는 아세틸콜린 신경들과 뒤섞인다. 혈압, 호흡, 렘 상태에 관여하는 이 세포들이 어떻게 상호작용하는지, 이 세포들이 다른 도움 없이 렘 의식을 켤 수 있는지는 아직 밝혀지지 않았다. 그러나 이들이 한곳에 모여 상호작용하는 것은 우연이 아니다.

분명한 사실은 우리가 깨어 있는 동안에 심장이 심장 신경을 통해 렘 의식을 일으킬 수 있다는 것이다. 이 사실은 임사체험과 관련해서 근본적으로 중요하다.

렘 침입과 신체 이탈 경험

렘 침입은 어떻게 임사체험의 여러 특징 가운데 하나인 신체 이탈 경험을 유발할까? 앞 장에서 보았듯이 신체 이탈 경험은 관자마루엽 접합부가 정상적으로 기능하지 못할 때 발생한다. 우리는 실신이 신체 이탈 경험을 일으킬 수 있음을 보았다. 이제 한 단계 더 발전된 논의를 하려 한다. 신체 이탈 경험은 각성 시스템과 렘 시스템의 영향을 받으며 임사체험에서 명확한 역할을 한다. 그 역할은 생생한 자아 초월감, 더 높은 존재나 힘과의 만남, 우주적인 의식과의 융합에 기여하는 것을 포함한다.

각성 시스템과 신체 이탈 경험이 관련되어 있다는 것은 과학적으로나 직관적으로 이치에 맞는다. 위험은 싸움 – 또는 – 도주 반응을 일으킨다. 예컨대 교통사고나 추락사고를 당할 때 또는 그밖에 목숨이 위태로운 상황에 처할 때 그러하다. 외상 후 스트레스 장애의 증상 중에는 만성적인 공포, 원하지 않는 기억, 신체 이탈 경험도 있다.

　내가 아는 어느 신경학자는 응급실에서 근무하다가 심하게 부상한 환자를 이송 중이라는 연락을 받았다. 그 신경학자는 불안에 휩싸였다. 응급실 입구에서 응급차가 도착하기를 기다리는 동안 그는 자신의 몸 위로 떠올라 아래를 내려다보았다. 다행히 그의 신체 이탈 경험은 환자가 도착하기 전에 끝났다.

　신체 이탈 경험이 각성 및 렘 의식과 관련이 있다는 추측은 몇 차례 제기되었다. 기면병 환자들은 흔히 신체 이탈 경험을 하는데, 기면병을 치료하면 그 경험의 빈도가 줄어든다.

　자각몽을 자주 꾸는 사람도 신체 이탈 경험을 하기 쉽다. 라베르지 박사의 연구팀은 피연구자가 자각몽을 꾸는지를 뇌파 측정으로 확인하면서 자각몽 연구를 수행했는데, 자각몽을 꾼 피연구자의 거의 10퍼센트가 신체 이탈 경험을 했다고 보고했다.

　렘 의식 상태에서 뇌의 어느 부위가 꺼지는지 보여주는 그림(235쪽)을 다시 살펴보자. 뒤 바깥쪽 앞이마엽 구역과 관자마루엽 접합부가 꺼져 있다. 블랑케는 관자마루엽 접합부가 전기 자극에 의해 교란되면 신체 이탈 경험이 일어날 가능성이 높음을 보여주었다. 렘 수면 상태에서 관자마루엽 접합부가 꺼질 때에도 이와 비슷한 일이 일어나는 것일 수 있다.

　다음 사례는 렘 의식과 신체 이탈 경험의 관련성을 잘 보여준다.

　카렌은 켄터키 대학교에서 수련하는 정신과 전공의였다. 나는 그녀의 친구이자 내 친구이기도 한 사람의 소개로 그녀를 알게 되었다. 그 사람은 내가 카렌의 경험에 관심이 있을 것이라고 생각하여 우리를 서로 만나게 했다. 우리는 근무가 끝난 뒤에 만났으므로 나는 분주한 병원 업무에서 벗어나 조용히 그녀의 이야기를 들을 수 있었다. 카렌은 처음엔 수줍음을 타고 마음을 터놓지 않았지만, 내가 친절하게 유도하자 자신이 14년 전에 겪은 신체 이탈 경험을 이야기해주었다. 그 이야기를 글로 옮기면 이러하다.

나는 21세에 결혼한 직후 남편이 개업한 의원이 있는 켄터키 주 동부의 산악지역 자락으로 이사했다. 나는 캐나다 동부 시골, 농업과 어업에 종사하는 프랑스계 아카디아 사람들의 마을에서 가톨릭교도로 성장했다. 새로 이사한 곳도 시골이었지만, 그곳의 지형과 성서지대Bible Belt(보수 개신교 세력이 강한 미국 남부, 남동부─옮긴이) 문화는 내가 성장한 곳과 전혀 달랐다. 이사한 후 얼마 지나지 않았을 때 옆집에 사는 주 경찰관이 의심스러운 정황에서 총을 발사하여 그의 아내를 죽일 뻔했다. 나는 이 사건에 몹시 분개했다.

그날 밤 나는 근심에 휩싸인 채 침대에 누워 반쯤 잠들어 있었다. 그때 느닷없이, 내가 침대 위로 1미터쯤 떠올라 아래를 살펴보고 있었다. 내가 깨어 있는 것인지 잠든 것인지 헷갈렸다. 내려다보니 나와 남편이 잠든 모습이 보였다. 두 사람 다 나에게 일어나고 있는 일을 전혀 알아채지 못했다. 조명이 어두웠지만, 내가 우리의 잠자리를 위해 만든 밝은 색 이불을 쉽게 알아볼 수 있었다.

나는 처음에 소스라치게 놀랐지만 이내 호기심을 느꼈다. 공중에 뜬 채로 방 안의 다른 곳으로 이동할 수 있을지 궁금했다. 그리고 실제로 이동했다. 나는 잠든 우리의 몸을 다른 각도에서 내려다보았다. 겁이 나면서도 재미를 느꼈다. 또 어디로 이동할 수 있을까? 옆방으로 한번 가볼까? 내 기억에 이튿날 깨어나기 전 마지막으로 겪은 감정은 지금 떠 있는 안락한 공간을 벗어나면 통제할 수 없는 상황이 벌어질 수도 있다는 강력한 공포였다.

나는 이 경험을 자주 회상하지만 다른 사람에게는 거의 이야기하지 않았다. 이런 기괴하기 이를 데 없는 경험을 이야기하면 사람들이 나를 어떻게 생각하겠는가.

카렌은 이 경험을 영적 경험으로 보지 않는다고 말했다. 나중에 나는 그녀가 수면마비를 여러 번 겪었고 그녀의 형제들도(그녀는 형제들이 많다) 마찬가지라는 사실을 알게 되었다. 신체 이탈 경험을 할 때 침대에 누운 몸이 마비된 상태였느냐고 내가 묻자, 그녀는 대답하지 못했다. 그녀는 자신이 공중에 떠서 방 안을 돌아다닐 수 있다는 사실에 너무 흥분해서 몸이 마비되었는지 알아챌 겨를이 없었다.

알고 보니 카렌의 아버지도 비슷한 경험을 한 적이 있었다. 그가 응급실 병상에 엎드려 있을 때였다. 그는 아무 이상도 느끼지 못하고 있었는데, 갑자기 가만히 엎드려 있는 그의 몸 위로 떠오르기 시작했다. 그는 아래를 내려다보면서 당황했고, 간호사가 달려와 그의 가슴에 원반 모양의 장치 두 개를 대는 것을 보았다. 곧이어 그는 엄청난 충격을 느끼면서 병상 위의 몸으로 다시 돌아왔다. 간호사는 그의 심장 리듬이 '비정상'이라고 설명했다.

어느 수면 전문가는 신체 이탈 경험이 깨어 있는 상태에서 일어났는지 아니면 렘 수면 중에 일어났는지 판별하는 간단하면서도 기발한 방법을 발견했다. 그는 신체 이탈 경험을 자주 하는 피연구자들에게 익숙한 침실에서 잠들기 전에 특정 물체를 평소와 다른 곳에 놓아두라고 요구했다. 그리고 신체 이탈 경험이 일어나 그들이 몸 밖에서 떠다니게 되면, 그 물체를 찾아보라고 말이다. 실험 결과 평소와 다른 위치에 놓인 물체를 신체 이탈 경험 중에 본 사람은 아무도 없었다. 이 결과는 신체 이탈 경험 중의 시각 이미지는 경험자가 방 안에서 떠다니는 동안 형성되는 것이 아님을 보여준다. 오히려 이 결과는 그 이미지가 익숙한 기억에서 비롯됨을 시사한다. 물론 이를 증명하지는 않지만 말이다.

피연구자들의 신체 이탈 경험과 깨어 있을 때 마주하는 실재는 다른 면에서도 불일치했다. 신체 이탈 경험 중에 본 시계는 불가능한 시각을 가리키거나 문자판의 디자인이 엉뚱했다. "나는 자명종 시계를 살펴본다. 만일 시계에 밝은 녹색 LED 조명이 없으면, 나는 내가 수면장애를 겪는 중임을 즉시 알아챈다."라고 한 피연구자는 말했다. 또한 잠든 사람과 몸을 벗어나 떠다니는 사람이 다를 수도 있다. 또 다른 피연구자는 이렇게 보고했다. "나는 이리저리 떠다니면서 침대 위에서 평화롭게 잠든 '나'를 바라보았다. 문제는 침대 위의 '내'가 나로서는 한번도 입어본 적이 없는 내복을 입고 있었다는 점이다."

내가 대화해본 많은 신체 이탈 경험자들은 수면마비를 동반한 렘 침입도 겪은 바 있었다. 응급차를 운전하다가 임사체험을 한 패트릭은 수면마비에 이은 신체 이탈 경험을 여러 번 했다. 한번은 그가 밤늦게 텔레비전을 보다가 잠들었을 때였다.

몇 분 뒤에 깨어난 그는 몸을 움직일 수 없었다. 그는 이렇게 회상했다. "제가 떠오르기 시작했어요. 몸이 천천히 떠오르는 동안 저는 팔도 못 움직이고 다른 것도 움직일 수 없었죠." 그는 소파 위로 떠올라 텔레비전과 같은 높이에 이르렀고 머지않아 "제이 레노 쇼"를 내려다보았다. 이 상황은 오래 지속하지 않았다. 그는 다시 천천히 소파로 내려왔다.

앞에서 자각몽을 꾼 사람으로 등장했던 앤의 말에 따르면, 그녀는 렘 마비를 동반한 신체 이탈 경험을 가끔 한다.

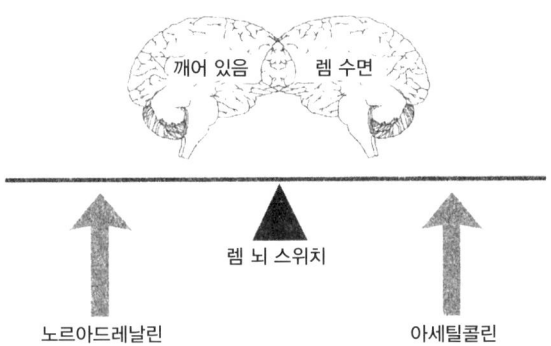

렘 스위치가 한 방향으로 완전히 넘어가지 않으면, 렘 의식과 깨어 있는 의식이 혼합된다.

    신체 이탈 경험과 렘 침입이 연결되어 있음을 강력하게 시사하는 증거들이 있다. 대학생을 상대로 한 대규모 조사 결과, 수면마비를 적어도 한 번 겪어본 사람의 비율이 30퍼센트에 가까웠다. 그중 일부는 신체 이탈 경험도 했다. 이 조사를 수행한 연구자들은 렘 의식과 타인이 곁에 있다는 느낌이 밀접하게 관련되어 있음을 뒷받침하는 연구결과도 얻었다.

    내 친구 제이크가 새벽 세 시에 깨어나 어머니가 곁에 있다고 느꼈을 때, 그는 렘 수면 중이었을 가능성이 매우 높다. 그는 어머니가 죽음을 목전에 두었음을 알고 일주일 내내 걱정했다. 나는 그런 그가 어머니에 관한 꿈을 꾼 것이라고 추측한다. 그가 깨어난 순간은 어머니가 사망한 순간과 정확히 일치하지는 않더라도 가까웠다. 갑자기 깨어났을 때 그의 관자마루엽 접합부는 렘 수면으로 인해 아직 꺼진 상태였고, 그래서 그는 어머니가 곁에 있다고 느꼈으리라고 나는 믿는다. 어머니의 냄새와 숨결은 일찍이 형성된 중요한 기억에서 유래했을 수 있다. 이 모든 설명에도 제이크가 그 일에 부여하는 중요한 정서적 의미는 조금도 줄어들지 않는다. 그는 어머니와 자신이 연결되어 있음을 느꼈고, 그 연결은 영원히 그의 삶의 일부로 남을 것이 분명하다. 그의 경험이 일종의 가짜라는 생각은 어리석다고 하겠다. 그 경험을 가능하게 한 신비로운 시스템들은 아주 오래되었다.

우리 연구팀은 신체 이탈 경험이 임사체험 중에 일어나는 것 못지않게 깨어 있는 상태와 수면 상태 사이의 이행기에도 자주 일어남을 발견하고 놀랐다. 또한 우리는 임사체험자들의 (깨어 있는 상태와 렘 수면을 조절하는 스위치를 포함한) 각성 시스템이 렘 침입뿐 아니라 신체 이탈 경험도 쉽게 일어나도록 만드는 특성을 지녔음을 보여주는 강력한 증거를 발견했다.

초자연적인 빛

임사체험에서 발견되는 가장 놀랍고 일관된 특징의 하나는 초자연적인 빛이다. 렘 침입은 뇌가 어떻게 기능하기에 이런 특징이 발생하는지에 대한 설명에도 도움이 된다.

이미 언급했듯이 많은 임사체험 사례에서 렘 스위치는 뇌간에서 위로 퍼져나가는 전기 파동을 일으켜 뇌의 시각 담당 구역을 활성화한다. 다른 한편 혈압이 많이 낮아지면 망막은 주변 시각을 상실하고 터널 시야가 발생한다. 그 터널 끝의 빛은 두 가지 원천에서 유래할 수 있다.

첫째는 뇌가 의식을 유지하려 애쓰는 동안 반쯤 열린 눈꺼풀을 통해

들어오는 주위의 빛이다. 그 빛은 혈액에 굶주린 망막에 도달한다. 이어서 그 빛은 기능을 잃어가는 망막에 의해 왜곡되고 시각 시스템에 실려서 의식을 잃기 직전인 뇌로 운반된다. 이때 뇌가 볼 수 있는 것은 터널 끝의 빛밖에 없을 것이다.

둘째 원천은 당연히 렘 의식이다. 외부의 빛이 뇌에 도달하지 못하면 렘 시스템이 뇌의 시각 기능을 지배한다. 빛은 렘 시스템의 핵심 소관 사항이다. 렘 시스템은 꿈과 렘 침입에서 매우 중요한 구실을 하는 시각 이미지를 창조한다. 렘 의식에서 유래한 빛이 임사체험에서 초자연적인 빛으로 등장할 가능성이 높다고 나는 생각한다. 그런 초자연적인 빛은 자각몽에도 등장한다.

혈액 공급이 심하게 부족해서 시각 기능을 상실한 뇌도 꿈 환영을 창조하는 능력은 유지한다. 뇌졸중 환자는 물리적인 시력을 상실할 수 있지만, 그런 환자도 시각적인 꿈을 꾼다. 외부에서 들어온 빛이 뇌에서 맨 먼저 도달하는 곳은 시각피질인데, 그런 빛이 차단되면 렘 의식이 작동한다. 실제로 시각피질은 렘 수면 중에 일반적으로 꺼진다. 따라서 우리와 외부세계 사이의 시각적 연결은 끊긴다. 이때 다른 시각 담당 부위들은 꿈 환영을 만들어낸다.

죽음 앞에서 느끼는 행복

앞에서 보았듯이 싸움 – 또는 – 도주 반응과 관련이 있는 보상 시스템은 렘 시스템과도 밀접하게 연결되어 있다. 이 사실은 많은 영적 경험에 동반되는 환희를 이해하기 위한 출발점이다.

렘 의식에 중요하게 기여하는 아세틸콜린 신경은 뇌의 보상 중추와 연결되어 있다.* 헤로인, 코카인, 알코올은 모두 이 쾌락(보상) 중추를 통해 효과를 발휘한다. 실험용 동물은 렘 관련 구역들에 부상을 입으면 먹이에 대한 관심을 거의 완전히 상실한다. 헤로인 남용 연구에 쓰이는 동물의 경우에는 헤로인에 대한 관심을 잃는다.

뇌의 쾌락 중추와 렘 의식이 연결되어 있다는 것은 틀림없는 사실이다. 렘 의식이 켜진 동안에는 보상 중추에 속한 세포들이 활발하게 활동한다. 마치 우리가 맛있는 음식을 먹거나 섹스를 할 때처럼 말이다. 잠든 사람의 뇌 영상을 보면, 보상 중추와 긴밀하게 연결된 구역들이 렘 의식 상태 동안에 아주 활발해지는 것을 알 수 있다.

임사체험과 실신에 동반되는 쾌락과 보상 시스템 사이의 직접 연결은 확인되지 않았다(MRI 스캐너에 머리를 넣은 상태에서 임사체험이나 실신을 겪은 사람은 아직 없다). 그러나 과학적 경로는 명백하다. 우리의 지식에 어떤 결함이 남아 있든 간에, 우리가 지상에서 경험하는 천상의 행복은 뇌의 보상 시스템에 속한 어딘가에서 발생하는 것이 분명하다.

신성한 꿈

여러 방면에서 나온 증거들은 임사체험 중에 아주 흔하게 위기의 중심에 놓이는 심장이 렘 의식과 뇌의 꿈 메커니즘을 켤 수 있음을 강력하게 시사한다. 그럼으로써 심장은 우리에게 꿈이 가장 필요할 때 우리를 꿈으로 안내하는 것일지도 모른다.

그럼에도 많은 이들은 임사체험에서 렘 의식의 역할을 받아들이기를 꺼린다. "나의 임사체험이 꿈일 리 없다. 그 체험은 내가 꾸어본 어떤 꿈과도 달랐다.", "나의 경험은 정말 현실적으로 느껴졌다. 모든 것이 낱낱이 기억난다. 나는 꿈을 기억하는 일이 거의 없다." 렘 의식과 임사체험의 관련성을 설명하고 나면 흔히 이런 반론들이 제기된다.

나는 임사체험이 우리가 밤에 꾸는 꿈과 유사하지 않음을 강조하고 싶다. 임사체험은 통상적인 의미의 꿈이 아니다. 오히려 임사체험은 렘–깨어 있음 접경지역에서 발생하는 자각몽에 더 가깝다. 꿈꾸는 뇌가 이미 깨어 있는 뇌 안으로 침입하는 현상인 것이다. 렘 의식과 깨어 있는 의식이 혼합되면 현실적이고 기억할 수 있는 경험이 창출된다.

항공의 시대가 열린 이래로 많은 공군 조종사가 (이들은 실신에 대비한 훈련을 많이 받았고 실신 경험도 풍부하다) 의식의 변방에서 "꿈을 꾸었다"고 보고했다. 뇌 혈류가 많이 차단될수록, 그로 인해 실신하는 사람이 꿈을 꿀 가능성이 더 높다. 미 공군 산하 연구소에서 조종사 수백 명을 연구한 에스트렐라 포스터와 제임스 위너리는 지원자 8명을 인간 원심분리기에 태워서 고의로 실신시켰다. 전체의 4분의 1에서 실신은 "꿈"을 동반했고 실신자는 자신이 꿈을 꾼다는 것을 알았다. 그들의 꿈은 강렬하게 기억되었다.

실신에 동반되는 꿈은 두 가지 유형이었다. 한 유형은 공포와 혼란이 특징이었고, 다른 유형의 특징은 행복감과 빛이었다. 꿈은 연구자들이 수면마비와 유사하다고 판단한 마비가 일어난 동안에 발생했다. 안타깝지만 생리학적 측정 기록에서 실신과 렘 의식을 포착한 연구자는 아직 없다.*(그런 포착은 아직 우리의 능력 밖의 일인지도 모른다).

때때로 조종사들은 항공의학에서 말하는 '분리 환각 break-off illusion'을 겪는다. 즉 자신이 주위 현실로부터 분리된 듯한 느낌을 받는다. 극단적인 경우에는 조종사가 자신의 몸을 벗어나 항공기 바깥에서 자신을 관찰하기도 한다. 지금은 신경학자가 된 어느 전투기 조종사는 자신이 전투기를 조종하는 중에 겪은 신체 이탈 경험이 믿기 힘들 정도로 기이했다고 나에게 말했다. 그 경험이 빨리 끝나서 다행이라고 했다.

꿈의 생물학적 목적은 아직 완전히 밝혀지지 않았지만, 새로 부상하는 몇 가지 발상은 발전 가능성이 보인다. 앨런 홉슨은 렘 의식이 뇌 회로들로 하여금 깨어 있는 의식을 준비하게 한다고 주장한다. 렘 활동은 일찍이 자궁 안에서 시작되고, 신생아는 대부분의 시간을 렘 상태로 보낸다는 것이다. 홉슨은 렘 의식이 인간 의식의 시초일 수 있다고 추측한다. 우리가 처음으로 의식을 갖추고 우리의 행동, 생각, 느낌의 주체가 우리 자신이라는 감각을 발전시키는 터전이 렘 의식일 수 있다고 말이다. 다시 말해 렘 의식이 자아의 기원일 수 있다는 것이다. 렘을 '원초의식protoconsciousness'으로 보는 견해는 생리학적으로 상당히 일리가 있다. 나는 이 발상의 발전을 열심히 지켜보는 중이다.

진화 역사에서 렘 수면은 최초의 포유동물들에서 시작되었다. 그러므로 렘 의식이 생존을 위해 중요하다는 추측은 합리적이다. 꿈은 흔히 위협적인 사건을 흉내 낸다. 꿈은 위험의 시뮬레이션이라고 할 수 있다. 우리는 깨어 있는 상태에서 위험에 직면하기에 앞서 정신 속에서 위험에 대처하는 연습을 한다. 만일 꿈이 깨어 있는 의식을 생사투쟁을 위해 준비시키는 데 도움이 된다면, 하드웨어로 설치된 렘 유발 스위치에 의해 꿈 메커니즘이 활성화된다 하더라도 우리는 놀라지 말아야 할 것이다. 꿈은 위기 상황에서 우리를 더 원초적인 의식으로 이끄는 생존 반사인 셈이니까 말이다. 따라서 뇌 영상에서 드러나듯이, 위험 상황에서 활성화하는 뇌 부위와 렘 의식 상태에서 활성화하는 뇌 부위에 오래된 변연계가 공통으로 포함된 것은 우연이 아닐지도 모른다.

꿈과 위험이 변연계를 공유한다는 사실은 영적 경험에 관해서 시사하는 바가 많다. 영적 경험은 우리의 생존 본능의 일부이며 이 본능과 협력한다. 영적 경험은 우리 안에 깊숙이 내장되어 있다. 우리의 실존적 핵심에 포함되어 있는 것이다. 우리가 영적 경험을 흔히 목숨만큼 중요한 일로 여기는 것은 놀라운 일이 아니다. 실제로 영적 경험은 생사의 문제와 직결되어 있다.

과학자들은 꿈 이야기의 특징들을 상세하게 연구했다. 꿈 이야기에 어떤 특징이 얼마나 자주 나타나는지를 열거한 목록을 만들기도 했다. 임사체험은 그 정도로 세심한 관심을 받지 못했다. 그레이슨의 측정법을 제쳐놓으면, 우리에게 있는 것은 개별적인 이야기뿐이다. 그 이야기들은 임사체험이 꿈의 성격을 띤다는 생각을 뒷받침할 수도 있고 반박할 수도 있다. 개별적인 이야기는 임사체험 연구에 큰 도움이 되지 않는다.

그러나 임사체험과 꿈의 공통점을 조사하고 이들이 변연계를 공유함을 보여줌으로써 얻을 수 있는 지식도 있다.

꿈은 이야기다. 그러나 주로 언어가 아니라 시각 이미지와 감정을 통해 전달되는 이야기다. 가장 중요한 것은 시각과 그 매개자인 빛이다. 이것은 많은 임사체험에서도 마찬가지다.

우리가 렘 수면 중에 1분도 빠짐없이 계속 꿈을 꾸는 것은 아니다. 어떤 꿈은 짧고 어떤 꿈은 길다. 어떤 임사체험은 이야기의 성격을 강하게 띠지만, 그렇지 않은 임사체험도 있다. 친숙하거나 낯선 사람들이 임사체험과 꿈 모두에서 중요한 역할을 한다. 적어도 절반 이상의 꿈에서 우리는 이름을 아는 사람을 만난다. 전혀 모르는 사람을 만나는 경우는 드물다. 임사체험에서도 마찬가지다. 우리의 피연구자들은 전혀 낯선 사람보다는 이미 아는 사람이나 유명한 종교적 인물을 만날 가능성이 높았다. 꿈꾸는 사람은 꿈속의 인물을 얼굴의 특징이나 목소리, 행동 따위로 알아보기도 하지만 대개는 "그냥 알아본다." 이와 유사하게 임사체험에 등장하는 인물이나 영적 존재는 흔히 그 정체가 "그냥 알려지며" 때로는 극적이게도 언어 없이 텔레파시로 자신의 정체를 확실히 알려주거나 짐작할 수 있게 해준다. 꿈속의 인물들은 우리의 감정을 일으킴으로써 자신의 정체를 드러낸다. 그 감정은 애착과 기쁨일 때가 가장 많다. 감정을 통해 얻은 지식은 변연계와 관련이 있는 지식이다. 임사체험에서 얻은 지식도 마찬가지다.

통증은 임사체험과 꿈 모두에서 드물게 나타난다. 예상되는 통증의 부재는 흔히 임사체험과 꿈의 경이로운 특징으로 언급된다. 우리 몸의 감각들로부터 단절되는 것은 렘 의식의 핵심 특징이다. 꿈속에서 주로 일어나는 감정은 공포, 기쁨, 분노다. 이것들은 임사체험에서 통상적으로 표출되는 감정이기도 하다. 반면에 슬픔은 꿈과 임사체험 모두에서 드물다.

꿈과 임사체험에서 시간은 깨어 있는 의식에서와 다르게 감각된다. 사건이 순간적으로 일어나고 인물이나 장소가 돌연 바뀔 수 있다. 꿈에서 이 변화는 기괴하다. 얼마나 기괴한지는 아마도 뒤 바깥쪽 앞이마엽이 얼마나 꺼져 있는가에 비례할 것이다. 임사체험에서는 새롭고 환상적인 장소로의 순간 이동이 일어날 수 있다.

표6 임사체험의 원인을 간단히 정리함

임사체험의 특징	생리학
터널 시야	눈의 망막으로 들어오는 혈류의 부족
빛	주위의 빛과 렘 상태에서의 시각 활성화
'죽은 듯한' 상태	렘 마비
신체 이탈 경험	렘 상태에서의 관자마루엽 접합부 기능 장애
삶을 되돌아봄	싸움 - 또는 - 도주 반응 중에 되살려진 (해마에 저장된) 기억
환희	보상 시스템
이야기 성격	렘 꿈과 변연계

임사체험의 세 요소

임사체험은 안구로 들어가는 혈류의 부족, 싸움 - 또는 - 도주 반응, 렘 의식 켜짐이 종합된 결과로 뇌에서 일어난다. 생리학적으로 보면 그렇다.

임사체험 중에 렘 침입이 일어난다는 나의 주장에 반기를 드는 신경과학자는 거의 없다. 내가 들은 가장 강력한 비판은 더 많은 데이터가 필요하다는 것이다. 이것은 과학계의 통상적인 요구이고, 나는 이 요구에 전적으로 동의한다. 아무튼 나는 렘 침입이 임사체험에 관한 최종 진리라거나 렘 의식이 영성에 관한 최종 진리라고 보지 않는다.*

그럼에도 나의 렘 침입 가설은 크게 두 가지 장점을 지녔다고 인정받았다. 첫째, 나의 가설은 잘 밝혀진 뇌 메커니즘에 근거하여 임사체험을 포괄적으로 설명한다. 둘째, 나의 가설은 과학적으로 "검증 가능하다." 속속들이 살펴보고 문제를 찾아낼 수 있다는 말이다. 데이터가 증가함에 따라, 뇌에 관한 우리의 지식은 변화할 것이다. 아마도 우리가 지금 상상할 수 있는 정도보다 더 근본적으로 변화할 것이다. 그것은 좋은 일이다. 거기에 과학의 아름다움과 힘이 있으니까 말이다.

뒷면

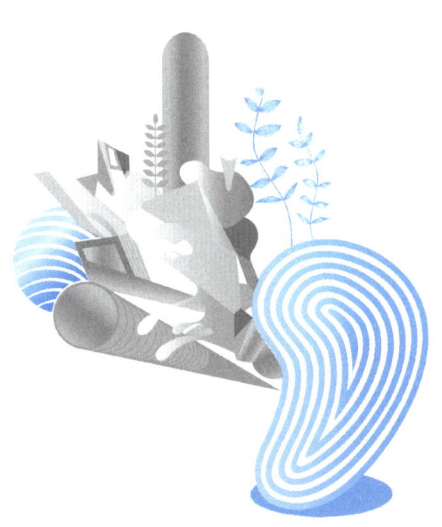

합일의 아름다움과 공포

: 신비주의자의 뇌 속 깊숙한 곳에서

인간이 어떤 무한한 것과 연결되어 있을까? 이것이 핵심 질문이다.

—카를 융

나는 영적 경험에 대한 윌리엄 제임스의 견해를 공부한 일을 계기로 임사체험의 한 측면을 더 자세히 살펴볼 생각을 갖게 되었다. 그 측면은 내가 원래 무시했던 것이지만 지금은 내 안에 중요한 연구주제로 자리 잡았다. 우리의 피연구자들 가운데 상당한 비율인 42퍼센트가 임사체험 중에 "세계와 하나로 합쳐진" 느낌을 받았다. 제임스는 이 신비로운 합일감을 조직화된 종교를 떠받치는 주요 영감이자 가장 중요한 유형의 영적 경험으로 여겼다.

 우리가 이제껏 살펴본 뇌 시스템들은 신비로운 합일감에 관해서 무슨 이야기를 해줄 수 있을까? 나는 그 합일감이 각성 시스템의 렘 관련

부위에서 직접적으로 유래한다고 확신하지 못한다. 오히려 각성 시스템 중에서 공포와 싸움 - 또는 - 도주와 연결된 부분이 합일이라는 신비경험 중에 뇌에서 일어나는 일을 해명하는 데 도움이 될 가능성이 더 높다. 우리의 피실험자들 가운데 합일감을 느낀 사람은 느끼지 않은 사람보다 변연계와 관련이 있는 평화, 기쁨, 깨달음의 느낌을 더 강하게 느꼈다. 또한 이들 신비경험군은 모종의 ("넘어가면 되돌아올 수 없는") 경계에 도달했을 가능성이 더 높았다. 그들은 나머지 피실험자들보다 렘 침입을 약간 더 많이 겪었는데, 이 차이는 통계적으로 유의미할 정도는 아니었다.*

신비경험에서 렘 상태의 역할은 간접적일 수도 있다. 싸움 - 또는 - 도주 반응이나 렘 스위치에 의해 변연계가 일단 활성화되고 나면, 신비로운 합일감은 그것을 촉발한 뇌간의 활동보다 변연계 자체에 더 많이 의존할 가능성이 있다. 급증했던 아드레날린이 감소할 때 "나보다 큰 무언가와 연결된" 느낌을 받았다고 클리프가 말했을 때 나는 동료 신경학자 리드에게 들은 이야기를 떠올렸다. 그는 내가 영적 경험 사례를 수집한다는 소식을 듣고 나에게 그 이야기를 해주었다. 리드의 경험은 클리프의 경험과 마찬가지로 아드레날린 급증, 공포, 초월적인 합일 경험이 서로 연결되어 있음을 보여준다.

떠오르는 해

리드는 보스턴에서 신경과의사 수련을 마치자마자 그 성취를 기념하기 위해 두 친구와 함께 메인 주 해변으로 캠핑을 떠났다. 그들은 첫날

밤에 날이 새도록 과음하는 바람에 이튿날 아침 숙취에 시달렸다. 리드는 정신을 차리기 위해 해변을 따라 난 산책로를 걷기로 했다. 그의 말을 그대로 옮긴다.

산책로는 겉보기보다 더 힘든 코스였다. 나는 바위를 오르내리고 쓰러진 나무를 타고 넘었다. 놀랍게도 나는 맑은 정신으로 땀을 뻘뻘 흘리고 있었다. 심장이 세차게 뛰었다. 간밤에 위스키를 많이 마셔서 탈수 증상이 있는데다가 빈속에 힘든 산책을 하는 바람에 내 안에서 아드레날린 급증이 일어나고 있음을 알았다. 나는 해변으로 내려가서 물가를 따라 걷기로 했다.

동쪽 수평선 위로 해가 떠오르고 있었다. 나는 멋진 일출 광경을 바라보았고 내 삶에 일어날 변화를 생각했다. 파도는 철썩거리고, 바다는 한없이 펼쳐져 있었다. 갑자기 무한한 우주와 하나가 된 느낌이 나를 압도했다. 광활한 바다와 하늘과 내가 융합된 느낌이었다. 하지만 동시에 다른 한편으로 나는 분명한 분리감을 유지했다. 나의 존재 전체가 발 아래 시야의 한계까지 깔린 모래 속 분자보다 더 작게 느껴졌다. 곧바로 밀려든 또 다른 느낌에 나는 깜짝 놀랐다. 나는 행복이나 평화를 느끼지 않았다. 오히려 강한 무관심을 느꼈다. 우주는 무심했다. 우호적이지 않았다. 우주는 무한히 광활했고, 우주의 가늠할 수 없는 규모 앞에서 나는 무한히 사소하고 미미했다. 나는 충격적인 무력감에서 비롯된 공포를 느끼기 시작했다.

이 느낌은 잠깐 동안만 지속했지만 나는 견딜 수 없었다. 하여 하늘에서 해변으로 시선을 돌려 관심을 기울일 만한 대상을 찾았다. 나를 압도하는 실존적 허무감에서 억지로라도 벗어나 더 즉각적이고 세속적인 관심사에 주의를 기울이려 애썼다. 나의 노력은 성공적이었다. 허무감은 사라졌다. 야영지로 돌아오는 길에 내가 가끔 겪는 우울감이 닥쳐왔다. 나는 입안이 바짝 말랐음을 알아챘다. 아침부터 아무것도 먹지 않은 상태였다. 힘이 없고 다리가 후들거리는 느낌이 들었다.

야영지로 돌아와서 나는 친구들에게 아무 내색도 하지 않았다. 이상한 죄책감을 느꼈다. 마치 내가 무언가를 숨기는 듯했다. 냉장고로 가서 음료와 포도당이 있나 보았고 얼음물에 담긴 밝은 색 오렌지를 발견했다. 한 조각 잘라서 깨물었다. 차갑고 향기로운 과일즙이 입 안에 가득 찼다. 그 오렌지가 선사한 쾌감이 얼마나 강렬하던지… 나는 그 맛을 죽는 날까지 기억할 것이다. 오렌지의 단맛을 느낌과 동시에 활력과 행복감이 솟구쳤다. 하지만 그 활력과 행복감은 해변에서 경험한 바닥없는 허무감만큼 강렬하지는 않았다.

리드가 해변에서 겪은 일은 유일무이했다. 그 이전이나 이후에 그는 그런 경험을 한번도 해보지 않았다. 그는 무한한 우주를 알아챘는데, 그 알아챔은 수학적인 무한의 개념을 아는 것과 확실히 달랐다. 그의 알아챔은 경험적이었으며 앎과 느낌의 융합이었다. 핵심 특징의 하나는 공포였다. 그 알아챔에서 공포가 핵심적인 역할을 한 것이 분명했다.

리드는 합일감 직후에 공포를 느낀 반면 클리프의 합일 경험은 공포가 가라앉은 뒤에 일어났다. 두 경우 모두에서 합일감과 공포감은 밀접하게 연결되었다. 이 사실은 그 두 감정이 뇌에서도 연결되어 있을 가능성을 시사한다.

신비경험 측정법

우리 연구는 임사체험의 신비적 측면을 살피기 위해 계획된 것이 아니었다. 물론 우리는 피연구자들에게 우주와 합일하거나 조화를 이루는 느낌을 받았느냐는 질문도* 던졌지만 말이다. 합일, 조화, 통일은 사람마다 다른 뜻일 수 있다. 우리가 연구한 임사체험자들이 보고한 합일감은 단순히 삶에 대한 긍정적인 느낌에서 비롯된 행복감이었거나 어렴풋한 사후세계의 광경이 뇌의 보상 시스템을 활성화한 결과였을 수도 있다.

제임스의 기준은 신비경험을 이해하는 데 도움이 되기는 하지만 신비경험을 과학적으로 측정할 방법을 제공하지는 않는다.* 프린스턴 대학교의 철학자 스테이스는 그의 저서 『신비주의와 철학』에서 제임스가 제시한 신비 기준을 자세히 설명하고 신비경험을 신뢰할 만하게 식별할 수 있도록 그것을 다듬었다. 스테이스가 이 책을 쓴 목적은 버트런드 러셀의 『신비주의와 논리』에 대응하기 위해서였다. 『신비주의와 논리』는 신비주의가 강력한 환상에 불과하며 우주에 관한 참된 통찰을 제공하지 못한다고 거만하게 단언한다. 심리학자 랄프 후드는 외향성 신비경험과 내향성 신비경험에 관한 스테이스의 아이디어를 발전시켜 M측정법을 고안했다. 이 측정법은 오늘날의 과학 연구에서 신비경험을 식별하고 수량화하는 데 쓰인다.

본성상 "언어의 범위 바깥에" 놓인 경험을 질문을 통해 신뢰할 만하게 탐구하는 것이 과연 가능할까? 개인의 종교와 영성은 복잡하고 역동적인 과정을 형성하는 것이 사실이지만, 그 과정을 심리학적 기법들로 연구할 수 있다.*

응답자는 해당 설명이 자신의 경험과 얼마나 일치한다고 느끼는지에 따라 +1, +2, −1, −2, ? 중 하나에 동그라미를 친다.

당신의 경험	설명
+1:	이 설명은 응답자의 경험 또는 경험들과 대체로 일치한다.
+2:	이 설명은 응답자의 경험 또는 경험들과 확실히 일치한다.
−1:	이 설명은 응답자의 경험 또는 경험들에 대체로 불일치한다.
−2:	이 설명은 응답자의 경험 또는 경험들과 확실히 불일치한다.
?:	응답자로서는 판단을 내릴 수 없다.

MRI 덕분에 우리는 주관적 경험을 정확하게 측정할 수 있다. 바꿔 말해서 피연구자가 공포, 쾌락, 기쁨 등을 경험할 때 그의 뇌가 무엇을 하고 무엇을 하지 않는지 측정할 수 있다. MRI를 활용한 연구는 다양한 분야에서 새로운 관심을 끌어 모으고 있다. 종교와 M측정법에 관한 심리학에서도 마찬가지다.

M측정법은 다양한 사람들에게 폭넓게 적용되었으며 미국 기독교도의 신비경험과 이란 이슬람교도의 신비경험이 서로 다르기보다 유사한 편임을 보여준다. 유대교-기독교에 고유한 신비경험 또는 이슬람교, 힌두교, 불교, 고대 그리스, 이집트, 기타 선사시대 문화에 고유한 신비경험은 없다. 오히려 우리는 신비경험에 대한 유대교-기독교의 해석, 이슬람교의 해석, 심지어 신석기문화의 해석을 목격한다. 만일 신비경험이 우리의 뇌에 하드웨어로 내장되어 있다면 신비경험의 핵심이 보편성을 띤 것을 쉽게 이해할 수 있을 것이다.

제임스와 마찬가지로 스테이스는 '합일'을 지각하는 것이 신비주의의 핵심 경험이라고 말했다. 합일이란 주체(개인)와 객체(세계) 사이의 경계가 없어지는 것이다. 스테이스는 자신의 저서 『신비주의자들의 가르침』에서 신비경험을 "감각을 넘어서고 지성을 넘어서고 모든 표현을 넘어선" 경험으로 묘사하기 위해 고대 힌두교 경전 『우파니샤드』를 인용한다. 신비경험은 "순수하고 단일한 의식이며, 그 안에서 세계와 다수성에 대한 의식은 완전히 지워진다. 그것은 형언할 수 없는 평화이며 지고의 선이며 유일무이하다."

표7 M(신비경험)측정법

	당신의 경험	설명
1	+1 +2 −1 −2 ?	시간도 공간도 없는 경험을 한 적이 있다.
2*	+1 +2 −1 −2 ?	말로 표현할 수 없는 경험을 한 적이 없다.
3	+1 +2 −1 −2 ?	나보다 위대한 무언가에 흡수된 듯한 경험을 한 적이 있다.
4	+1 +2 −1 −2 ?	정신에서 모든 것이 사라지고 결국 공허만 의식하게 되는 경험을 한 적이 있다.
5	+1 +2 −1 −2 ?	깊은 곳에서 솟구치는 기쁨을 경험한 적이 있다.
6*	+1 +2 −1 −2 ?	나 자신이 만물과 함께 하나로 흡수되는 느낌을 경험한 적이 없다.
7*	+1 +2 −1 −2 ?	완벽하게 평화로운 상태를 경험한 적이 없다.

8*	+1 +2 −1 −2 ?	만물이 살아 있다고 느낀 적이 없다.
9*	+1 +2 −1 −2 ?	신성하다고 여겨지는 경험을 한 적이 없다.
10*	+1 +2 −1 −2 ?	만물이 의식을 지녔다고 느낀 적이 없다.
11	+1 +2 −1 −2 ?	시간과 공간을 느끼지 못하는 경험을 한 적이 있다.
12	+1 +2 −1 −2 ?	나 자신이 만물과 하나임을 깨닫는 경험을 한 적이 있다.
13	+1 +2 −1 −2 ?	실재를 보는 새로운 시각을 얻은 경험이 있다.
14*	+1 +2 −1 −2 ?	신성하다고 할 만한 경험을 한 적이 없다.
15*	+1 +2 −1 −2 ?	시간과 공간이 없는 상태를 경험한 적이 없다.
16*	+1 +2 −1 −2 ?	궁극적인 실재라고 부를 만한 것을 경험한 적이 없다.
17	+1 +2 −1 −2 ?	궁극적인 실재를 대면하는 경험을 한 적이 있다.
18	+1 +2 −1 −2 ?	모든 것이 완벽하다고 느껴지는 순간을 경험한 적이 있다.
19	+1 +2 −1 −2 ?	세상 만물이 동일한 전체의 부분들이라고 느낀 적이 있다.
20	+1 +2 −1 −2 ?	신성하다고 판단되는 경험을 한 적이 있다.
21*	+1 +2 −1 −2 ?	언어로 적절하게 표현할 수 없는 경험을 한 적이 없다.
22	+1 +2 −1 −2 ?	외경심을 자아내는 경험을 한 적이 있다.
23	+1 +2 −1 −2 ?	타인에게 알려줄 길이 없는 경험을 한 적이 있다.

24*	+1 +2 −1 −2 ?	나 자신의 자아가 더 위대한 어떤 것에 흡수되는 듯한 경험을 한 적이 없다.
25*	+1 +2 −1 −2 ?	경이감을 자아내는 경험을 한 적이 없다.
26*	+1 +2 −1 −2 ?	실재의 더 깊은 면모를 대면하는 경험을 한 적이 없다.
27*	+1 +2 −1 −2 ?	시간, 공간, 거리가 무의미한 상태를 경험한 적이 없다.
28*	+1 +2 −1 −2 ?	만물의 통일성을 깨닫는 경험을 한 적이 없다.
29	+1 +2 −1 −2 ?	만물이 의식을 지녔다고 느낀 적이 있다.
30*	+1 +2 −1 −2 ?	만물이 단일한 전체 안에 통일되어 있다고 느낀 적이 없다.
31	+1 +2 −1 −2 ?	진정한 죽음은 이제껏 한 번도 없었다고 느낀 적이 있다.
32	+1 +2 −1 −2 ?	말로 표현할 수 없는 경험을 한 적이 있다.

*표가 있는 문항의 점수는 부호를 반대로 바꿔서 합산해야 함.

신비적인 깨달음은 대개 짧은 시간 동안 경험자를 휩싸는데, 그에 관한 서술은 문화권마다 조금씩 다르다. 그 서술에 동원되는 단어로는 경계 없음, 중단 없음, 바닥 없음, 무, 헤아릴 수 없음, 무한, 공空, 허虛, 황량함, 심연, 절대자 등이 있다.

스테이스에 따르면 신비적인 합일의 핵심 의미는 두 가지 형태로 표현된다. 외향성 신비경험은 물리적 감각을 통해 외부세계를 향하며 통일을 발견한다. 들리고 보이고 느껴지고 만져지고 냄새 맡아지는 모든 것이 하나로 융합된다. 우리 주위의 모든 것에 스며든 통일성이 찬란하게 빛난다. 이것이 리드가 느낀 신비적 합일이다.

내향성 신비경험은 내면을 향하며 흔히 감각을 차단한다. 자아는 생각, 느낌, 지각, 의지, 기억을 초월하여 경험적인 내용이 없는 '순수' 의식에 진입한다. 생각, 느낌, 지각, 의지, 기억을 지닌 개별 자아가 사라지고 일자一者에 통합된다. 시간과 공간이 없어진다.

외향성 신비경험과 내향성 신비경험에서 일관되게 가장 중요한 것은 통일성 지각이다.*

신비주의에 대한 주류 서양과학의 지식은 대부분 스테이스의 연구와 후드의 M측정법에 기초를 둔다. M측정법은 과학에서 신비경험을 측정할 때 쓰는 주요 도구로 자리 잡았다(현재 나 자신도 실험실에서 M측정법을 쓴다). 그러나 M측정법이 이렇게 생산적일 수 있는 것은 고대부터 현재까지 수많은 사람이 겪은 풍부한 신비경험이 그 측정법에 피와 살을 제공한 덕분이다. 그 풍부한 경험을 검토하는 작업은 신비경험 중에 뇌에서 일어나는 일을 이해하고자 하는 우리에게 유용하다.

선구적인 신비주의자

신비경험을 서술한 최초의 글들 가운데 일부는 플로티노스가 쓴 것이다. 그는 고대에 신비주의에 관한 글로 가장 큰 영향력을 발휘한 저자로 손꼽힌다. 플로티노스의 영적 경험은 평범한 이야기 형식으로 서술되어 있지 않지만,* 신비경험의 본성에 대한 그의 입장은 아주 분명하다. 그의 말에 따르면, 그는 일자一者와의 합일을 네 차례 성취했다.

신비경험의 본성과 의미를 탐구한 많은 사람과 마찬가지로 플로티노스도 몽환적인 괴짜가 전혀 아니었다. 그는 유능한 행정가이자 탁월한 학자였다. 두 발을 땅에 굳건히 디딘 인물이었다.

플로티노스는 이집트에서 태어났다. 기원후 232년경, 젊은 플로티노스는 공부를 위해 알렉산드리아로 갔고 결국 로마에 입성했다. 훗날 그가 선생이 되자 수많은 학생이 모여들었다. 학생들 중에는 여자도 많았다. 갈리에누스 황제를 비롯한 로마의 유력자들이 그를 대단히 존경했다. 플로티노스는 고대부터 근대까지 플라톤 전문가로서 권위를 인정받았다. 그는 자신의 신비경험을 플라톤 철학의 용어들로 해석하여, 어떻게 신적인 일자의 통일성이 다자多者의 단절 없는 연속성을 통해 표현되는가를 논했다. 그의 글은 초기 기독교, 이슬람교, 유대교, 인도철학에 심층적인 영향을 미쳤다. 성 아우구스티누스는 플로티노스를 공부하는 것을 자신의 신비경험을 이해하기 위한 첫걸음으로 삼았다.

플로티노스는 신비경험이 짧고, 갑작스럽고, 예상 밖이라고 썼다. 신비경험을 하려고 해서 할 수는 없다. 논리는 일자와의 신비적인 합일에 도달할 수 없다. 신비경험이 일어나는 동안 신비경험은 이성과 언어를 초월한다. "말한다는 것은 절대적으로 불가능하다. 말할 시간도 없다. 하지만 나중에는 그것에 대해서 추론할 수 있다."

절대적인 으뜸인 일자가 만물을 발생시킨다. 우리는 직접적이고 개인적인 경험을 통해 일자에 닿을 수 있다. 그럴 때 우리의 유한하고 개별적인 자아는 무한과 융합한다. "내밀한 자아의식은 다자多者에 대한 의식이다. 이것은 자아의식이라는 이름에서부터 드러난다… 생명과 영혼은 크기도 경계도 없는 일자에 의존하며 일자를 향해 나아간다."

마이스터 에크하르트

플로티노스와 성 아우구스티누스를 열렬히 추종한 중세 기독교 신비주의자 마이스터 에크하르트는 일찍이 신비주의에 관한 글을 쓴 또 한 명의 주요 저자다. 그 자신의 외향성 또는 내향성 신비경험을 서술한 에크하르트의 글은 그가 가톨릭교단에서 추방되는 빌미가 되었고 마르틴 루터와 종교개혁에 영향을 미쳤다.

에크하르트의 출생에 대해서는 확실히 알려진 바가 별로 없지만, 우리는 그가 1260년경 독일에서 태어났음을 안다. 그는 어린 시절에 도미니크 수도회에 들어가 처음엔 쾰른에서 나중엔 파리에서 교육을 받았고 파리에서 1303년까지 교수로 일했다. 그는 1313년에 스트라스부르로 이주하여 신비경험에 관해서 많은 강의를 했다. 당시로서는 이례적으로 그의 강의는 라틴어가 아니라 그의 모국어인 독일어로 이루어졌다. 그 강의로 에크하르트는 교단에서 가장 뛰어난 지식인 중 한 사람이라는 평판을 얻었다.

복음주의적인 도미니크 수도회는 자아 발견이라는 이상을 중시했다. 교황은 에크하르트의 글 여러 편을 이단적이라고 판정했는데, 공교롭게도 그 판정의 부분적인 이유는 그 글들이 자아 발견이라는 이상을 내세웠다는 것이었다. 에크하르트는 개인을 강조했고, 신앙 안에서 이성의 자리를 탐구하는 데 많은 공을 들였다. 그는 오로지 이성적인 존재만이 신성한 것을 경험할 수 있다고 믿었다(나는 곧 이 믿음을 의문시할 것이다). 이를 염두에 두면, 에크하르트가 신비적인 상태에 대한 심오한 (동양의 신비주의와 놀랄 만큼 유사한)* 이해에 도달한 인물로 인정받는다는 것은 꽤 역설적인 일이다.

합일 경험은 에크하르트를 교회 당국과의 심한 갈등으로 몰아갔다.*
무엇보다 먼저, 인간과 신의 합일은 지극히 개인적이어서 교회의 매개
가 필요하지 않았다. 이것을 비롯한 몇 가지 생각들은 에크하르트를 종
교개혁의 길에 나선 외로운 선구자로 만들었다. "그러나 한 개인이 참
된 영적 경험을 하면, 그는 외적인 규율을 과감하게 내던져도 된다. 심
지어 그가 서약에 의해 그 규율에 구속되었고 주교조차도 그를 그 규
율에서 해방시킬 권한이 없다 하더라도 말이다." 에크하르트가 보기에
신비경험은 이 정도의 힘을 가지고 있었다. 교회가 그를 큰 골칫거리로
여긴 것은 납득할 만한 일이다.

일자를 느낀 다음에는 이해해야 할 텐데, 어떻게 이해해야 할까? 이
대목에서 에크하르트는 기독교도가 아니었던 플로티노스보다 더 미묘
하고 위태로운 입장을 취해야 했다. 에크하르트는 일자(또는 신)와 기독
교의 삼위일체를 조화시켜야 했다.

마이스터 에크하르트의 신비경험과 설교가 그의 비극적 운명을 재촉
한 것이 사실이지만, 그를 파멸로 몰아간 진짜 원인은 그가 유난히 격
동적인 시대에 교황을 둘러싼 지정학적 세력들의 분쟁에 휘말린 것이
었다.

에크하르트의 역설

신비경험을 논하면서 에크하르트는 흔히 간과되는 점을 분명하게 부
각시켰다. 신비경험에서 자아와 절대자의 융합이 아무리 완전하더라
도, 자아가 완벽하고 돌이킬 수 없게 사라질 수는 없다. 신비경험이 끝

나면 우리는 결국 우리 자신으로 돌아오니까 말이다. "신은 그녀에게 작은 점 하나를 남겨 주고, 그녀는 그 점으로부터 그녀 자신에게로 돌아온다."라고 에크하르트는 썼다. 이때 그녀란 자아의 기억 시냅스들이라고 할 수 있을 것이다.

내향성 합일 경험은 오로지 반어irony를 통해서만, 즉 경험자가 합일과 동시에 자신의 분리된 정체성도 자각함을 통해서만 제대로 이루어질 수 있다.

에크하르트는 자신이 신과의 합일을 몸소 체험하지 못했다고 밝혔고, 따라서 그는 신성에 도달했다고 주장할 수 없었는데, 어떤 이들은 이 모든 것이 교회 당국이 그에게 이단 혐의를 씌우는 것을 피하기 위해서였다고 주장한다. 그러나 에크하르트는 예리하게 관찰하고 솔직하게 고백했을 가능성이 더 높다. 그의 관찰 결과는 오늘날 우리가 지닌 뇌에 관한 지식과 놀랄 만큼 일치한다. 우리가 분리성을 아예 유지하지 않는다면, 우리는 합일을 알 수 없다. 자기인지self-recognition 기능은 자기탐지self-detection 기능이 상실된 상태에서도 유지될 수 있다.

우리가 우리의 오른발을 '발견'하는 상황을 논할 때 보았던 것처럼, 뇌는 자아의 일부를 망각할 수 있다. 물론 발이 실제로 없어지는 것은 아니다. 오히려 시상이 감각의 관문을 닫아서 발이 의식에 도달하지 못하게 만드는 것이다. 그 관문은 오른발이 의식의 전면에 나서기를 우리가 바랄 때 열린다.

시상의 관문이 닫히는 것은 신비적인 자아상실에서 중요할 수 있다. 자아에 관한 기억도 신비적인 합일의 순간에 상기되지 않을 수 있다. 그러나 그 순간이 지나고 나면, 합일 경험에 대한 기억이 찬란하게 남는다.

신비경험 중에 뇌가 기억을 저장한다면, 신비경험 중에 자아가 사라진다고 말할 수 있을까?

신비경험이 일어날 때 자아 감각은 차단되지만 알아챔 자체에 대한 알아챔은 고조된다고 할 수 있다. 렘 수면 중에 우리가 외부세계와 내부세계로부터 격리되는 것과 마찬가지로 말이다.

시상 관문을 닫아서 자기탐지 정보가 의식에 도달하지 못하게 하면, 내향성 신비경험이 일어날까? 이것은 그럴 듯하지만 과학적으로 검증하기 어려운 생각이다. 혹시 자아상실의 순간에 시상의 활동을 가시화할 수 있다면, 검증이 용이해질 수 있겠지만 말이다. 아무튼 더 많은 데이터가 절실히 필요하다.

자아상실이 반드시 신비경험으로 이어지는 것은 아니다. 코타르 증후군 환자는 '나'라는 대명사를 상실하지만 우주와의 합일을 경험하지 않는다. 그들은 자신의 존재를 부정하면서도 주위 세계로부터의 분리감을 강하게 유지한다. 코타르 증후군은 정신병이지 초월적인 깨달음이 아니다.

신경학적 자아의 주요 측면은 관자마루엽 접합부에 들어 있다. 그 부위가 활동을 멈추면, 신체 이탈 경험이 일어난다. 자신의 팔다리가 자신으로부터 분리되어 있으며 자신의 의식적 통제를 벗어나 제멋대로 움직인다고 확신하는 사람들에서도 관자마루엽 접합부의 활동 정지가 발견된다. 관자마루엽 접합부가 손상되면 자아초월 성향과 자신을 우주 전체의 일부로 보는 능력이 강해진다. 관자마루엽 접합부는 우리 자신을 과거와 현재와 미래에 걸쳐 있는 일관된 존재로 보는 능력에서도 핵심 역할을 할 가능성이 있다.

관자마루엽 접합부의 활동 정지가 신비체험 중에 일어나는 자아상실의 한 원인일 가능성이 있는 듯하다. 특히 스테이스가 말하는 내향성 신비경험의 '순수 의식' 상태에서 그 부위의 활동 정지가 일어날 가능성이 있는 듯하다. 관자마루엽 접합부는 렘 의식 상태에서도 활동을 멈춘다. 이 사실은 신체 이탈 경험뿐 아니라 임사체험 중의 신비경험을 설명하는 데도 도움이 될 수 있을 것이다. 신비경험과 렘 의식 사이의 연결은 어쩌면 내가 처음에 생각한 것보다 더 직접적일지 모른다.

자아는 의식 안에 들어 있다. 신경학자의 입장에서는 신비적인 합일 경험에서 완전한 자아상실의 느낌이 아무리 강하다 하더라도, 의식이 있고 자서전적 기억이 형성되고 있는 동안 자아가 흔적 없이 사라진다는 것은 상상하기 어렵다.

에크하르트가 수백 년 전에 지적한 합일과 자아 유지의 역설은 오늘날 신경과학이 뇌에 대해서 아는 바와 일치한다고 나는 믿는다.

보석으로 장식된 성

어떻게 우리가 형언할 수 없는 신비 상태를 M측정법으로 판별할 수 있는지 이해하기 위해 아빌라의 성녀 테레사의 사례를 살펴보자. 그녀는 아마도 기독교 신비주의자를 통틀어 가장 유명한 인물일 것이다.

성 테레사는 16세기 카르멜 수도회 소속의 스페인 수녀였다. 그녀는 유난히 독실했고, 그녀가 남긴 글은 매우 아름답고 명료하다(그녀는 여성 최초로 1970년에 교황 바오로 6세로부터 교회학자 doctor of the church 칭호를 받았다). 에크하르트는 신비주의적인 설교 때문에 교회의 배척을 당했지만, 성 테레사는 고위 성직자들로부터 그녀가 기도 중에 겪은 신비경험에 관한 책을 쓰라는 지시를 받았다. 그녀가 남긴 책은 동료 수녀들을 위한 지침서로 계획되었다. 따라서 그녀는 자신의 합일 경험을 당대의 통상적인 신학적 틀에 맞게 해석했다.

그녀의 영적 경험들은 그녀의 글 곳곳에 흩어져 있지만, 가장 서정적인 묘사는 그녀의 책 『내면의 성 Interior Castle』에 집중되어 있다. 이 책은 그녀가 본 구체球體의 환영을 설명하는 내용이다. 아름다운 다이아몬드나 투명한 크리스털로 이루어졌고 성의 모양을 닮은 그 구체는 영혼을 상징한다. 성 안에는 저택 일곱 채가 있는데, 가장 안쪽의 저택 안에 '왕'이 있다. 이 저택은 가장 밝은 빛에 둘러싸여 있는데, 이곳에서 신과의 '영적인 결혼'이 이루어진다. 이 결혼은 "마치 양초 두 개의 끝이 합쳐져서 하나의 불꽃을 만드는 것과 같다." 성 테레사는 그녀의 모든 "딸들"이 빛의 결합에 도달할 수 있다고 믿었다.

당연한 말이지만, 성 테레사가 신비경험을 할 때 그녀의 뇌에서 일어난 일을 정확히 알 수는 없다. 그러나 이제부터 언급할 과학자 두 명은 그녀의 영적인 후손들의 MRI 영상을 분석함으로써 신비경험 중에 뇌가 어떻게 작동하는지 이해할 수 있다고 생각했다. 그러나 2006년에 처음 발표되고 2007년에 『영적인 뇌 The Spiritual Brain』라는 책을 통해 더 상세하게 제시된 그들의 연구는 안타깝게도 처음부터 결함이 있었다.

수녀 연구

몬트리올의 방사선과의사 마리오 보레가드와 신경심리학자 빈센트 파케트는 카르멜 수도회 수녀들이 (연구자들의 단언에 따르면) "신과 합일한 상태"를 경험하는 동안에 그녀들의 뇌 MRI 영상을 촬영하여 분석했다. 수녀들은 5분 동안 눈을 감고 "지금까지 카르멜 수도회 수녀로 살면서 느껴본 가장 강렬한 신비경험을 되새기라는" 요청을 받았다. 그러는 동안에 연구자들은 그녀들의 뇌를 촬영하여 어떤 구역의 활동이 증가했는지 살펴보았다.

이 실험은 여러 문제를 지녔으며 신비경험과 관련한 뇌 기능을 이해하려는 노력이 어떤 장애물에 부딪히는지를 또렷하게 보여준다.

실험에 착수할 때 수녀들은 성 테레사를 흉내 내기라도 하듯이 연구자들에게 "신을 마음대로 호출할 수는 없다"고 말했다. 혹시라도 그녀들이 MRI 스캐너 안에 들어가 있는 동안에 "신과의 합일"이 일어난다면, 그것은 그녀들의 기본적인 믿음에 반하는 일일 것이었다. 성 테레사는 다음과 같이 명확하게 썼다. "신이 당신을" 신비경험으로 "이끌어 가기를 절대로 간청하거나 바라지 말아야 한다." 왜냐하면 그런 행동은 "겸손의 부족을 드러내기" 때문이다. 실험 결과 수녀들 자신의 보고에 따르면, 수녀들은 시간과 공간의 망각과 합일감을 비롯한 신비경험의 핵심 특징을 하나도 성취하지 못했다.*

그럼에도 나는 그녀들의 MRI 영상을 처음 보았을 때 흥분을 느꼈다. 그러나 흥분은 이내 실망으로 바뀌었다. 촬영 도중에 활성화한 구역은 하나가 아니라 여럿이었다. 따라서 연구자들은 "신비경험은 여러 뇌 구역과 시스템에 의해 매개된다."는 결론에 이르렀다. 그런데 구체적으로 어떤 시스템들이 신비경험을 매개할까? 뇌 영상에는 많은 빛점이 있었지만, 나는 유의미한 패턴을 발견할 수 없었다.

신비경험 자체와 MRI 촬영 도중에 회상한 신비경험에 대한 기억은 전혀 다르다고 모든 피실험자들이 보고한 것은 놀라운 일이 아니다.

「모나리자」의 아름다움을 시각적으로 떠올리는 것과 루브르 박물관에 가서 그 작품을 보는 것은 다르다. 이 두 경험은 서로 다른 뇌 구역을 활성화한다.

보레가드와 파케트의 실험에서 측정된 것은 수녀들의 신비경험이 아니라고 말하는 편이 안전하다고 나는 생각한다. 측정된 것은 오히려 기억, 감정, 명상, 또는 이것들의 (또한 어쩌면 기타 경험들까지 포함된) 조합에 기초를 둔 영적 경험이었다.

카르멜 수녀 연구는, 누군가에게 머리를 MRI 스캐너에 집어넣고 지시에 따라 영적 경험을 하라고 요청하는 일이 사실상 불합리함을 증명한다. 그렇다면 신비경험에 대한 과학적 탐구는 불가능할까? 전혀 그렇지 않다. 신비경험을 연구하여 가치 있는 데이터를 얻는 다른 방법이 있다.

영적 경험에 사로잡힌 살아 있는 인간의 뇌를 영상화한다는 것은 매혹적인 가능성이다. 그러나 조심해야 한다. 이미 언급했듯이, MRI는 혈류의 변화를 포착한다. 따라서 중요한 뇌세포 활동의 대다수는 MRI에 포착되지 않는다. 게다가 너무 작아서 MRI에 포착되지 않지만 결정적인 역할을 하는 세포 집단도 있을 수 있다.

더 중요하고 미묘한 약점은 신비주의자들의 글을 살펴보면 드러난다. 내향성 신비경험의 근본적인 특징은 경험적인 내용의 부재다. 이 특징은 내향성 신비경험 중에 주요 뇌 구역이 기능을 멈춘다는 것, 활동을 억제 당한다는 것을 시사한다.

우리가 PET 영상에서 보았듯이, 렘 의식은 뒤 바깥쪽 앞이마엽 구역의 기능을 정지시킨다. 꿈의 초현실성은 이 기능 정지에서 비롯될 가능성이 높다. 이와 유사하게 관자마루엽 접합부의 기능이 멈추면 자아가 교란된다. 이 기능 정지는 신비경험에서 중요할 가능성이 있다. 이런 기능 억제는 혈류에 거의 영향을 미치지 않을 수 있고 따라서 MRI에 포착되지 않을 수 있다. 더 나아가 뇌세포 활동 감소의 간접적 결과로 혈류 감소가 일어나더라도, 신경과학자들은 흔히 이런 혈류 감소를 간과하거나 과소평가한다.

신비경험자는 대개 자신의 신비경험이 짧게 지속했다고 보고한다. 신비경험은 얼마나 짧을까? 대답하기 어렵다. 왜냐하면 여러 이유가 있겠지만 특히 신비경험이 시간 지각을 변화시키기 때문이다. 신비경험자는 대개 시간이 없어졌다고 느낀다. 성 테레사는 신비경험이 마른 하늘의 날벼락 같다고 믿었다. "그 사건을 번개의 섬광에 비유할 수 있을 것이다." 이런 섬광은 MRI로 포착하기 어렵다. MRI를 5분 동안 촬영한다면, 그런 섬광은 다른 특징들에 가려서 최종 결과에 남지 않을 것이다. 수녀 15명의 영상을 평균한다면, 문제는 더욱 심각해진다. 특히 한두 명의 수녀에서만 그런 섬광이 나타나는 경우에는, 확실히 문제가 심각하다. 만일 여러 뇌 구역의 점멸이 빠르게 연쇄될 때 신비경험이 일어난다면, MRI는 그 사실을 포착하지 못할 것이다. 간단히 말해서 주관적인 경험이 일어나는 순간을 정확하게 알 수 없다는 점 때문에 MRI 검사의 효과는 크게 줄어든다.

미래의 MRI는 다른 기술들과 결합함으로써 신비경험과 기타 영적 경험을 더 잘 탐지하게 될 것이다. 예컨대 뇌의 전기 활동이나 자기 활동을 측정하는 기술과 MRI가 결합할 수 있다. 그러나 MRI 영상이 영적 경험 중에 일어나는 뇌 활동의 증가를 있는 그대로 보여주고 그 영상에서 특정 뇌 구역들이 활성화 상태로 포착된다 하더라도, 그 구역들이 영적 경험에 필수적이라는 사실이 증명된 것은 전혀 아니다. 만일 그 구역들의 활동이 잠잠할 때는 영적 경험이 일어나지 않거나 일어났다가도 중단된다면, 그 구역들이 영적 활동에 필수적일 가능성은 훨씬 더 높아질 것이다. 그러나 만약에 신비경험의 핵심 요인이 뇌 활동의 증가가 아니라 오히려 감소라면, MRI에 활성화 상태로 포착된 구역들은 신비경험에 필수적이기는커녕 오히려 그 반대일 것이다.

우리가 신비경험 중에 활성화되거나 억제되는 뇌 구역들을 신뢰할 만하게 식별할 수 있다고 가정해보자. 그러면 우리는 이런 질문을 제기하게 된다. 변연계에 속할 것으로 예상되는 그 구역들은 어떻게 활성화되거나 억제되는 것일까? 우리는 변연계에 다양한 시스템이 들어 있음을 잊지 말아야 한다. 영적 경험 중의 뇌 활동을 이해하기 위해 MRI를 활용하는 것은, 워싱턴의 정치 활동을 파악하기 위해 가장 붐비는 교차로를 조사하는 것과 비슷하다고 할 수 있다.

신비경험을 담당하는 뇌 시스템을 분자 규모까지 정확하게 정의하기 위해 활용할 수 있는 수단이 실은 있다. 그러나 이 수단을 쓰려면 이색적이고 용기 있는 신비주의자가 필요하다. 개인적인 모든 경험 가운데 가장 심오하고 불가사의한 신비경험을 탐구하기 위해 어떤 수단이라도 써서 뇌에서 영으로 난 길을 통과하기로 결심한 신비주의자가 있어야 한다.

경험이 있으십니까?

수백 년 전부터 신비주의자들은 외지고 한적한 곳을 선택하여 외부세계와 내부 감각 모두로부터 격리된 채 의식에 관심을 집중했다.

1954년, 새로운 신비주의자 존 릴리 박사가 이른바 '격리 탱크isolation tank'와 함께 등장했다. 미국 국립보건원 소속의 저명한 신경생리학자였던 릴리는 감각 차단, 즉 감각이 의식에 도달하지 못하게 차단하는 것에 관한 생각을 검증하기 위한 극단적인 실험을 고안했다.*

릴리의 실험은 뇌간이 의식을 조절한다는, 주세페 모루치와 호레이스 마군이 1949년에 발견한 사실을 기초로 삼았다. 릴리를 비롯한 과학자들은 우리의 감각기관이 우리를 무수한 감각으로 폭격하여 우리로 하여금 각성되고 의식이 있는 상태를 유지하게 하는 것일까, 하는 의문을 품었다. 릴리는 시상에 도달하는 감각을 최소한으로 줄이는 방법을 고안했다. 그는 격리 탱크를 발명했다. 격리 탱크 안에 들어간 사람은 완벽한 어둠과 고요 속에서 체온과 같은 온도의 물속에 떠 있게 된다. 격리 탱크는 신체의 감각을 완전히 상실한 채로 둥둥 떠 있는 듯한 느낌을 유발한다.

격리 탱크에 처음으로 들어간 사람은 릴리 자신이었다. 또한 여러 해 동안 그의 연구에서 주요 피실험자는 그 자신이었다. 그는 격리 탱크('감각 박탈sensory deprivation' 체임버) 안에서 여러 시간을 보냈다. 그러면서 자신이 잠들기는커녕 '깨어 있는 꿈waking dream'과 '신비 상태'로 이행하는 것을 발견했다. 물론 그는 자신이 누구이고 어디에 있는지를 항상 알았지만 말이다.

이 연구를 하던 시기에 릴리는 아주 치명적인 사고를 당했다. 연구와는 전혀 무관한 사고였다. 그는 사소한 병에 걸려 스스로 자신에게 항생제 정맥주사를 놓는 중이었는데, 그때 끔찍한 일이 터지고 말았다. 공기 방울들이 혈관으로 들어가 역설적이게도 혈류를 차단했다. 그는 의식을 잃고 여러 시간 동안 혼수상태에 빠졌다.

릴리가 나중에 서술한 바를 보면, 그는 혼수상태에서 확실히 임사체험을 했다. 그는 금빛으로 물들어 무한히 펼쳐진 초자연적인 곳에 진입했다. 그는 평화와 환희를 느꼈고, 수호자 두 명이 텔레파시로 압도적인 사랑의 감정을 표현하면서 그가 몸으로 돌아가면 언젠가 만물의 통일을 지각할 수 있게 될 것이라고 장담했다.*

혼수상태에서 회복한 릴리는 그 환희의 장소로 돌아가기로 결심했다. 감각 박탈 실험으로는 그 장소에 접근할 수는 있어도 도달할 수 없음을 안 그는 신비적인 합일에 이르는 문을 열고 싶은 마음에 격리 탱크와 함께 새로 발견된 화학물질을 활용하기로 했다.

1943년, 화학자 알베르트 호프만Hofmann은 자신이 얼마 전에 최초로 합성한 화합물 리세르그산다이에틸아미드LSD를 우연히 섭취하고 술에 취한 듯한 상태를 경험했다. 이튿날, 그는 영적인 영역을 탐구하기 위해 자기 자신을 피실험자로 삼은 과학자들의 전통을 이어 다량의 LSD를 섭취했다. 그는 오늘날 널리 알려진 LSD의 효과를 일기에 기록했다. 제2차 세계대전이 끝난 후, LSD 생산회사 산도스Sandoz는 그 약물의 잠재력을 간파하고 릴리를 비롯한 많은 과학자에게 그 약물을 공급했다.

순수한 LSD를 무제한 공급받게 된 릴리는 스스로 그 약물을 다량 주사하고 격리 탱크에 들어가는 방법으로 신비의 문을 열었다. 이제 그는 죽음에 대한 공포 없이 다른 세계들을 여행할 수 있었다.* 여행을 시작하면서 릴리는 임사체험 때 만났던 수호자들을 찾아다닌 끝에 발견했고 그들이 인간 의식의 원초 형태임을 알게 되었다. 그의 초기 실험은 공포를 주요 특징으로 동반했다. 죽음에 대한 공포가 아니라 실험이 유발한 "정신병"에서 회복할 수 없을지도 모른다는 공포 말이다. 실험 중에 그는 몸을 벗어났고 "단일한 의식 점"이 되었다. 그 상태에서도 "자아는 여전히 존재했다." 그것은 스테이스의 내향성 신비경험과 매우 유사한 정신 상태였다. 릴리는 형언할 수 없는 광활함과 마주쳤고 엄청난 에너지와 환상적인 빛과 의식적인 존재가 있는 우주로 옮겨졌다. 여러 차례의 여행 뒤에 그는 LSD 재고를 산도스 사에 돌려줄 수밖에 없었다. 왜냐하면 미국 연방정부가 LSD 사용을 범죄화했기 때문이었다. 이 조처로 인간의 환각을 유발하는 물질에 대한 연구는 사실상 종결되었다.

릴리는 미국 국립보건원을 떠나 격리 탱크 실험을 LSD 대신에 케타민을 쓰면서 계속했다. 그러던 중에 새로운 발상이 그의 상상력을 사로잡았다. 그것은 돌고래와 소통한다는 발상이었다. 인간보다 더 큰 뇌를 지닌 사회성 동물인 돌고래는 소리로 복잡한 소통을 할 수 있고 각자 이름이 있으며 거울에 비친 자신을 알아본다.

제임스와 메스칼

릴리는 자신이 LSD에 취한 채로 격리 탱크 안에서 겪은 바가 실제 경험이라고 절대적으로 확신했다. "나는 이것이 진실임을 알았다."라고 그는 여러 해 뒤에 썼다.

릴리의 경험들은 진정한 영적 경험이었을까?

제임스의 기준을 적용한다면, 더할 나위 없이 그러하다. "뿌리가 아니라 열매로 그것의 정체를 알게 될 것이다."라고 제임스는 썼다. 영적 경험의 가치를 평가할 때, 그 경험의 원인이 아니라 지속적인 효과를 가지고 평가해야 한다는 뜻이다.

제임스 자신도 짧은 기간 동안 환각제들을 실험했다. 그는 당대 미국의 가장 저명한 신경학자 위어 미첼의 강권으로 메스칼^{mescal}을 섭취했다. 제임스는 동생 헨리에게 쓴 편지에서 자신의 경험을 이렇게 서술했다.

> 취기를 일으키는 메스칼을 가지고 심리학 실험을 한 탓에 이틀을 망쳤다. 메스칼은 서남부 인디언의 일부가 종교[!] 예식에서 취한 상태가 되기 위해 사용하는 선인장 싹인데, 미국 정부로부터 그것을 배급받은 의료인들 중 하나인 위어 미첼이 한번 사용해보라면서 나에게 보냈다. 미첼 자신은 메스칼을 섭취하고 "요정의 나라"에 갔다고 했다. 메스칼을 섭취하면 색깔이 아주 화려한 환영을 보게 된다. 어떤 대상을 생각하든지 그 대상이 자연세계에는 없는 보석의 광채를 띠고 나타난다. 약간의 위장 장애가 발생하는 것은 사실이지만, 미첼은 그것이 값싼 대가라고 했다. 나는 사흘 전에 싹 하나를 섭취한 후에 24시간 동안 구토하고 괴성을 질렀다. 다른 증상은 없었고, 다음 날엔 숙취^{Katzenjammer}*에 시달렸다. 나는 그 환영들을 그대로 믿을 것이다.

친구인 벤저민 폴 블러드에게 자신의 메스칼 섭취 경험에 대해서 쓸 때 제임스의 태도는 약간 달랐다. 블러드는 아산화질소 기체('웃음 기체')의 사용을 적극 옹호하는 인물이었고, 제임스는 그의 권유로 그 마취제를 흡입한 적이 있었다. 제임스는 그 기체에 취해서 얻은 통찰과 관련해서 태연하게 입장을 밝혔다.* "나는 다른 사람들에게 이 실험을 해볼 것을 강력하게 권한다."

제임스는 메스칼을 섭취해본 뒤에 블러드에게 이렇게 썼다. "최근에 나는 도취를 통해 진리를 추구하는 재미있는 실험을 했다네. 빛이나 색깔은 전혀 없었고, 이성의 고통도 없었네. 단지 실험하는 내내 메스꺼움을 느꼈을 뿐일세. 내가 자네에게 메스칼을 조금 보내주기를 바라나? 자네에게서는 이런 부정적인 효과들이 덜 나타날지도 모르네!"

제임스는 영적인 목적으로 페요테선인장peyote이나 각종 버섯을 환각제로 사용하는 토착 문화들의 오래되고 매우 발달한 관행에 등을 돌리지 않았다. 그는 열린 마음으로 그 관행을 포용했다. 그 관행과 동일한 접근법은 오늘날 과학적 결실을 산출하고 있다.

새로운 경험들

연구 목적의 LSD 사용이 금지되기 전에 하버드 대학교 신학대학원의 대학원생 월터 판케는 실로사이빈psilocybin이 건강한 사람의 영적인 삶에 장기적으로 좋은 영향을 미칠 수 있음을 보여주는 '성 금요일 실험Good Friday Experiment'을 수행했다. 실험에 참여한 신학대학생 지원자들은 성 금요일 예배 도중에 실로사이빈을 투여받았다. 이 약물이 그들에게 미친 영적인 영향은 무려 25년 동안 유지되었다.

판케의 실험은 신비 약물 연구를 릴리를 비롯한 여러 인물의 일화보다 높은 수준으로 올려놓았지만 영적인 약물을 의식의 토대를 살피기 위한 탐침으로 이용하는 수준에는 훨씬 못 미쳤다. 2006년, 존스홉킨스 대학교의 롤런드 그리피스 박사와 동료들은 약물이 유발한 영적 경험이 지속적임을 피연구자 36명에서 확인했다. 피연구자들은 환각제를 사용한 경험이 없으며 대부분 교육 수준이 높고 정신적으로 안정된 중

년이었다. 그들은 영적인 지향이 가지각색이었지만 다들—최소한 간헐적으로—종교 예식에 참석했고 기도나 명상이나 영적 토론을 했다.

그리피스는 따뜻하고 안락한 거실 같은 곳에서 피연구자들에게 실로사이빈을 투여했다. 그들은 소파 위에 누워서 안대를 착용하고 헤드폰으로 고전음악을 들었다. 헤드폰은 다른 소리들을 차단하는 구실을 했다(이런 감각 격리 방법은 릴리의 격리 탱크보다 훨씬 덜 극단적이다). 대부분의 피실험자들은 M측정법에 따를 때 "완벽한" 신비체험을 했고, 플로티노스와 에크하르트와 테레사 성녀의 신비경험과 다르지 않은 합일을 느꼈다. 실로사이빈의 효과는 그 약물이 뇌에서 말끔히 사라지고 나서 한참 뒤에도 잔향처럼 남았다. 실험 2개월 후, 전체 피실험자의 3분의 2는 그 실험 중의 경험이 자신의 일생에서 가장 중요한 사건으로 다섯 손가락 안에 든다고 평가했다. 자식이 태어나거나 부모가 죽은 것만큼 중요한 사건이라는 것이었다. 18개월 후에도 여전히 피실험자들은 그 경험을 일생에서 가장 중요한 경험 중 하나로 꼽았다. 그 경험이 행복감을 높이고 삶에 긍정적인 변화를 가져왔다고 그들은 보고했다.

분자 메스

릴리와 그리피스의 실험은 영적 경험에 필수적인 물리적 뇌 구조물들과 생리적 뇌 과정을 식별할 수 있게 해준다. 마치 수술용 메스와도 같은 구실을 하는 것이다. LSD와 실로사이빈은 뇌에서 자연적으로 생성되는 화학물질 세로토닌과 매우 유사한 작용을 한다. 세로토닌은 엄청나게 많은 뇌 기능과 장애에서, 예컨대 스트레스, 우울증, 불안증, 기억, 주의집중에서 중요한 역할을 한다. 또한 새롭고 위협적인 상황에 대한 뇌의 반응에 결정적인 영향을 미친다.

세로토닌 시스템은 의식을 조절하는 세 가지 신경화학 시스템 가운데 하나다. 나머지 두 시스템은 우리가 이미 언급한 아세틸콜린 시스템과 노르아드레날린 시스템이다. 세로토닌 신경들은 뇌간의 청반 근처에 집중되어 있다. 뒤솔기핵dorsal raphe nucleus이라고 불리는 그 구역은 청반보다 약간 더 크며 의식 조절에서 청반과 마찬가지로 중요하다. 세로토닌 신경들은 변연계를 포함한 주요 뇌 구역으로 연결되어 있다. 세로토닌성 신경serotonergic nerve(세로토닌을 신경전달물질로 사용하는 신경—옮긴이)은 노르아드레날린 시스템과 협력하여 콜린성 신경cholinergic nerve(아세틸콜린을 신경전달물질로 사용하는 신경—옮긴이)에 대항한다. 그럼으로써 깨어 있는 의식이 렘 수면에 맞서서 균형을 유지하게 한다.

세로토닌이 영적 경험에서 역할을 한다는 것을 시사하는 많은 단서가 있다. 예컨대 세로토닌 시스템을 통해 작용하는 프로작을 비롯한 항우울제는 LSD가 일으키는 거의 모든 효과를(영적 효과도 포함해서) 방해한다.

신경에서 방출된 세로토닌은 다른 신경들 중에서 오로지 특수한 분자 수용체를 지닌 신경에만 영향을 미친다. 방출된 세로토닌은 그 수용체와 결합하여 연쇄적인 화학반응을 일으킴으로써 신경들이 활동하고 서로에게 반응하는 방식을 변화시킨다.

세로토닌 수용체는 유형이 다양하다. 신비경험과 관련해서 가장 중요한 유형은 이른바 세로토닌-2 유형인 것으로 보인다.* LSD와 실로사이빈 분자는 세로토닌-2 수용체와 강하게 결합하여 세로토닌이 일으키는 것과 거의 동일한 신경화학적 작용과 신비경험을 일으킨다.

세로토닌-2 수용체를 봉쇄하는 연구용 약물 케탄세린ketanserin이 실로사이빈의 신비 효과도 봉쇄한다는 사실은 주목할 만하다. 이 약물을 투여하는 것은 신비경험을 유발하는 뇌 부위를 물리적으로 도려내는 것과 같다.

세로토닌-2의 뇌 화학에 대한 우리의 지식은 아직 걸음마 단계에 있다. 과학자들은 우울증, 정신분열병, 스트레스, 통증, 공포에서 세로토닌-2 수용체의 역할을 탐구하고 있다. 세로토닌과 세로토닌 수용체들은 뇌에만 있지 않다. 실은 대부분의 세로토닌이 뇌 바깥에서 심장, 폐, 소화관 등의 장기를 조절하는 데 기여한다. 세로토닌-2 수용체들은 심지어 손의 혈관에서도 발견된다. 그것들은 우리가 공포를 느낄 때 손이 습하고 차가워지는 원인일 수도 있다.

신비경험 중에 뇌가 어떻게 작동하는지 알아내기 위해 세로토닌-2 수용체를 실마리로 삼는 것은 유망한 접근법이다. 세로토닌-2 수용체들은 뇌 속에 고르게 분포하지 않는다. 그것들의 위치는 흥미로운 연구 과제이다. 그것들은 해마와 편도체를 포함한 변연계에 집중적으로 분포한다.* 그러나 세로토닌-2 수용체들이 정확히 어디에서 신비 효과를 발휘하는지는 아직 밝혀지지 않았다.

뇌 기능의 위치를 알아내는 방법들 가운데 유효성이 입증된 한 가지는 뇌의 일부를 제거한 다음에 특정 기능이 상실되었는지 확인하는 것이다. 오늘날의 윤리적 잣대로는 허용되지 않겠지만, 1960년대 초에는 신비경험에 중요한 뇌 구역을 알아내기 위해 그런 탐구 방법이 사용되었다. 런던의 유스테이스 세라페티니데스 박사는 자신의 박사논문을 위한 연구에서 간질환자 23명의 관자엽(편도체와 해마를 포함한) 일부를 도려내는 수술을 하면서 그들에게 LSD를 투여했다.* 수술 후에 세라페티니데스는 환자들에게 다시 한 번 LSD를 투여했다. 그는 피실험자의 변연계를 도려내면, 변연계의 오른쪽 도려내든 왼쪽을 도려내든 상관없이, LSD의 효과가 눈에 띄게 줄어드는 것을 발견했다.* 이 결과는 편도체나 해마에 속한 어딘가에 신비경험에 중요한 회로가 있음을 강하게 시사한다.

그러나 편도체와 해마에 모든 비밀이 들어 있을 가능성은 낮다. 더 최근에 수행된 연구에서 실로사이빈을 투여받은 피실험자들의 PET 영상이 촬영되었다. 그 영상은 실로사이빈이 관자엽 외에 변연계의 앞쪽 대상피질도 강하게 활성화함을 보여주었다.* 현재 과학자들은 더 정밀한 MRI를 써서 실로사이빈의 작용을 탐구할 준비를 하는 중이다. 앞쪽 대상피질이 실로사이빈의 신비 효과에 중요하다는 결과가 밝혀져도 나는 놀라지 않을 것이다.

또 다른 흥미로운 연구 기법은 뇌 속에서 신비 효과가 발생하는 자리를 알아내는 데 도움이 될 가능성이 높다. 세로토닌 수용체들에 일종의 방사성 표찰을 붙일 수 있다. 그러면 뇌 PET 영상에서 세로토닌 수용체의 위치가 드러난다. 이 방법을 이용한 초기 연구에서 얻은 영상들은 자아초월 성향이 평균보다 강하고 예컨대 초감각적 지각을 비롯한 초자연적 현상을 믿으며 보지 못한 세계를 기꺼이 받아들이는 사람들에서 변연계와 뇌간의 세로토닌-1 수용체의 활동이 평균보다 더 강함을 보여주었다.* 그런 표찰을 실로사이빈과 결합한 세로토닌-2 수용체들에 붙인다면 흥미로운 PET 영상이 나올 것이다.

신비경험에 영향을 미치는 세로토닌-2 수용체가 어디에 있고 얼마나 많은지는 아직 완전하게 탐구되지 않았다. 그러나 세로토닌-2 수용체에 방사성 표찰을 붙이는 작업은 성공적으로 이루어졌고, 신비경험과 관련이 있다고 할 만한(오늘날의 시각으로 보면 그 관련성에 의혹이 생기지만) 상태에서의 뇌 활동을 촬영하는 작업도 이루어졌다.

예컨대 몸무게가 많이 나가는 사람은 뇌 속의 세로토닌-2 수용체의 개수가 적다. 난폭하고 공격적인 사람은 앞이마엽의 세로토닌-2 수용체 개수가 평균보다 훨씬 적다. 통증은 (앞에서 보았듯이 쾌락과 보상에 감정적 가치를 부여하는 안와 앞이마엽 구역과 문제해결 및 계획을 담당하며 렘 수면 중에는 꺼지는 뒤 바깥쪽 앞이마엽 구역을 포함한) 변연계의 세로토닌-2 수용체를 활성화한다. 이 모든 것이 신비경험에 대해서 무엇을 알려주는지는 아직 불분명하다. 그러나 이 결과들은 새로운 지식으로 이어질 가능성이 높다.

남자의 뇌와 여자의 뇌는 여러 중요한 측면에서 차이가 있다. 한 가지 차이는 세로토닌-2 화학에 관한 것이다. 남자는 여자보다 세로토닌-2 수용체가 더 많으며 특히 좌뇌에 더 많다. 따라서 이론적으로 세로토닌-2 수용체의 활동이 경우에 따라 더 많아질 수 있다. 그러나 뇌화학과 성별과 신비경험에 대해서 더 많은 말을 할 수 있으려면 먼저 세로토닌-2 수용체의 비밀을 지금보다 훨씬 더 많이 알 필요가 있다. 오로지 수용체의 개수만으로는 신비경험을 완전히 설명할 수 없을지도 모른다. 신비경험을 일으키는 변연계의 세로토닌-2 수용체가 남자와 여자에서 서로 다르다고 추측할 경험적 이유를 나로서는 알지 못한다. 남자의 세로토닌-2 수용체 개수가 더 많다는 사실은 다른 성격 특징들과 더 밀접한 관련이 있을 수도 있다. 다른 관점에서 보면 다른 사실이 포착된다. 각각의 개인에서 세로토닌이 세로토닌-2 수용체와 얼마나 강하게 결합하느냐는 최대 50퍼센트까지 유전에 의해 결정된다.*

미래의 언젠가 이 사실은 테레사 성녀, 마이스터 에크하르트, 플로티노스 같은 사람들이 다른 사람은 못하는 신비경험을 하는 이유를 설명하는 데 도움이 될지도 모른다.

공포에서 세로토닌-2 수용체의 역할은 매우 흥미롭다. 그리피스가 연구한 피연구자의 상당수는 실로사이빈이 일으킨 "강한 또는 극단적인" 공포를 느꼈다. 그러나 그들이 개인적으로 신비경험에 부여한 긍정적 의미가 그 공포를 보잘것없게 만들었다. 실로사이빈 실험 도중에 분출할 수 있는 공포로 인해 피실험자가 위험하거나 기괴한 행동을 하는 것을 막으려면 공들여 설계한 여러 단계를 거쳐야 한다고 연구자들은 지적했다.

환각제 사용 중의 공포는 환각, 편집망상, 공황발작 등, 여러 형태로 발생한다. 나는 이 공포가 환각제 사용자에게 일어나는 기이한 환각에 대한 반응일 뿐이라고 생각하지 않는다. 이 공포는 그런 단순 반응보다 훨씬 더 깊다. LSD나 실로사이빈의 효과로 공포가 발생할 수 있다는 것은 세로토닌-2 수용체가 공포 회로를 직접 활성화하여 공포와 신비경험을 하나로 엮을 가능성이 높음을 의미한다. 세로토닌-2 수용체는 심장의 스트레스 반응, 특히 피할 수 없는 위협에 대한 반응에 필수적이다. 세로토닌-2 수용체가 부족한 동물은 정상적인 공포도 잘 느끼지 못한다. 실험용 동물이 공포와 스트레스를 느끼는 동안 뇌에서 분비되는 한 화학물질이 세로토닌-2 수용체를 민감하게 만들어 동물의 공포 행동을 강화한다는 사실이 최근에 밝혀졌다.

세로토닌-2 수용체와 공포의 연관성을 보여주는 다른 증거도 있다. 뇌 손상으로 공포를 느낄 수 없게 된 환자는 변연계의 세로토닌-2 수용체 활동이 빈약하다. 몇 가지 유전형의 세로토닌-2 수용체를 지닌 사람은 공황장애를 앓기 쉽다. 세로토닌-2 수용체의 활동성이 평균보다 높은 사람은 겁이 많고 위험을 기피하는 성격일 가능성이 높다.

피츠버그 대학교의 신경과학자 패트릭 피셔와 동료들은 아주 흥미로운 연구를 수행했다. 그들은 건강한 피실험자들에게 무섭게 화를 내는 얼굴 사진들을 보여주면서 그들의 뇌를 PET로 촬영했다. 영상을 분석해보니, 세로토닌-2 수용체의 활동이 안쪽 앞이마엽 피질medial prefrontal cortex의 편도체 통제를 돕는다는 사실이 드러났다. 우리가 싸움 - 또는 - 도주 반응으로 아드레날린 급증을 경험하는 공포의 순간에 편도체는 정보의 홍수를 겪는다. 안쪽 앞이마엽 구역(쇠막대가 뇌를 관통하는 사고를 당한 피니스 게이지는, 변연계 보상 시스템의 일부인 이 구역에 손상을 입었다)은 본능적 반응(내장 반응)을 통제하며 공포 반응에 지배적인 영향을 미친다. 이런 기능은 세로토닌-2 수용체의 도움으로 이루어지는 것일 가능성이 있다.

이 모든 증거들은 세로토닌-2 수용체가 변연계 회로와 공포 경험의 중요한 요소임을 보여준다. 또한 우리의 생존 본능, 공포, 신비경험이 뗄 수 없게 연결되어 있음을 시사한다. 이 연결은 신비경험과 임사체험 사이의 관계를 탐구하기 위한 실마리 구실도 할 수 있을 것이다.

세로토닌-2 수용체는 신비경험에 대한 우리의 지식에서 점점 더 중요한 역할을 하게 될 것이다. 세로토닌-2 수용체는 과학과 영적 경험의 관계 맺기에 기여할 중요한 단서이자 효과적인 수단이다.

영적인 광기

영적 경험과 그 결실로 여겨지는 것이 실은 정신장애나 정신병의 산물일 때가 분명히 있다. 곧바로 짐 존스와 그를 추종한 신도들의 집단 자살이 떠오른다. 그럼 베트남 전쟁에 저항하기 위해 소신공양을 한 불교 승려들은 어떨까? 그들의 영성은 병적인 것이었을까?

모든 근본주의는 망상적이고 따라서 병적으로 완고한 믿음에 기초를 둔다고 주장할 수 있을 것이다. 물론 이렇게 주장하는 사람들도 그들이 비난하는 근본주의자들 못지않게 완고할 수 있지만 말이다. 나는 의식과 자아를 논하면서 우리가 전제하는 반석처럼 확고한 실재감이—적어도 신경학자의 관점에서 보면—열렬한 무신론자에게 영적 세계가 기만적인 것만큼이나 기만적일 수 있음을 보여주려 애썼다.

영적 경험은 그 본성상 일상생활의 울타리를 벗어난다. 적어도 우리 대부분에게는 그렇다. 그런데 그 울타리를 한없이 벗어나도 무방할까? 영적 경험이 일상생활의 울타리를 얼마나 멀리 벗어나면 장애가 될까? 이 질문은 거의 모든 사람이 긍정적으로 평가하는 영적 경험에 대해서도 제기될 수 있다. 낸시가 나에게 보낸 편지의 핵심은 이 문제였다. 그녀는 이렇게 썼다.

> 자기가 죽어서 신을 보고 다시 돌아왔다고(임사체험을 했다고) 말하는 사람들에 대한 선생님의 생각을 듣고 싶습니다. 그들의 말을 믿어야 할까요, 아니면 그들에게 정신장애가 있는 걸까요? 선생님의 대답이 제게 아주 중요하니 자세히 답변해주시기를 간청합니다.

임사체험을 장애로, 광기의 조짐으로 간주해야 할 경우가 있을까? 이런저런 영적 경험이 병인지 아닌지를 판정할 기준이 있을까? 또 누가 판정할 것인가? 병든 영성과 건강한 영성을 가르는 경계선은 보이지 않을지 모른다. 병든 사람에게뿐 아니라 다른 모든 사람에게도 말이다.

과거에 신경학자들은 병든 영성을 지닌 사람과 그의 뇌에 관심을 집중했다. 따지고 보면 신경학자들은 직업이 의사였으므로 그런 유형의 사례를 접할 가능성이 가장 높았다.

미세한 경계선 너머

나의 대학 친구이고 성공한 심리학자인 프랭크는 20대에 약물을 가지고 광범위한 실험을 했고 그 후에 열렬한 영성 탐구자가 되었다. 나는 이 책을 위해 그의 영적 경험을 파헤치려고 그와 대담했다. 그는 건강한 영성과 병든 영성을 가르는 경계선이 미세하며 통과를 허용한다는 점을 강조했다.

그가 서술한 첫 경험은 평범하지는 않아도 간단명료한 듯하다.

아주 이른 아침이었고, 나는 실로사이빈 버섯을 먹으며 밤을 샌 터라 기진맥진한 상태였다. 피곤했지만 여전히 버섯의 자극 효과를 느끼면서 침대에 가만히 누워 눈을 감고 잠들기 시작했다. 그때 느닷없이 내가 물리적 형태가 전혀 없는 의식 점이 되었다. 공간 속의 블랙홀이 저항할 수 없는 힘을 발휘하여, 나는 갈수록 밝아지는 빛의 층들을 연달아 거치며 빠르게 끌려갔고 존재의 중심, 창조의 소용돌이에 도달했다. 견딜 수 없을 만큼 밝은 이 빛의 중심에 도달하면 내가 소멸할 것이라는 생각에 큰 공포를 느꼈다. 나는 깜짝 놀라며 완전히 깨어나서 침대 위에 앉았고, 심장이 쿵쾅거렸다. 그때 나는 그 빛의 층들이 순수 의식에서 곧장 나오는 견딜 수 없는 광명으로부터 나를 날마다 보호한다는 것을 깨달았다. 나는 지금도 그렇다고 확신한다.

테레사 성녀의 보석으로 장식된 성을 연상시키는 이야기다. 스테이스의 기준을 적용하면, 프랭크는 전형적인 내향성 신비경험을 했다. 그 경험은 실로사이빈이 세로토닌-2 수용체를 자극하는 상황에서 그의 의식이 수면 상태에 진입할 때 발생했다. 마이스터 에크하르트라면 프랭크가 경험한 빛의 블랙홀이 신의 신성한 "섬광"이라고, 자아라는 껍데기 속에 숨은 그 내면의 빛을 모든 신비주의자가 본다고 말할 것이다.

프랭크는 그 경험이 1년여 뒤에 일어난 다른 경험의 전조였다고 말했다. 두 번째 경험은 너무나 강력하고 혼란스러워서 그를 파괴하다시피 했다.

이제부터 이야기할 사건은 내가 대학원에서 철학을 공부할 때 일어났다. 친구들과 나는 밤새 대마초를 피우며 음악을 듣고 있었다. 왜 그랬는지, 누군가가 베토벤 교향곡 9번을 틀었다. 음악이 고조되자 나는 음악의 힘에 휩쓸렸다. 하지만 지난번처럼 어떤 순수 의식과 융합하지는 않았다. 음악은 신성한 천상의 힘을 보유하고 있었다. 트럼펫 소리는 신이 나에게 주는 개인적인 메시지를 전달하기 위해 천사들이 왔다고 알렸다. 천사들은 내가 신의 임무를 받았다고 텔레파시로 말했다. 나의 운명은 신의 특사가 되는 것, 그의 진실한 사랑과 평화를 지상으로 가져오는 것이라고 했다. 나는 신이 나와 접촉했고 나를 특사로 선택했음을 절대적으로 신성하게 확신했다.

신과 접촉한 느낌은 2주 동안 지속되었다. 나는 날마다 내가 궁극의 실재와 접촉했다는 강렬한 느낌으로 고심했다. 그러는 동안에 나의 이성적인 면은 그 경험을 이해하려고 필사적으로 애썼다. 점차 조금씩 나는 내가 강력한 망상에 사로잡혔음을 깨달았다. 나는 신성한 확신의 따스한 위로가 없는 차가운 실재로 복귀했다. 그 복귀는 나를 상상할 수조차 없는 어둠에 빠뜨렸고 일생 최대의 도전에 직면하게 했다. 신성한 확실성을 맛본 내가 이제부터 무엇을 믿을 수 있겠는가? 어떻게 살아가야 할 것인가? 나는 심연에 빠진 정도가 아니었다. 나 자신이 심연이 되었다. 나는 미칠 것 같은 공포에 휩싸였다. 내 생명을 걱정했다. 내향적이고 무관심하게 되었고 깊은 우울에 빠졌다.

나는 프랭크에게 이 위기를 어떻게 극복했느냐고 물었다. 그의 대답은 놀라웠다.

내가 살아날 유일한 길은 내가 믿을 수 있는 무언가를 발견하는 것임을 깨달았다. 또 내가 간절히 돌아가고자 하는 집으로 나를 안내할 것이 통상적인 현실에는 없다는 사실도 깨달았다. 과거에 품었던 모든 믿음과 다른 모든 사람에 대한 믿음이 무너졌다. 그리하여 나는 폐허가 된 나의 세계에 남은 한 가지 진실로 눈을 돌렸다. 실로사이빈 버섯을 먹었던 그때 그 밤을 생각했다. 나는 그때 경험한 의식 점이 절대적이고 확고부동한 확실성을 지녔음을 깨달았다. 선택의 여지가 없었다. 나는 살아남아야 했다. 나는 자신을 믿기 시작했고, 처음에는 천천히, 현재에 집중하기 시작했다. 머지않아 나는 다시 학교생활에 집중할 수 있게 되었다. 나는 철학에서 심리학으로 전공을 바꿨다.

프랭크의 이야기가 끝났을 때 나는 신비경험의 대단한 힘에 경외심을 느꼈다. 신비경험은 벼랑 끝에 선 그를 일상으로 복귀시켰다. 신비경험은 그가 믿음의 위기에 처한 이후 그의 삶을 지탱한 반석이었다. 존재의 신비로운 고갱이와 접촉한 프랭크가 그 고갱이를 중심에 놓고 자신을 한 층씩 재건해감으로써 위기를 극복했다는 것을 마이스터 에크하르트는 당연히 이해하고 승인할 것이다.

조가 악마를 본 사건은 나로 하여금 영적 경험의 신경학적 토대에 대한 궁금증을 품게 했지만, 프랭크가 겪은 정신건강의 악화와 그 심연에서 그를 꺼내는 데 필요했던 신비경험의 힘과 선명함은 나로 하여금 여러 해에 걸쳐 들어온 다양한 영적 경험을—설령 내가 그것들의 의미를 완전히 파악할 수 없을지라도—깊이 존중하고 긍정하게 했다.

간질과 영적 경험

까마득한 옛날부터 사람들은 발작적으로 기괴한 의식과 행동을 보이는 간질환자는 귀신에 들려서 그렇다고 생각했다. 발작 중인 간질환자는 멍하게 앞을 보고, 쓰러지고, 팔다리를 못 쓰고, 입에 거품을 무는 등의 행동을 보인다. 신약성서 마가복음 9장 14절에서 29절에는 "귀신 들린" 아이를 본 예수가 나쁜 귀신더러 그 아이에게서 나가라고 명령하는 장면이 나온다. 그 아이는 간질환자였음이 분명하다.

이 기록은 기원후 1세기에도 간질에 영적인 의미를 부여하는 것이 오래 된 상식이었음을 분명하게 보여준다. 물론 모든 사람이 그런 의미 부여에 동참했던 것은 아니다. 그보다 500년 전에 히포크라테스는 놀랄 만큼 현대적인 견해를 내놓았다. "따라서 이른바 신성한 병(간질)에 관해서는 다음과 같다. 내가 보기에 그 병은 다른 병들보다 조금도 더 신적이거나 신성하지 않으며 다른 병들과 마찬가지로 자연적인 원인을 가진다." 히포크라테스는 그 원인이 뇌에 있다고 생각했다.

그럼에도 신경학자들은 역사 속의 많은 인물에게 간질이 영성의 일부였다고 짐작한다. 그런 인물로 사도 바울, 잔다르크, 테레사 성녀, 에마누엘 스베덴보리 등이 있다.*

간질의 유형은 다양한데, 가장 쉽게 영적 의미를 부여받아온 간질 유형은 관자엽과 이마엽의 변연계에서 일어나는 비정상적 전기 활동에서 비롯된다. 변연계 간질은 짧지만 강렬한 영적 경험을 유발할 수 있다. 일부 환자들은 발작이 가라앉은 뒤에도 며칠 동안 영적인 망상과 환각을 겪는다.

변연계 간질이 일으키는 단일하고 고립된 정신적 증상 중에서 가장 흔한 것은 공포이지만, 기시감, 이인증(꿈꾸는 듯한 경험), 신체 이탈 경험, 몰아지경, 기억 회상, 환각, 타인이 곁에 있다는 느낌 등도 증상으로 나타날 수 있다.

변연계 간질을 앓는 환자들의 일부는 대개 기성 종교 바깥에서 영적인 주제에 관심을 쏟게 된다. 설령 그들의 간질발작이 직접적으로 영적인 내용을 지니지 않은 것처럼 보이더라도 말이다. 일부 사례에서 변연계 발작은 장기적인 영적 전환을 일으킨다.

가장 뚜렷하게 영적인 간질 유형은 변연계 '황홀경 ecstatic' 간질이다. 오래 전부터 신경학자들은 표도르 도스토옙스키가 소설과 자서전적인 글에서 묘사한 그의 황홀경 간질에 관심을 기울여왔다.

나는 정말로 신과 접촉했다. 그가 내 안으로 왔다. 그래, 신은 존재한다, 라고 나는 외쳤다. 그밖에 기억나는 것은 없다. 당신들, 그가 말한 건강한 사람들은 우리 간질환자들이 발작을 앞둔 순간에 느끼는 행복을 상상조차 할 수 없다. 그 행복이 몇 초, 몇 시간, 또는 몇 달 동안 지속하는지 나는 모른다. 그러나 나를 믿으라. 나는 그 행복을 평생 누릴 기쁨 전부와도 바꾸지 않겠다. 그 행복은 평생만큼의 값어치가 있는 듯하다.

도스토옙스키는 자신이 느낀 영적 황홀경이 병에 의해 촉발되었을지 모른다는 의심을 품었다. "그것이 병이라면 어떨까? 그 결과가, 그 느낌의 순간이, 나중에 건강할 때 기억해내고 분석해보니, 조화와 아름다움의 극치이고, 그때까지 알거나 추측해보지 못한 완전함, 균형, 화해의 느낌과 더불어 생명의 최고 통합에 황홀하고 독실하게 흡수되는 느낌을 준다면, 그것이 비정상적인 강렬함이라는 점이 무슨 문제이겠는가."

시간의 부재를 느끼고 궁극의 확실성과 접촉하는 것은 확실히 영적인 경험이다. 그러나 나는 도스토옙스키가 플로티노스나 에크하르트의 글에서 볼 수 있는 신비적인 합일감을 언급한 대목을 어디에서도 발견하지 못했다. 도스토옙스키의 간질은 지극한 (신이 준 것이라고 도스토옙스키가 느낀) 행복감을 주었을 수 있다. 하지만 그 행복감은 모르핀이 뇌에서 일으키는 효과와 다른 어떤 것일까? 다른 황홀경 간질들은 신비적인 합일 경험을 산출할 수도 있다. 우리는 그런 간질을 연구함으로써 신비경험을 담당하는 뇌 구역을 식별할 수도 있을 것이다. 그러나 그런 특수한 간질 유형이 뇌의 어느 곳에서 발생하는지, 혹은 어떤 원인에서 비롯되는지 우리는 아직 확실히 모른다.* 왜냐하면 그런 간질은 극히 드물기 때문이다. 얼마나 드문가 하면, 도스토옙스키가 그런 간질을 앓았다는 사실조차 의문시될 정도다.

더 분명한 것은 도스토옙스키가 전형적인 '관자엽 성격temporal lobe personality'의 소유자라는 점이다. 관자엽 성격의 특징은 종교에 대한 심취와 강박적인 (특히 종교적 주제에 관한) 글쓰기다.

많은 신경과학자는 심리학이나 철학에 조예가 깊지 못해서 일부 간질환자의 영적 경험을 평가할 능력이 없다. 그들은 영적 경험을 애매하게 영적인 성격을 지닌 다른 유형의 경험과 한통속으로 취급하곤 한다. 그러나 런던의 신경과학자 마이클 트림블과 앤서니 프리먼은 잘 알려진 예외다. 이들은 관자엽 간질을 앓는 환자들에게 후드의 M측정법을 적용했고, 그 환자들이 자아상실을 경험했으며 그들보다 더 위대한 무언가에 흡수되는 느낌을 경험했음을 발견했다. 그러나 그 환자들이, 단일한 의식 점이 되고 나중에는 신의 특사로 선택되었다는 망상을 겪은 프랭크처럼, 신비경험을 했는지는 여전히 불분명하다. 그들이 정신병 증상을 겪은 것인지 아니면 신비경험을 한 것인지 우리는 아직 모른다. 또한 적어도 뇌에 대해서 우리가 아는 지식의 한계 안에서는, 우리는 어떻게 한 사람이 정신병자인 동시에 신비경험자일 수 있는지 이해하지 못한다.

세계 곳곳의 신경학자들이 수집한 사례들은 영적 내용을 지닌 간질 발작이 우측 변연계에서 발생하는 경향이 있음을 보여준다. 대조적으로, 간질발작이 잦아든 뒤의 영적인 정신병 증상과 망상은 좌우측 변연계가 모두 병들었을 때 더 자주 발생한다.

드문 역사적 인물들이 예외로 존재하기는 하지만, 거의 모든 사람에서 변연계 간질은 영적 경험을 촉발하지 않는다. 그럼에도 변연계 간질은 영적 경험 연구에서 중요하다. 왜냐하면 평소에 다른 계기로 활성화하는 뇌 구조물들 중에 무엇이 영적 경험에 관여하는지를 그 간질에서 알아낼 수 있기 때문이다.

기타 종교적 정신장애

교회, 절, 이슬람교 사원에서 느끼는 영적인 환희는 마약이 일으키는 환희와 신경학적으로 구별되지 않을 수도 있다(반면에 신비적인 합일 경험은 항상 영적 경험으로 간주된다는 점에서 특이하다). 동일한 정상적 뇌 기능이 종교적으로도 해석되고 비종교적으로도 해석되는 경우가 흔히 있다. 신의 말을 전달하는 예언자가 사용하는 좌뇌의 언어 담당 구역은 우리가 일상에서 말할 때 사용하는 부위와 똑같다. 예언자의 뇌에서 언어가 '어떻게' 형성되는지는 신경과학에 의해 잘 밝혀져 있지만, 예언자가 '왜' 말하는지는 뇌를 벗어나 신앙의 영역에 속한 문제다.

일부 사례에서 자신이 그리스도라거나 신의 전령이라는 믿음은 자신이 나폴레옹이나 카이사르의 환생이라는 믿음과 신경학적으로 다르지 않을 수 있다.

현자의 건강한 영성과 영적인 정신병 사이의 경계를 확언하기가 불가능할 때도 있다. 누군가에게 그리스도가 나타나서 사탄으로부터 세계를 구하기 위해 수도원을 세우라고 권고한 것이 아니라 아내를 죽이라고 명령한 경우라면, 확실히 영적인 정신병 사례라고 판단할 수 있을 것이다. 그러나 양극단 사이의 중간지대에서 건강한 영적 경험과 병든 영적 경험의 차이는 때때로 불분명하다.

언어보다 먼저

　정확히 변연계의 어디에서 신비경험이 발생하는가는 수수께끼로 남아 있지만, 나는 가까운 장래에 신비경험 중의 뇌 기능에 대한 우리의 지식이 더 발전하리라고 확신한다. 신비경험은 신경학적인 의미에서 언어를 초월하지 않는다. 다만, 신비경험은 언어보다 앞서 있다. 즉 우리의 생존을 담당하는 오래된 뇌 구조물에 깃들어 있다. 신비경험은 인간이 언어를 획득하기 훨씬 전에도 존재했다고 나는 확신에 가깝게 추측한다. 이것은 상당히 놀라운 추측이다. 왜냐하면 인간을 제외한 다른 동물들도 신비적인 느낌을 가질 가능성이 있음을 함축하기 때문이다.

　분야를 막론하고 모든 영성 추구자는 자신의 본능적인 각성 시스템과 변연계를 조작하고 정밀하게 조율한다. 단식(또한 단식의 결과로 발생할 수 있는 아드레날린 급증)과 명상, 산소가 부족한 고산지역에서 생활하기, 공포는 모두 각성과 관련이 있다. 이것들은 뇌에서 영으로 난 통로에 들어서기 위한 수단, 의식의 변방에 진입하기 위한 수단, 초월을 추구하기 위해 자아를 부수고 분열시키는 수단이다.

　거듭되는 말이지만, 건강한 영성과 병든 영성은 구별하기 어려울 수 있다. 오늘날 우리가 익히 잘 알듯이 영적 경험의 힘은 해로울 수 있다. 우리는 신의 이름으로 자신과 타인을 폭파하는 사람들을 목격한다. 이미 보았듯이 강력한 공포와 믿음의 감정은 변연계와 뇌간에서 발생한다. 원시적이고 오래된 뇌간은 우리뿐 아니라 다른 동물들도 가진 뇌 부위다. 영적 경험은 절박하고 강력한 행동의 동기가 될 수 있다. 영적인 진리는 흔히 생사가 달린 문제가 된다. 우리가 우리보다 더 큰 무언가와 연결되었다고 느낄 때 우리는 그 무언가를 위해 우리의 작은 자아를 기꺼이 희생하려고 한다. 이 충동은 우리를 고귀하고 감동적이고 심지어 영웅적인 선행으로 이끌 수 있다. 그러나 불관용과 어리석음으로 이끌 수도 있다. 한마디로 영적 경험은 우리 안에 있는 최선의 것과 최악의 것을 끌어낸다.

영적 경험을 서술하고 토론의 주제로 삼고 이해하려는 우리의 노력은, 수수께끼로 가득 찬 이 우주의 나머지 부분을 이해하려는 노력과 마찬가지로, 이제 단적으로 인간 본성의 한 부분이다.

후기

새로운 지혜의 탄생

> 하느님은 빛이시고 하느님께는 어둠이 전혀 없다.
> —요한의 첫째 편지 1장 5절

영적인 진리가 암흑에너지와 암흑물질 속에 깃들어 있다면 어떨까? 과학자, 특히 신경과학자는 우주의 대부분을 이루는 암흑에너지와 암흑물질에 대해서 거의 아무것도 모른다. 그렇다면 신경과학자가 영성에 대해서 많은 것을 가르쳐주리라고 기대할 수 있을까?*

내가 이 책에서 소개한 새로운 신경과학이 우리에게 차갑고 어두운 영적 공허만을 안겨준다는 평가는 충분히 일리가 있다. 많은 독자들은 우리가 절정의 경험과 가장 초월적인 느낌과 생각을 한낱 생물학으로, 그것도 식물성 생물학으로 환원했다고 느낄지도 모른다. 결국 우리는 영원한 과거와 영원한 미래 사이에 떠 있는 한 움큼의 별 먼지에 불과한 것일까?

우리는 영적 경험에 관한 논의의 중심에 분열된 의식을 놓았으며 자아가 이음매 없이 통일되어 있다는 착각을 제거했다. 예상 밖이라고 느끼는 독자도 있겠지만, 우리는 영적이며 지극히 인간적이라고 여겨지는 경험의 뿌리에 원시적인 뇌간 반응이 있음을 보여주었다. 이런 '무릎반사 영성knee-jerk spirituality' 개념은, 우리가 신성한 대상(그 대상이 무엇이

든)과 연결되려면 반드시 자유의지가 필요하다는 생각을 강하게 반박한다.

　신경학자가 실험실에서 우리의 뇌에 약간의 전류를 흘려보내면, 의식이 몸을 벗어나 공중에 둥둥 떠다니는 듯한 느낌이 발생한다. '자연적인' 영적 경험 중에 사용되는 뇌 경로는 영적인 약물이 사용하는 뇌 경로와 동일하다. 영적인 약물은 사용자의 몸에서 완전히 배출된 뒤에도 오랫동안 사용자의 삶을 변화시킨다. 진정한 종교적 전환과 다를 바 없는 효과를 발휘하는 것이다. 임상신경학에서 밝혀졌듯이 그 경로는 몇몇 뇌 질환에 의해 왜곡된다. 그 질환들이 일으키는 증상은 종교적 경험의 조건을 충족시킨다. 그렇다면 자연적이고 진실한 영적 경험은 단지 뇌의 작동 방식에 대해서 알려주는 '자연의 실험'에 불과한 것일까?

　영성의 많은 부분이 각성 시스템, 변연계, 보상 시스템에서 발생함을 보여주는 강력한 증거들이 있다. 이 부위들은 언어와 추론을 담당하는 뇌 부위보다 훨씬 먼저 진화했다. 신경학적으로 볼 때 신비적인 느낌은 언어를 벗어난다기보다 언어보다 앞서 있다고 해야 옳을 것이다.

　우리가 지닌 많은 뇌 구조물과 시스템을 다른 동물들도 지녔다는 점을 감안할 때, 우리는 영적인 느낌을 지닌 유일한 영장류가 아닐지 모른다. 대형 유인원들은 친지의 죽음을 애도한다. 또한 네안데르탈인이 사후세계를 믿었음을 시사하는 증거가 있다. 사실 나는 우리의 것과 매우 유사한 변연계를 지닌 많은 포유동물이 신비적인 느낌을 공유할 것이라고 확신하다시피 추측한다. 개가 신체 이탈 경험을 못할 이유가 있겠는가.

　이것은 도발적인 생각이다. 우리의 영성은 인간의 특별함을 지키는 마지막 보루가 아닐 수도 있다. 우주론의 발전으로 방대하고 기계적인 우주 앞에서 우리가 얼마나 왜소하고 겉보기에 미미한지 부각되고 있음을 생각할 때, 이 생각은 더욱더 불편함을 자아낸다.

이런 냉정한 임상적 사실들이 우리의 영적인 삶에서 신성한 진액을 빨아내버릴까? 나의 대답은 전혀 그렇지 않다는 것이다. 우리가 목전에 둔 새 시대는 영성 탐구를 새로운 수준으로 올려놓을 것이다. 이것은 어마어마한 전망이다.

그러나 조심해야 한다. 우리 뇌에 깃든 설명자이자 이야기꾼인 좌뇌를 경계할 필요가 있다. 좌뇌는 과거에 우리를 숱하게 그릇된 길로 이끌었다. 좌뇌는 우리 주위의 자연세계를 설명하기 위해, 수학적인 신을 비롯한 무수한 신을 지어냈다. 또한 좌뇌는 우리의 영성을 과학적으로 설명하여 사실상 제거하는 오만한 시도를 하기도 했다. 좌뇌는 자연적인 설명과 초자연적인 설명을 구성하기를 무척 좋아한다.

내가 깨어 있는 의식 상태일 때, 나의 뒤 바깥쪽 앞이마엽 피질이 켜져 있을 때(적어도 바로 지금) 나는 자연법칙들이 확고부동하다고 굳게 믿는다. 사과는 나무에서 떨어져 솟구치지 않고, 1 더하기 1은 절대로 3이 아니다. 또한 나는 분자가 있다고 굳게 믿는다. 나는 특정한 분자를 기초로 삼은 치료법들이 환자의 목숨을 구하는 모습을 내가 근무하는 병원에서 매일 목격한다. 내가 분자를 직접 경험할 수는 없으나 나의 좌뇌는 분자가 존재한다고 말한다. 나는 좌뇌의 말에 의지하여 분자의 존재를 신앙하는 것일까? 그렇다. 더 나은 생각이 등장하지 않는 한, 나는 분자의 존재를 신앙한다. 어떤 사람들은 과학과 신앙을 확연히 구분하지만, 내가 보기에 그 둘은 그리 다르지 않다.

영성을 과학으로 떠받치는 것은 과학을 영성으로 떠받치는 것만큼이나 무모한 짓이다. 설령 우리가 뇌 속의 모든 분자 각각이 어떻게 기여하여 영적 경험이 발생하는지 알아낸다 하더라도, 왜 뇌가 영적 경험을 일으키는가 하는 질문은 많은 사람에게 여전히 가장 소중한 수수께끼로 남을 것이다. 뇌에는 신앙을 위한 공간이 있다. '어떻게'와 '왜'의 분리는 다음과 같은 역설을 일으키기도 한다. 뇌가 영적 경험을 창출하지만, 뇌 자체는 영적으로 중립이라고 할 수 있다는 역설 말이다.

한 가지 확고한 사실은 우리가 의식을 가질 수 있다는 것이다. 어떻게 그럴 수 있는지와 상관없이, 우리에게 의식이 있다는 것은 엄청난 기적이다. 철학자 데이비드 흄도 나의 이런 견해에 동의할 수 있으리라고 생각한다. 비록 그는 기적을 '자연법칙 위반'으로 여겼고, 의식의 존재가 자연법칙 위반일 가능성은 낮아 보이지만 말이다. 우리가 거의 확실하게 말할 수 있는 것은, 경험이 뇌 바깥에 존재한다는 믿음은 신앙이라는 것까지다. 무언가가 '우연에 불과하지 않다'라는 느낌도 신앙의 표현이다. 이런 신앙의 진위 여부를 과학이 증명하거나 반증할 수 있다고 보는 기대는 어리석다. 그러나 그릇된 과학에 기초한 영적 희망은 잔인하다. 과학은 합의, 검증, 예측을 요구하지만, 신앙은 본성적으로 그 요구에 아랑곳하지 않는다.

일부 연구자들은 임사체험과 신체 이탈 경험이 물리적 뇌와 별개로 정신이 존재함을 "증명한다"고 과학의 허울을 쓰고 주장한다. 이런 주장은 과학을 통틀어 가장 기이한 주장, 우리 은하에 다른 지적인 생명이 존재한다는 극적인 단정보다 더 기이한 주장이다.

드레이크 방정식은 우리가 우리 은하에 사는 다른 지적인 생명과 접촉할 확률을 계산하는 공식이다. 그 계산은 우리의 태양과 유사한 별의 개수, 행성을 거느린 별의 비율, 거주 가능한 행성의 개수 등을 기초로 삼는다. 드레이크 방정식은 다른 지적인 생명이 존재할 가능성을 아주 낮게 평가한다. 그러나 0으로 평가하지 않는다는 점이 중요하다. 반면에 뇌 바깥에 경험이 존재한다는 주장에 대해서는 이런 계산이 존재하지 않는다. 적어도 아직까지는 그렇다.

영적인 뇌를 소유했다는 것은 무슨 뜻일까? 혹시 뇌의 특정 위치나 시스템에서 신비경험을 비롯한 신적인 경험이 발생하는 것일까? 만일 우리가 그 시스템을 발견한다면 우리는 그것을 강화할까, 파괴할까, 아니면 통제할까? 영적인 뇌를 자극하는 방법을 알아내면 몹시 사악한 충동이 일어나리라는 상상을 충분히 할 수 있다. 궁극의 진리나 목적에 관한 경험을 뇌에 새겨넣는 능력을 손에 쥐는 것은 뇌가 언어를 처리하는 방식이나 감각을 종합하는 방식을 알아내는 것과는 차원이 전혀 다르다. 파우스트와 악마의 거래에나 등장할 법한 그 능력을 우리가 소유한다면, 우리는 유일신의 지위에 오를 수도 있을 것이다. 우리는 짐 존스를 추종한 신도들의 집단자살과 같은 사건을 몇 번이라도 일으킬 수 있을 것이다.

뇌의 특정 부위에 작용하여 기적 같은 상황을 경험하게 만드는 약이 있다면 어떨까? 혹은 실로사이빈보다 더 발전한 특수한 약물이 정확히 신비경험을 유발하여 우리를 '합일' 상태로 이끌거나 심지어 지금 우리가 상상할 수 있는 정도보다 더 가깝게 신의 곁으로 이끈다고 가정해 보자.

의사들은 그런 약을 어떻게 사용해야 할까? 위기에 처한 환자에게 그 약을 투여해야 할까? 말기 암 환자를 돌보는 의사는 환자의 고통을 경감하기 위해 모든 수단을 써야 한다. 죽음을 목전에 둔 환자가 모르핀과 같은 마약성 진통제를 절실히 필요로 하고 또 요구할 때, 그런 진통제를 투여하지 않는 것은 의사의 직업윤리에 반하는 행동이다. 그렇다면 신적인 경험을 유발하는 약에 대해서도 똑같은 직업윤리가 적용되어야 할까? 합일감과 영적인 깨달음을 일으킬 수 있는데도 그렇게 하지 않는 것은 비인간적인 행동일까?

　실용적인 관점에서 보면, 의사는 영적인 황홀경을 일으키는 처치를 심장이나 호흡이 멈춘 환자에게 심폐소생술을 실시하듯이 일상적으로 해야 할 것도 같다. 내가 말하는 황홀경은 특정 종교와 무관하며 단지 강렬한 영적인 환희를 의미한다. 의료인은 환자나 보호자에게 심장이나 호흡이 멈출 경우에 소생술을 시행하기를 원하느냐고 물어야 한다. 원하지 않는다는 대답을 들으면, 의료인은 대수롭지 않게 '소생술 원하지 않음'이라고 차트에 기록한다. 그런 식으로 '황홀경 처치'나 '황홀경 처치 원하지 않음'이라는 기록도 추가해야 할까? 환자가 의사에게 "황홀경을 일으켜 주세요."라거나 "황홀경은 필요 없습니다."라고 말해야 할까?*

　모르핀은 생각을 흐릿하게 만들고 판단을 바꿔놓는다. 뇌에는 비정상적으로 좋은 느낌을 들게 하는 분자들이 자연적으로 있는데, 모르핀은 그런 분자들의 작용을 흉내 낸다. 모르핀이 일으키는 행복감은 죽음에 흔히 동반되는 고통과 불안을 경감하기 위해 의료인이 제공하는 안락함의 한 부분이다. 실제로 만일 말기암의 통증은 경감하면서 행복감은 일으키지 않는 약물이 새로 개발된다면, 의사들은 딜레마에 빠질 것이다. 모르핀이 일으키는 행복감을 포기하고 진통 효과만 있는 신약을 쓰면, 죽어가는 환자의 고통을 완전히 덜어주지 못할 텐데, 그래도 모르핀이 아니라 신약을 써야 할까? 신적인 경험을 유발하는 약의 사용에 관한 판단은 의료계가 단독으로 내리기에는 너무나 중요하다.

　나는 이런 가능성과 훨씬 더 많은 다른 가능성이 저 앞에서 어른거리는 것을 본다. 그것들은 멀리 있지만 점차 다가오고 있다. 우리는 모두 이 세계에 속한 존재다. 나는 영적인 기관으로서의 뇌에 대한 지식이 우리의 의미 추구 활동을 북돋고 성숙한 영성을 보완한다고 믿는데, 이런 낙관적인 믿음은 개인적인 경험에서 나온 것이다. 나의 가장 깊은 희망은 영적인 뇌에 대한 연구가 결국 새로운 지혜의 탄생으로 이어지는 것이다.

주 註

35쪽 "**특수한 MRI 스캐너**" 혈류 산소 수준BOLD MRI 또는 기능성 MRIfMRI

36쪽 "**어떤 진술을 듣고…뇌 활동이 필요하다.**" 연구자들의 지적에 따르면, 진술을 이해하는 것은 진술이 참임을 암묵적으로 인정하는 것이라는 스피노자의 추측은 신경학적으로 참일 가능성이 있다.

37쪽 "**19세기 지식인이자 신학자**" 윌리엄 제임스의 아버지 헨리 제임스는 스웨덴 신학자 에마누엘 스베덴보리를 충실하게 옹호했다. 스베덴보리는 1740년대에 뇌의 각 부위가 특정 기능을 담당한다는 주장을 최초로 내놓아 뇌 기능을 국지화한 최초의 인물 중 하나가 되었다. 그는 상상, 기억, 생각의 능력을 이마엽에 귀속시켰다. 스베덴보리의 선구적인 생각들은 불분명한 채로 남았다. 그렇게 된 원인은 여러 가지였지만, 그가 영적 경험을 여러 번 한 뒤에 과학적 이론화를 그만두고 종교에 관심을 기울였던 것도 한 원인이었다.

39쪽 "**대중적인 '심령론' 운동…사기꾼의 터전이었다.**" 마술사 해리 후디니는 그런 사기꾼들에 맞서 치열하게 싸웠다.

40쪽 "**주로 당대 종교심리학자들…**" 이들 중 한 명은 제임스의 제자 에드윈 스타벅이다. 이들의 저술은 그 자체로 읽을 가치가 있다.

41쪽 "**존 애딩턴 시먼즈는…학자였다.**" 윌리엄이 시먼즈에 관심을 갖게 된 것은 동생 헨리를 통해서였을 가능성이 매우 높다. 헨리는 자신의 친구 시먼즈의 비극적인 결혼을 기초로 삼아서 단편소설 「벨트라피오의 저자*The Author of Beltraffio*」를 썼다.

43쪽 "시먼즈의 경험에 대한 크라이턴-브라운의 견해는…안타깝게도 나쁜 사례다." 제임스는 저명한 의사가 의학의 허울을 쓰고 이처럼 신랄하고 공개적인 공격에 나선 것을 당혹스럽게 여겼다. 시먼즈를 비판한 "비판자는 자신의 이상한 견해를 뒷받침하는 객관적 근거를 전혀 제시하지 않았다"라고 제임스는 썼다.

45쪽 "이마엽에 의해 억압되는 유아 반사들" 예컨대 이마를 살짝 건드리면 눈을 깜박이는 행동.

48쪽 "영혼은 이것을…항상 응시할 수는 없다." "이것"은 예수 그리스도를 통한 신의 "이미지"를 가리킨다.

59쪽 "훗날 노벨상을 받은 셰링턴" 1932년에 받았다.

60쪽 "뇌를 이루는 살아 있는 단위인…산티아고 라몬 이 카할이었다." 카할은 세포를 현미경으로 관찰할 수 있게 염색하는 기술을 연구의 기초로 삼았는데, 이 기술은 카밀로 골지에 의해 개발되었다. 이 두 사람은 공동으로 노벨상을 받았다. 기이하게도 골지는 신경세포들이 각각 독립적이라는 카할의 원리를 끝내 믿지 않고 신랄한 비판자로 남았다.

70쪽 "뇌 자신과 몸의 내부환경에서도" "내부환경milieu interieur"은 클로드 베르나르가 만든 용어다.

77쪽 "가장 흔한 거짓말은 스스로에게 하는 거짓말이다." 델포이 신탁은 소크라테스보다 더 지혜로운 사람은 없다고 선언했다. 니체는 소크라테스를 존경한 것 못지않게 비판했지만, 이들은 여러 중요한 측면에서 매우 유사하다. 니체와 소크라테스는 둘 다 개인이 모종의 진리에 접근할 수 있다고 느꼈다. 자기지식에 관한 신탁의 지혜를 받아들인 소크라테스는 진리의 기반이 "선Good"

이라고, 혹은 훗날 플로티노스가 쓴 표현을 빌리면, "일자One"라고 생각했다. 니체는 거짓말쟁이를 내면의 진리를 아는 사람으로 보고 존중했다. 따라서 니체도 진리를 믿었다고 할 수 있다. 니체가 믿은 진리는 "힘을 향한 의지"의 개념을 기초로 삼는다. 니체는 힘을 향한 의지가 자아의 생존을 향한 의지를 압도하고 초월할 수 있다고 믿었다.

77쪽 "자아는 난해하고 신비로우며…불가사의하다." 니체는 이런 언급밖에 할 수 없었다. "어떤 사안이 명확해지면, 그 사안은 우리의 관심사이기를 그친다. '너 자신을 알라!'고 조언한 그 신은 무엇을 염두에 두었던 것일까? '너 자신에 관심을 기울이기를 그쳐라! 객관적으로 사고하라!'는 뜻이었을까? 그럼 소크라테스는? 또 '과학자들'은?"

83쪽 "왼쪽 관자엽의 시냅스들" 정확히 말해서 해마의 시냅스들.

85쪽 "경험하고 행동하는 당사자가 '나'라는 느낌은 유지할 수 있다." 올리버 색스, 『길 잃은 뱃사람 The Lost Mariner』 참조.

85쪽 "새로운 기억 형성에 필수적인 뇌 구조물들" 편도체와 해마, 그리고 그 사이의 연결부.

90쪽 "특화된 기능을 담당하는 신경회로" 신경학자들은 특화된 피질 구역들과 그것들 사이의 연결을 지칭하려 할 때 그리 엄밀하지 않은 어법으로 "회로"와 "배선wiring"이라는 용어를 사용한다. 전자회로 및 전선과 신경 구조는 물리적으로 유사하지 않다.

90쪽 "다른 유형의 분리도 일어날 수 있다." 하버드 대학교의 노먼 게슈윈드Norman Geschwind는 19세기 후반에 처음 등장한 분리 뇌 증후군이라는 개념을 1965년에 부활시켰다. 분리 뇌 증후군에 대한 연구는 게슈윈드 이후 사그라들었다가 최근에야 인기를 회복했다.

91쪽 "아무튼 뇌졸중하고 관련이 있어요…둘 중 하나예요." 우리가 아는 한에서는, 오른팔을 통제하는 왼쪽 마루엽이 손상되면 언어 능력도 함께 상실되기 때문에, 이런 진술을 하는 것이 불가능하다.

97쪽 "안구를 위아래로…전신마비 상태였다." 유사 사례로 영화 〈잠수종과 나비The Diving Bell and the Butterfly〉가 묘사한 장 도미니크 보비의 뇌졸중과 뒤마의 『몽테크리스토 백작』에 나오는 느와티에르 드 빌포르Monsieur Noirtier de Villefort의 뇌졸중을 들 수 있다.

100쪽 "오늘날 우리는…역할을 한다는 사실을 안다." 이마엽이 손상되면 자기 자신의 마음을 경험하는 방식에 악영향이 미칠 뿐더러 타인의 마음을 추론하는 능력도 손상된다. 이로부터 이마엽이 공감empathy에 필수적임을 알 수 있다. 타인의 마음을 탐지하는 능력을 "마음 이론theory of mind"이라고도 한다. 이 명칭은, 우리가 직접 경험할 수 있는 것은 우리 자신의 마음뿐이고 타인의 마음은 추정할 수밖에 없다는 뜻을 담고 있다.

103쪽 "뇌의 좌반구와 우반구는…저장한다." 물론 주도적인 구실을 하는 것은 좌뇌의 기억 담당 구역(해마)이다. 좌뇌는 언어를 담당하고, 좌뇌와 우뇌의 해마는 서로 소통한다.

105쪽 "잠시 동안 뇌의…마비시킨다." 이를 "와다 검사Wada test"라고 한다.

107쪽 "왜냐하면 감정 구조(변연계)…온전했으니까 말이다." 변연계 왼쪽 부분과 오른쪽 부분은 앞쪽 맞교차섬유anterior commissural fiber로 연결되어 있다.

111쪽 "쥘 코타르 박사는…" 마르셀 프루스트가 코타르 박사를 작품의 모델로 삼았는지에 대해서는 논란이 있다.

113쪽 "가장 심한 환자는…확신한다." 이런 환자들에게는 "나는 생각한다, 고로 존재한다."라는 데카르트의 명언이 통하지 않는다.

122쪽 "임사체험을 한 미국인은… 달한다." 1800만 명도 보수적인 추정치일 수 있다. 1980년대 초 갤럽의 조사에서는 응답자의 15퍼센트가 죽음을 목전에 두거나 죽을 뻔한 적이 있고 그때 "특이한 경험"을 했다고 밝혔다. 이 결과를 현재 미국 인구 3억 명에 적용하면, 미국인 4500만 명이 임사 상황과 관련이 있는 모종의 특이한 경험을 했을 수 있다는 결론이 나온다.

123쪽 "로이 혼은 호랑이 '몬트코어'에게…이르렀다." 경동맥 부상을 당했다.

125쪽 "의료진은 나에게…약을 투여했다." 심장박동을 빠르게 하기 위해 아르토핀Atropine을, 리듬을 안정화하기 위해 리도카인lidocaine을 투여했다.

132쪽 "내가 세이모어 대신…8점에 해당했다." 이 점수는 근사치다. 왜냐하면 정확한 점수를 얻으려면 경험자 본인이 질문에 답해야 하기 때문이다. 나는 시먼즈의 경험도 채점해보았는데, 그 결과는 15점이었다.

133쪽 "그녀는 젊은 시절에…받았다." 동맥류란 동맥이 약해져 부푸는 병으로 동맥 파열과 뇌졸중의 원인이 될 수 있다.

136쪽 "에이어는…교수로 보냈다." 에이어가 원래 붙였던 표제는 "발견되지 않은 그 나라That Undiscovered Country"였다. 훗날 그는 셰익스피어를 연상시키는 이 제목이 유지되지 않은 것을 유감스러워했다.

136쪽 "그는 윌리엄 제임스에 관한 글을 썼고…" 에이어는 기포드 강연Gifford Lectures도 했다. 윌리엄 제임스와 찰스 셰링턴도 기포드 강연을 했고, 그 내용을 기초로 삼아서 각자 『종교적 경험의 다양성』과

『Man on His Nature』를 썼다.

136쪽 "…버트런드 러셀의 평전을 썼다." 러셀은 종교에 반대하고 신비주의에 맞서 논리를 옹호하기로 유명했다.

137쪽 "거의 모든 (뉴런을 제외한) 세포는 …… 교체된다." 직업경력 초기에 에이어는 제임스의 기억 개념이 자아의 시간적 연속성을 설명하기에 부족함을 발견했다.

138쪽 "우리 자신을 영적인 실체로…여전히 없을 것" 에이어가 사적인 자리에서 자신과 "신적인 존재"의 감동적인 마주침을 인정했다는 설은 논란의 여지가 있다.

140쪽 "미래를 알고 자신의 잠재의식을 탐구할 목적으로" 영어로 번역된 융의 저술에는 "잠재의식" 대신에 "무의식"이 등장하는데, 이 "무의식"을 신경학자들이 말하는 무의식 상태나 혼수상태와 혼동하면 안 된다.

147쪽 "기억은 심장정지 환자에서…뇌 기능이다." 뇌 구조물 중에서는 관자엽의 해마가 그렇다.

148쪽 "그러나 예외적인…증거가 필요하다." 초자연적 현상에 대한 나의 태도는 데이비드 흄의 잣대를 기초로 삼는다. 즉 나는 초자연적 현상을 믿지 않는 것이 그 현상보다 더 기적적인 무언가를 믿는 것과 같을 때만 초자연적인 현상을 믿는다.

151쪽 "연구자들은 임사체험을…못했다." 최근의 임사체험 연구들은 임사체험자 각각을 오랫동안 지속적으로 연구하는 방법을 선호한다.

152쪽 "신경이 서로 소통할 때…흥분시킨다." NMDA는 마약의 일종인 펜사이클리딘PCP과 관련이 있다.

163쪽 "램버트는 그 15초 동안…발견했다." 램버트는 동료 얼 우드와 함께 인간 원심분리기에 총 9500회 탑승한 남성 300명을 면밀하게 관찰했다.

164쪽 "그래서 뇌가…발생한다." 스코츠데일 소재 메이오클리닉에는 램버트가 고안한 원심분리기 한 대가 지금도 있다. 이 사실을 알려준 얀다 레넌 박사에게 감사한다.

169쪽 "솔방울샘이 뇌 속의 구멍들에…데카르트는 생각했다." 솔방울샘에 관한 데카르트의 생각은 철학과 수학에 관한 그의 많은 생각과 마찬가지로 놀랄 만큼 독창적이었다. 뇌 중심의 솔방울샘이 물질과 영 사이의 변환이 일어나는 자리라는 것은 확실히 틀린 생각이다. 그러나 실제로 솔방울샘은 흥미로운 신경화학적 변환 장치다. 원래 초기 척추동물에서 빛 수용기("제3의 눈")였던 솔방울샘은 주기적으로 멜라토닌을 합성하는 샘으로 진화했다. 멜라토닌은 어둠의 전령 구실을 하는 호르몬이다. 솔방울샘은 우리 뇌에 내장된 으뜸 시계 master clock의 핵심 부품이다. 그러나 솔방울샘이 그 자체로 으뜸 시계인 것은 아니다. 으뜸 시계의 구실을 하는 것은 솔방울샘 바로 위에 있으며 눈에서 뻗어온 신경들이 교차하는 자리인 시교차상핵 suprachiasmatic nucleus이다. 데카르트는 시간을 감지하는 것을 뇌의 근본 속성으로 믿었고 자연스럽게 그 속성을 솔방울샘에 할당했다.

170쪽 "고국 캐나다로 돌아온 펜필드는…전념했다." 이 실험에 힘입어 펜필드는 운동과 감각을 담당하는 부위들을 나타낸 호문쿨루스 뇌 지도를 작성할 수 있었다. 호문쿨루스 뇌 지도는 유령 팔다리에 관한 우리의 논의에서 중요하게 등장했다.

179쪽 "그들은 약간의 전류를 적당한 위치에 투입하기만 하면…" 신체 이탈 경험을 일으키기 위해 사용한 전류는 200분의 1 암페어 미만, 다시 말해 60와트 전구에 흐르는 전류보다 대략 100배 약했다.

180쪽 "무엇보다 중요한 것은… 거의 없다." 연구 결과는 미디어에서 거론되기 전에 과학자 동료들의 검토를 거칠 필요가 있다.

184쪽 "이 문제에 대해서도…명백하게 옳다." 나는 수술을 받는 환자의 뇌전도와 뇌간 반사 등의 생리학적 신호들을 25년 동안 무수히 관찰했다. 수술실에서는 출력이 100만분의 1 볼트 규모에 불과한 뇌파가 수술에 쓰이는 다양한 장치에서 나오는 전기 신호들에 압도될 수 있다. 그럴 경우에는 환자의 뇌가 활동 중인데도 표준적인 뇌전도가 "평탄하게" 나오는 일이 충분히 있을 수 있다.

188쪽 "그런데 놀랍게도…똑같았다." 안타깝게도 연구자들은 "죽음 공포" 경험의 원인과 임사체험의 원인을 구체적으로 명시하지 않았다. 만일 그들이 실신을 의학적으로 위태롭지 않은 상태로 간주했다면, 그들은 "죽음 공포" 경험과 임사체험을 혼동했을 수 있다. 실신으로 인해 뇌에서 일어나는 반응들은 심장정지로 인한 반응들과 거의 동일하다. 실신과 심장정지의 차이는 대체로 혈류 감소가 얼마나 오래 지속되느냐 하는 것뿐이다.

194쪽 "뇌에 있는 노르아드레날린은…분비된다." 미국 신경과학계에서는 노르아드레날린을 "노르에피네프린nor-epinephrine"으로 부르는 경우가 더 많다.

194쪽 "청반 세포들은 염색하면… 연결되어 있다." 기저핵들basal ganglia은 예외다.

196쪽 "우리가 평온한 상태에서… 노르아드레날린을 보낸다." 이때 신경들은 시냅스가 아니라 "간극연접gap junction"이라는 특수한 연결부위를 통해 소통한다.

204쪽 "캐넌은 몸이 감정(특히 공포)을…대부분을 보냈다." 제임스–랑게 이론은 캐넌이 제임스의 지도로 쓴 박사논문의 토대였다.

205쪽 "캐넌은 부신이 호르몬을… 명명했다." 아드레날린의 다른 이름은 에피네프린이다.

206쪽 "우리는 누구나…경험한다." 외상 후 스트레스 장애를 겪는 환자한테서는 아드레날린 급증이 마구잡이로 일어난다.

206쪽 "…야생 상태에서라면, 싸우거나 도망칠 준비를 하는 것이다!" 캐넌을 비판하는 사람들은 곧바로 위험에 대한 반응을 "싸움–또는–도주"로 명명했다. 이 명칭은 과거에 윌리엄 제임스가 한 논문에서 곰과 마주쳤을 때의 반응을 묘사하기 위해 썼던 표현에서 유래했다.

214쪽 "그러나 이 실험이 보여주는 바는…지각한다는 것이다." 높은 산이나 열기구 등에서 추락했지만 살아남은 사람들의 이야기를 "Free Fall Research Page"라는 웹페이지에서 읽을 수 있다 www.greenharbor.com/fffolder/ffresearch.html.

217쪽 "편도체와 해마(또한 기타 구조물들)" 기타 구조물들이란 "콜린성 기저 전뇌 핵들 cholinergic basal forebrain nuclei"을 말한다.

222쪽 "이 구역은 편도체와…설정할 수 있다." 이 구역이 과도하게 활동하면 기분이 우울해질 수 있다. 보상 시스템에 대한 지식에서 새로운 우울증 치료법이 나올 가능성이 있다.

223쪽 "잠재의식적이고 감정적인 경고를 제공하여 특정 행동을 피하게 만드는 '신체적 표지 somatic marker'" 다마시오의 생각은 어쩌면 제임스의 생각과 그리 다르지 않을 것이다. 곰과 마주쳤을 때 심장이 쿵쾅거리는 것과 같은 신체 반응은 우리의 감정적 경험의 완전성을 위해 중요하다.

224쪽 "초콜릿을 보여주기만 해도… '밝아진다.'" 안와 앞이마엽 구역과 연결된 앞쪽 대상피질 등도 밝아진다.

232쪽 "우리가 렘 수면을 유지하는 동안, PGO 파동들은… 밀려든다." 잠든 뇌는 비렘 단계와 렘 단계를 90분 주기로 오간다. 대부분의 수면은 비렘 수면이며, 렘 수면은 전체의 25퍼센트 정도에 불과하다. 일반적으로 렘 수면은 전체 수면 시간의 마지막 3분의 1 동안 띄엄띄엄 4회에서 6회 일어난다.

233쪽 "눈과 호흡 근육들은 마비되지 않는다." 렘 행동장애 환자는 렘 수면 중에 척수마비가 불완전해서 팔다리를 움직이기 때문에 흔히 부상을 당한다. 렘 행동장애는 파킨슨병의 전조다.

233쪽 "렘 수면과 꿈의 목적은…필수적임을 안다." 렘 수면은 포유류와 조류에서만 일어난다.

234쪽 "우리가 쾌락을 연기할 때, 이 부위가 역할을 한다." 니체는 두 힘의 대결, 즉 아폴론적인 이성 및 질서와 디오니소스적인 열정의 대결이 인간의 본성이라고 생각했다. 나는 이 대결의 한 부분은 아폴론적인 뒤 바깥쪽 앞이마엽 구역과 디오니소스적인 안와 앞이마엽 구역의 싸움이라는 생각을 해본다.

244쪽 "기면병 환자들은 화학적 결함을 지녔기 때문에" 시상하부에서 분비되는 오렉신이 부족하다.

245쪽 "'vlPAG'라는, 렘 스위치의 한 부분" vlPAG는 "ventrolateral part of the periaqueductal gray"의 약자.

246쪽 "데이비드 리빙스턴은 …묘사했다." 헨리 모턴 스탠리가 아프리카에서 리빙스턴을 만났을 때 건넸다는 "리빙스턴 박사님 맞으시죠?Dr. Livingstone, I presume?"라는 말은 지금도 유명하다. 당시에 그곳에 있을 만한 백인은 리빙스턴이 유일했음을 생각할 때 스탠리의 말은 웃음을 자아낸다.

248쪽 "임사체험을 한 사람들에게…동호회" 임사체험 연구재단 Near Death Experience Research Foundation (www.nderf.org)

250쪽 "이 차이는 렘 스위치 자체와 관련이 있을 가능성이 높다." 이때 관련은 물리적인 관련이나 기능적인 관련을 말한다.

255쪽 "의학적 목적으로 환자의 미주신경을 자극하면" 약물로 다스릴 수 없는 간질환자에게 이런 처치를 한다.

256쪽 "렘 스위치 근처" 바깥쪽 부완 구역 lateral parabrachial region

264쪽 "렘 의식에 중요하게 기여하는 아세틸콜린 신경은 …연결되어 있다." 보상 중추인 복측피개영역 ventral tegmental area(VTA)은 신경전달물질 도파민을 사용하며, 측좌핵 nucleus accumbens, 앞이마엽 피질, 편도체, 해마를 비롯한 변연계와 연결되어 있다.

265쪽 "안타깝지만…연구자는 아직 없다." 포스터 Foster와 휘너리 Whinnery는 REM을 보여주는 기록들을 제시했지만, 그것들은 너무 초보적이어서 잠정적인 결론의 근거조차 될 수 없다. 실신 중에는 부적절한 뇌 혈류로 인해 진폭이 큰 뇌파들이 발생하고 내이의 이상으로 인한 안구 운동이 발생한다. 이런 요소들을 걸러내고 실신 중에 렘의 생리학적 흔적을 포착하는 것은 어려운 과제다.

269쪽 "아무튼 나는…보지 않는다." 위기 상황에서 청반의 활동을 둔화시키기 위해 렘 시스템이 활성화되는 것일까? 혈압이 낮을 때

vlPAG가 렘을 촉발할 수 있을까? 이외에도 수많은 질문이 미해결로 남아 있다.

274쪽 "그들은 나머지 피실험자들보다…정도는 아니었다." 이 모든 잠정적인 추측들은 동료 과학자들의 검토를 아직 거치지 않았으므로 조심스럽게 취급되어야 한다.

277쪽 "피연구자들에게 우주와 합일하거나 조화를 이루는 느낌을 받았느냐는 질문도…" 우리가 그레이슨 측정법에 의거하여 던진 질문은 정확히 이러했다. "우주와의 조화나 합일을 느꼈습니까?"

277쪽 "제임스의 기준은…제공하지 않는다." 충분히 정밀한 측정 방법을 제공하지 않는다는 뜻이다.

277쪽 "그 과정을 심리학적 기법들로 연구할 수 있다." 최근까지만 해도 종교심리학은 활기를 잃은 상태였다. 부분적으로 그 원인은 심리학이 신경학처럼 주관적 경험의 중요성을 경시한 것에 있다.

282쪽 "외향성 신비경험과 내향성 신비경험에서…통일성 지각이다." 364쪽 표 참조.

282쪽 "플로티노스의 영적 경험들은… 않지만" 개인의 영적 경험을 다룬 고대의 글들은, 철학적인 성격의 글이든 아니든, 오늘날 아주 흔한 일인칭 시점을 채택하지 않는다. 또한 번역하기 어려운 은유를 흔히 사용한다. 19세기 작가 R. A. 보건^{R. A. Vaughan}은 플로티노스가 몸소 겪고 자기 철학의 바탕으로 삼은 영적 경험을 되살리기 위해, 플로티노스가 야심 있는 제자 플라쿠스^{Flaccus}에게 쓴 신비경험의 본성에 관한 편지를 재구성했다. 이 편지는 스테이스와 버크의 글을 비롯한 현대의 문헌에서 자주 인용되지만, 안타깝게도 완전한 허구인 듯하다. 뿐만 아니라 가장 널리 인용되는 플로티노스의 문구 "단독자의 단독자로의 비행"

역시 오해를 유발할 위험이 있는 번역이다(VII.9.11).

284쪽 "(동양의 신비주의와 놀랄 만큼 유사한)" 8세기 힌두교 철학자 아디 샹카라 Adi Sankara의 사상과 비슷하다.

285쪽 "합일 경험은 에크하르트를…몰아갔다." 에크하르트가 이단 혐의를 받게 된 빌미의 하나는 그가 신비경험 중에 시간 없음(영원)을 느꼈다고 밝힌 것이었다. 교회는 그가 영원을 건드리는 것에 분개했다.

290쪽 "수녀들은 시간과 공간의 망각과…성취하지 못했다." 수녀들은 후드의 M 측정법에 쓰이는 질문 32개 중에 15개를 받았는데, 어떤 것들을 받았는지는 불분명하다. 수녀들은 세 질문에 대해서만 점수가 높은 대답을 했다. 그녀들이 긍정한 것은 "나보다 위대한 무언가가 나를 흡수하는 느낌", "깊고 충만한 환희", "내가 알기로 성스러운 경험"이었다.

294쪽 "릴리는 감각 차단, …실험을 고안했다." 릴리는 미세한 뇌 구역을 오랫동안 무해하게 자극하는 새로운 형태의 전기 파동을 개발했다. 연구자들은 지금도 그 파형을 사용한다. 그러나 릴리의 가장 큰 업적은 다른 유형의 뇌 자극 방법을 개발한 것이다.

295쪽 "그는 평화와 환희를 느꼈고,…장담했다." 내가 그레이슨 측정법에 따라 릴리의 경험을 평가해보니 총점 32점에 24점이 나왔다.

295쪽 "이제 그는 죽음에 대한…여행할 수 있었다." 릴리는 미국 국립보건원의 여러 과학자에게 LSD의 효과를 체험해보라고 권했다. 나의 스승을 비롯한 많은 과학자가 그의 권유를 정중히 거절했다.

297쪽 "숙취 katzenjammer" 'katzenjammer'는 영어에서도 쓰이지만 원래 독일어 단어로 "hangover"의 동의어다.

297쪽 "제임스는 그 기체에 취해서…밝혔다." 그는 이런 말도 해다. "[아산화질소는] 나로 하여금 헤겔 철학의 강점과 약점을 과거 어느 때보다 더 잘 이해하게 했다."

300쪽 "신비경험과 관련해서…세로토닌-2 유형인 것으로 보인다." 정확히 말하면 세로토닌-2a(5-hydroxytryptophan-2a, 줄여서 5-HT2a) 유형이다. 실로사이빈은 세로토닌-2c에도 작용하지만, 이 작용은 신비경험에서 덜 중요한 것으로 보인다.

301쪽 "그것들은 해마와 편도체를…분포한다." 세로토닌-2 수용체들은 콜린성 세포 집단과 REM에 영향을 미치는 다른 구역들에도 집중되어 있다. 이 사실은 그 수용체가 의식에(예컨대 각성에) 기여함을 시사한다. 그러나 세로토닌-2 수용체가 REM 수면에 미치는 영향은 불분명하다.

301쪽 "런던의 유스테이스 세라페티니데스… 투여했다." 이 수술이 환자의 심리에 미치는 영향은 일반적으로 그리 크지 않다. 단, 남겨진 뇌반구의 관자엽이 건강한 한에서 말이다.

302쪽 "LSD의 효과가 눈에 띄게…발견했다." LSD의 효과에 중요한 부위가 왼쪽 변연계인지 오른쪽 변연계인지, 아니면 양쪽 다인지 알아내기란 매우 어렵다.

302쪽 "그 영상은 실로사이빈이…보여주었다" 실로사이빈은 이마엽에 속한 변연계 구역들도 활성화한다. 또한 시상의 활동을 억제한다.

302쪽 "세로토닌-1 수용체의 활동이…보여주었다." 정확히 말하면 세로토닌-1a 수용체.

303쪽 "각각의 개인에서…결정된다." 까다로운 문제가 하나 더 있다. 실로사이빈은 세로토닌-2 수용체를 활성화하지만 부분적으로 억제하기도 한다.

311쪽 "그런 인물로 사도 바울, … 등이 있다." 제프리 세이버와 존 라빈은 고전적인 신경과학의 관점에서 영적 경험과 뇌질환을 훌륭하게 개관한다.

312쪽 "그런 특수한 간질 유형이…확실히 모른다." 변연계 내의 어디가 발생 장소인지 정확히 밝혀지지 않았지만, 이 유형의 간질은 보상 시스템을 활성화하는 듯하다.

317쪽 "그렇다면 신경과학자가…있을까?" 프리드리히 니체는 이 질문에 어떻게 답할까?

322쪽 "환자가 의사에게…말해야 할까?" 미국의 의료현장에서는 "황홀경 rapture"이 아닌 다른 단어, 이를테면 '몰아지경 extasy'이나 '은총 grace'을 써야 할 것이다. 왜냐하면 "소생술 원하지 않음"을 뜻하는 약자 "DNR=do not resuscitate"이 "활홀경 원하지 않음 do not rapture"으로 쉽게 오해될 수 있기 때문이다. 일부 환자들은 소생술은 원하지 않지만 신이 곁에 있다는 행복한 느낌으로 죽음을 맞이하기를 원할 것이다.

참고문헌과 자료출처

프롤로그

Hobson, J. A. R. W McCarley, P. W. Wyzinski. "Sleep cycle oscillation: reciprocal discharge by two brainstem neuronal groups." *Science* 189(1975):55~58.

Moody, R. *Life After Life*. Covington, GA:Mockingbird Books, 1975.

1장

Austin, J. H. *Zen and the Brain : Toward an Understanding of Meditation and Consciousness*. Cambridge, Mass.: MIT Press, 1998.

Bucke, R. M. *Cosmic Consciousness : A Study in the Evolution of the Human Mind*. Philadelphia: Innes & Sons, 1901.

Coe, G. A. *The Spiritual Life : Studies in the Science of Religion*. Chicago: F. H. Revell Co., 1900.

Crichton-Browne, J. "Dreamy Mental States." *Lancet* 3749 (1895): 1~5.

Crichton-Browne, J. "Dreamy Mental States." *Lancet* 3750 (1895): 73~75.

Hill, P. C., R. W. Hood. *Measures of Religiosity*. Birmingham, Ala.: Religious Education Press, 1999.

Harris, S., J. T. Kaplan, A. Curiel, S. Y. Bookheimer, M. Iaocoboni. "The Neural Correlates of Religious and Nonreligious Belief." Available at:http://www.plosone.org/article/info%3Adoi%2F10.1371%2Fjournal.pone.0007272.

Harris, S., S. A. Sheth, and M. S. Cohen. "Functional Neuroimaging of Belief, Disbelief, and Uncertainty." *Annals of Neurology* 63 (2008): 141~147.

Immordino-Yang, M. H., A. McColl, H. Damasio, and A. Damasio, "Neural Correlates of Admiration and Compassion." *Proceedings of the National Academy of Sciences* 106 (2009): 8021~8026.

James, W., M. E. Marty. *The Varieties of Religious Experience : A Study in Human*

Nature. Harmondsworth, Middlesex, England ; New York: Penguin Books, 1982.

Kandel, E. R. "A new Intellectual Framework for Psychiatry." *American Journal of Psychiatry* 155 (1998): 457~469.

Maslow, A. H. *Religions, Values, and Peak-Experiences*. New York: Viking, 1970.

Nair, D. G. "About Being BOLD." *Brain Research Review* 50 (2005): 229~243.

Saver, J. L., J. Rabin. "The Neural Substrates of Religious Experience." *Journal of Neuropsychiatry and Clinical Neurosciences* 9 (1997): 498~510.

Stace, W. T. *Mysticism and philosophy*. London: Macmillan, 1960.

Starbuck, E. D. *The Psychology of Religion: An Empirical Study of the Growth of Religious Consciousness*. London and Felling-on-Tyne: The Walter Scott Publishing Co., Ltd, 1899.

Symonds, J. A, and H. F. Brown. *John Addington Symonds : A Biography*. London: J. C. Nimmo, 1895.

Teresa, Peers E. A. *Interior Castle*, Image ed. New York: Doubleday, 2004.

Trimble, M. R. *The Soul in the Brain : The Cerebral Basis of Language, Art, and Belief*. Baltimore: Johns Hopkins University Press, 2007.

2장

Bernat, J. L., and D. A. Rottenberg. "Conscious Awareness in PVS and MCS: The Borderlands of Neurology." *Neurology* 68 (2007): 885~886.

Blanke, O., and J. E. Aspell. "Brain Technologies Raise Unprecedented Ethical Challenges". *Nature* 458 (2009): 703.

Burke, R. E. "Sir Charles Sherrington's *The Integrative Action of the Nervous System*: A Centenary Appreciation. *Brain* 130 (2007): 887~894.

Cline, D. B. "The Search for Dark Matter." *Scientific American* 288 (2003): 50~55, 58~59.

Crick F. "Function of the Thalamic Reticular Complex: The Searchlight Hypothesis." *Proceedings of the National Academy of Sciences* 81 (1984): 4586~4590.

Finger, S. *Minds Behind the Brain : A History of the Pioneers and Their Discoveries*. Oxford and New York: Oxford University Press, 2000.

Fox, D. "Consciousness in a ...Cockroach?" *Discover* 2007: 66~70.

Gaudin, S. "Nantech Could Make Humans Immortal by 2040, Futurist Says." Available at:http://abcnews.go.com/Technology/AheadoftheCurve/immortality-nanotech-make-futurist/story?id=8726328.

James, W. *Psychology: The Briefer Course*. New York: Dover, 2001.

Jokl, E. "Sherrington, His Life and Thought." *Transactions and Studies of the College of Physicians of Philadelphia* 2 (1980): 223~235.

Merker, B. "Consciousness without a Cerebral Cortex: A Challenge for Neuroscience and Medicine." *Behavioral and Brain Sciences* 30(2007):63~81; discussion 81~134.

Owen, A. M., M. R. Coleman, M. Boly, M. H. Davis, S. Laureys, J. D. Pickard. "Detecting Awareness in the Vegetative State." *Science* 313 (2006): 1402.

Ribary, U. "Dynamics of Thalamo-cortical Network Oscillations and Human Perception". *Progress in Brain Research* 150 (2005): 127~142.

Rumelhart, D. E., and J. L. McClelland, University of California San Diego. PDP Research Group. *Parallel Distributed Processing : Explorations in the Microstructure of Cognition*. Cambridge, Mass.: MIT Press, 1986.

Sacks, O. W. *Musicophilia : Tales of Music and the Brain*. New York: Alfred A. Knopf, 2007

Saver, J. L., and J. Rabin. "The Neural Substrates of Religious Experience." *Journal of Neuropsychiatry and Clinical Neurosciences* 9 (1997): 498~510.

Schiff, N. D., J. T. Giacino, K. Kalmar, J. D. Victor, K. Baker, M. Gerber, B. Fritz, et al. "Behavioural Improvements with Thalamic Stimulation After Severe Traumatic Brain Injury." *Nature* 448 (2007): 600~603.

Schiff, N. D., U. Ribary, D. R. Moreno, et al. "Residual Cerebral Activity and Behavioural Fragments Can Remain in the Persistently Vegetative Brain." *Brain* 125 (2002): 1210~1234.

Schiff, N. D., D. Rodriguez-Moreno, A. Kamal, K. H. KIM, J. T. Giacino, F. Plum, J. Hirch, et al. "fMRI Reveals Large-scale Network Activation in Minimally Conscious Patients." *Neurology* 64 (2005): 514~523.

Sherrington, C. S. *Man on His Nature*. New York and Cambridge: The Macmillan Company, The University Press, 1941.

Trimble, M. R. *The Soul in the Brain : The Cerebral Basis of Language, Art, and Belief*.

Baltimore: Johns Hopkins University Press, 2007.

Zeman, A. "Consciousness." *Brain* 124 (2001): 1263~1289.

Zeman, A. "Persistent Vegetative State." *Lancet* 350 (1997): 795~799.

Zeman, A. "Sherrington's Philosophical Writings—A 'Zest For Life'." *Brain* 130 (2007): 1984~1987.

3장

Assal, F., S. Schwartz, and P. Vuilleumier. "Moving With or Without Will: Functional Neural Correlates of Alien Hand Syndrome." *Annals of Neurology* 62 (2007): 301~306.

Bauby, J-D. *The Diving Bell and the Butterfly*. New York: Knopf, 1997.

Berrios, G. E., R. Luque, "Cotard's Syndrome: Analysis of 100 Cases." *Acta Psychiatrica Scandinavica* 91(1995): 185~188.

Blackmore, S. J. *Consciousness : A Very Short Introduction*, Oxford: Oxford University Press, 2005.

Bogen, J. E., D. H. Schultz, P. J. Vogel. "Completeness of Callosotomy Shown by Magnetic Resonance Imaging in the Long Term." *Archives of Neurology* 45 (1988): 1203~1205.

Bogen, J. E., P. J. Vogel. "Cerebral Commissurotomy in Man." *Bulletin of the Los Angeles Neurological Society* 1962: 27.

Botvinick, M., J. Cohen. "Rubber Hands 'Feel' Touch That Eyes See." *Nature* 391(1998): 756.

Corballis, P. M. "Visuospatial Processing and the Right-hemisphere Interpreter." *Brain and Cognition* 53 (2003): 171~176.

Corballis, P. M., M. G. Funnell, and M. S. Gazzaniga. "An Evolutionary Perspective on Hemispheric Asymmetries." *Brain and Cognition* 43 (2000): 112~117.

Damasio, H., T. Grabowski, R. Frank, A. M. Galaburda, A. R. Damasio. "The Return of Phineas Gage: Clues About the Brain from the Skull of A Famous Patient." *Science* 264 (1994): 1102~1105.

Devinsky, O. "Delusional Misidentifications And Duplications: Right Brain Lesions,

Left Brain Delusions." *Neurology* 72 (2009): 80~87.

Devos, T., M. R. Banaji. "Implicit Self and Identity." *Annals of the New York Academy of Sciences* 1001(2003): 177~211.

Espinosa, P. S., C. D. Smith, J. R. Berger. "Alien Hand Syndrome." *Neurology* 67 (2006): E21.

Feinberg, T. E., J. P. Keenan. "Where in the Brain is the Self?" *Conscious and Cognition* 14 (2005): 661~678.

Finger, S. *Origins of Neuroscience : A History of Explorations into Brain Function*. New York: Oxford University Press, 1994.

Flor, H., L. Nikolajsen, T. Staehelin Jensen. "Phantom Limb Pain: A Case of Maladaptive CNS Plasticity?" *Nature Reviews Neuroscience* 7 (2006): 873~881.

Fontenrose, J. *The Delphic Oracle : Its Responses And Operations With A Catalogue of Responses*. Berkeley, Calif.: University of California Press, 1978.

Gazzaniga, M. S. "Cerebral Specialization And Interhemispheric Communication: Does The Corpus Callosum Enable The Human Condition?" *Brain* 123 (2000) Pt. 7: 1293~1326.

Gazzaniga, M. S. "Forty-five Years of Split-brain Research And Still Going Strong". *Nature Reviews Neuroscience* 6 (2005): 653~659.

Gazzaniga, M. S., and J. LeDoux. *The Integrated Mind*. New York: Plenum Press, 1978.

Geschwind, N. "Disconnexion Syndromes in Animals and Man." I. *Brain* 88 (1965): 237~294.

Geschwind, N. "Disconnexion syndromes in animals and man." II. *Brain* 88 (1965): 585~644.

Greenberg, D. B., F. H. Hochberg, G. B. Murray. "The Theme of Death in Complex Partial Seizures." *American Journal of Psychiatry* 141 (1984): 1587~1589.

Halpern, M. E., J. O. Liang, J. T. Gamse. "Leaning to the Left: Laterality in the Zebrafish Forebrain." *Trends in Neurosciences* 26 (2003): 308~313.

Immordino-Yang, M. H., A. McColl, H. Damasio, and A. Damasio. "Neural Correlates of Admiration And Compassion." *Proceedings of the National Academy of Science* 106 (2009): 8021~8026.

James, W. *The Principles of Psychology*. New York: Cosimo, 1890.

Janik, V. M., L. S. Sayigh, and R. S. Wells. "Signature Whistle Shape Conveys Identity Information to Bottlenose Dolphins." *Proceedings of the National Academy of Science* 103 (2006): 8293~8297.

Johnson, S. C., L. C. Baxter, L. S. Wilder, J. G. Pipe, J. E. Heiserman, G. P. Prigatano. "Neural Correlates of Self-reflection." *Brain* 125 (2002): 1808~1814.

Kandel, E. R. *In Search of Memory: the Emergence of a New Science of Mind*, 1st ed. New York: W. W. Norton & Company, 2006.

Kaufmann. W. A. *Nietzsche: Philosopher, Psychologist, Antichrist*, 3d ed. Princeton, N. J.: Princeton University Press, 1968.

Klingler, J., P. Gloor. "The Connections of the Amygdala and of the Anterior Temporal Cortex in the Human Brain." *Journal of Comparative Neurology* 115 (1960): 333~369.

Leary, M.R., J. P. Tangney. *Handbook of Self and Identity*. New York: Guilford Press, 2003.

LeDoux, J. E, G. L. Risse, S. P. Springer, D. H. Wilson, M. S. Gazzaniga. "Cognition and Commissurotomy." *Brain* 110 (1977) Pt 1: 87~104.

LeDoux, J. E. *Synaptic Self : How Our Brains Become Who We Are*. New York: Viking, 2002.

Lotze, M., H. Flor, W. Grodd, W. Larbig, N. Birbaumer. "Phantom Movements and Pain. An fMRI Study in Upper Limb Amputees." *Brain* 124 (2001): 2268~2277.

Luck, S. J., S. A. Hillyard, G. R. Mangun, M. S. Gazzaniga. "Independent Hemispheric Attentional Systems Mediate Visual Search in Split-brain Patients." *Nature* 342 (1989): 543~545.

Meares, R. "The Contribution of Hughlings Jackson to an Understanding of Dissociation." *American Journal of Psychiatry* 156 (1999): 1850~1855.

Metzinger T. *Being No One : The Self-model Theory Of Subjectivity*. Cambridge, Mass.: MIT Press, 2003.

Miller, B. L., W. W. Seeley, P. Mychack, H. J. Rosen, I. Mena, K. Boone. "Neuroanatomy of the Self: Evidence From Patients With Frontotemporal Dementia." *Neurology* 57 (2001): 817~821.

Morin, A. "Self-awareness And the Left Hemisphere: The Dark Side Of Selectively

Reviewing The Literature." *Cortex* 43 (2007): 1068~1073; discussion 1074~1082.

Nagel, T. "What Is It Like to Be a Bat?" *The Philosophical Review* 83 (1974): 435~450.

Nietzsche, F. W., W. A. Kaufmann. *Beyond Good and Evil; Prelude To A Philosophy of the Future*. New York: Vintage Books, 1966.

Nietzsche F. W. *The Portable Nietzsche*. New York: Viking Press, 1954.

Pearn., J., C. Gardner-Thorpe. "Jules Cotard (1840~1889): His Life And The Unique Syndrome Which Bears His Name." *Neurology* 58 (2002): 1400~1403.

Platek, S. M., K. Wathne, N. G. Tierney, J. W. Thomson. "Neural Correlates Of Self-face Recognition: An Effect-location Meta-analysis." *Brain Research* 1232 (2008): 173~184.

Plotnik, J. M., F. B. de Waal, D. Reiss. "Self-recognition in an Asian Elephant." *Proceedings of the National Academy of Science* 103 (2006): 17053~17057.

Ramachandran, V. S., S. Blakeslee. *Phantoms in the Brain : Human Nature and the Architecture of the Mind*. London: Fourth Estate, 1998.

Reiss, D., L. Marino. "Mirror self-recognition in the bottlenose dolphin: A Case of Cognitive Convergence." *Proceedings of the National Academy of Science* 98 (2001): 5937~5942.

Roser, M. E., J. A. Fugelsang, K. N. Dunbar, P. M. Corballis, M. S. Gazzaniga. "Dissociating Processes Supporting Causal Perception And Causal Inference in the Brain." *Neuropsychology* 19 (2005): 591~602.

Stace, W. T. *Mysticism and Philosophy*. London: Macmillan, 1960.

Stuss, D. T., G. G. Jr. Gallup, M. P. Alexander. "The Frontal Lobes are Necessary for 'Theory of Mind'." *Brain* 124 (2001): 279~286.

Susic, V., R. Kovacevic. "Sleep Patterns in Chronic Split-brain Cats." *Brain Research* 65 (1974): 427~441.

Tanaka, H., M. Arai, T. Kadowaki, H. Takekawa, N. Kokubun, K. Hirata. "Phantom Arm and Leg After Pontine Hemorrhage." *Neurology* 70 (2008): 82~83.

Trujillano, A. C. "Jules Cotard (1840~1889)." *Neurology* 60 (2003): 153; author reply 153.

Uddin, L. Q., J. Rayman, E. Zaidel. "Split-brain Reveals Separate But Equal Self-recognition in the Two Cerebral Hemispheres." *Conscious and Cognition* 14 (2005): 633~640.

Wilson, D. H., A. Reeves, M. Gazzaniga. "Division of the Corpus Callosum for Uncontrollable Epilepsy." *Neurology* 28 (1978): 649~653.

Wolford, G., M. B. Miller, Gazzaniga M. "The Left Hemisphere's Role in Hypothesis Formation." *Journal of Neuroscience* 20 (2000): RC64.

Yang, T. T., C. Gallen, B. Schwartz, F. E. Bloom, V. S. Ramachandran, S. Cobb. "Sensory Maps in the Human Brain." *Nature* 368 (1994): 592~593.

4장

그레이슨 임사체험 측정법은 임사체험을 식별하고 비교하는 데 쓰인다. 이 측정법에서 제시하는 질문은 4가지 범주에 속하며 총 16개다. 각 질문의 대답에 0에서 2까지 점수가 매겨진다. 가능한 최고 총점은 32점이며, 임사체험의 특징이 많이 등장하는 경험일수록 더 높은 총점을 얻게 된다. 임사체험으로 인정되려면 7점 이상의 총점을 받아야 한다. 그레이슨 측정법의 커다란 약점은 뇌생리학 지식에 토대를 두지 않았다는 것이다.

표8 그레이슨 측정법

질문		대답
인지(사고) 범주	1. 시간이 빨라지는 듯했습니까?	2 = 모든 일이 한 순간에 일어나는 듯했다. 1 = 시간이 빨라지는 듯했다. 0 = 둘 다 아니다.
	2. 당신의 생각이 빨라졌습니까?	2 = 믿기 어려울 정도로 빨라졌다. 1 = 평소보다 빨라졌다. 0 = 둘 다 아니다.
	3. 과거에 본 장면이 다시 나타났습니까?	2 = 내 의지와 상관없이 과거가 다시 나타났다. 1 = 많은 과거 사건을 회상했다. 0 = 둘 다 아니다.
	4. 갑자기 모든 것을 이해한 듯했습니까?	2 = 온 우주를 이해한 듯했다. 1 = 나 자신을 또는 타인들을 이해한 듯했다. 0 = 둘 다 아니다.

범주	질문	응답
감정(느낌) 범주	5. 평화나 쾌적함을 느꼈습니까?	2 = 믿기 어려울 정도의 평화나 쾌적함을 느꼈다. 1 = 편안함이나 평온함을 느꼈다. 0 = 둘 다 아니다.
	6. 기쁨을 느꼈습니까?	2 = 믿기 어려울 정도의 기쁨을 느꼈다. 1 = 행복을 느꼈다. 0 = 둘 다 아니다.
	7. 우주와의 조화나 합일을 느꼈습니까?	2 = 나와 세계가 하나가 된 느낌이었다. 1 = 나와 자연이 더는 갈등하지 않게 된 느낌이었다. 0 = 둘 다 아니다.
	8. 찬란한 빛을 보았거나 찬란한 빛에 둘러싸였다고 느꼈습니까?	2 = 확실히 신비로운 또는 다른 세계에서 온 듯한 빛. 1 = 이례적으로 밝은 빛. 0 = 둘 다 아니다.
초자연성 범주	9. 당신의 감각이 평소보다 더 생생했습니까?	2 = 믿기 어려울 정도로 더 생생했다. 1 = 평소보다 더 생생했다. 0 = 둘 다 아니다.
	10. 당신이 마치 초감각적 지각을 하듯이 다른 곳에서 일어나는 일을 알아채는 듯했습니까?	2 = 그렇다. 그리고 정말로 알아챘음을 나중에 확인했다. 1 = 그렇다. 그러나 아직 사실 확인은 못 했다. 0 = 둘 다 아니다.
	11. 미래 장면을 보았습니까?	2 = 세계의 미래를 보았다. 1 = 개인적인 미래를 보았다. 0 = 둘 다 아니다.
	12. 당신이 물리적인 몸에서 분리되었다고 느꼈습니까?	2 = 내가 확실히 몸을 벗어나 외부에 존재했다. 1 = 신체에 대한 자각을 상실했다. 0 = 둘 다 아니다.
초월성 범주	13. 이 세계가 아닌 다른 곳에 진입한 듯했습니까?	2 = 확실히 이 세계가 아닌 신비로운 곳에 진입했다. 1 = 낯설고 이상한 곳에 진입했다. 0 = 둘 다 아니다.
	14. 신비로운 존재와 마주친 듯했습니까?	2 = 확실히 신비롭거나 다른 세계에 속한 명백한 존재나 목소리를 접했다. 1 = 정체를 알 수 없는 목소리를 들었다. 0 = 둘 다 아니다.
	15. 죽은 사람이나 종교적 인물을 보았습니까?	2 = 보았다. 1 = 죽은 사람이나 종교적 인물이 곁에 있다고 느꼈다. 0 = 둘 다 아니다.
	16. 넘어서면 돌아올 수 없는 경계에 이르렀습니까?	2 = 넘을 수 없는 장벽에 이르렀다. 또는 내 뜻과 무관하게 삶으로 "돌려보내졌다." 1 = 삶으로 "돌아오기로" 의식적으로 결정했다. 0 = 둘 다 아니다.

Ayer, A. J. *The Meaning of Life And Other Essays*. London: Weidenfeld and Nicolson, 1990.

Ayer, A. J. *The Origins of Pragmatism: Studies In The Philosophy Of Charles Sanders Peirce and William James*. San Francisco,: Freeman, 1968.

Ayer, A. J. "What I Saw When I Was Dead⋯" *Sunday Telegraph* August 28, 1988.

Blackmore, S. J. *Dying To Live: Near-death Experiences*. Buffalo, N.Y.: Prometheus Books, 1993.

Busey, G. Available at:http://transcripts.cnn.com/Transcripts/0505/23/lkl.01.html.

"Eyewitness: How Accurate is Visual Memory?" *60 Minutes*. March 8, 2009.

Foges, P. "An Atheist Meets the Masters of the Universe" available at:http://www.laphamsquarterly.org/roundtable/roundtable/an-atheist-meets-the-masters-of-the-universe.php.

French, C. C. "Dying To Know The Truth: Visions Of A Dying Brain, Or False Memories?" *Lancet* 358 (2001): 2010~2011.

French, C. C. "Fantastic Memories." *Journal of Consciousness Studies* (2003): 10.

Gallup, G., W. Proctor. *Adventures In Immortality*. New York: McGraw-Hill, 1982.

Greyson, B. "Incidence And Correlates Of Near-death Experiences In A Cardiac Care Unit." *General Hospital Psychiatry* 25 (2003): 269~276.

Greyson, B. "The Near-death Experience Scale. Construction, Reliability, And Validity." *Journal of Nervous and Mental Diseases* 171 (1983): 369~375.

Grossberg, J. "Roy Recounts Tiger Mauling." Available at:http://video.eonline.com/uberblog/b48260_roy_recounts_tiger_mauling.html.

Hume, D. *Of Miracles*. La Salle, Ill.: Open Court, 1985.

James, W., M. E. Marty. *The Varieties Of Religious Experience : A Study In Human Nature*. Harmondsworth, Middlesex, England; New York: Penguin Books, 1982.

Jung, C. G, A. Jaffé. *Memories, Dreams, Reflections*, Rev. ed. New York: Vintage Books, 1989.

Kellehear, A. *Experiences Near Death : Beyond Medicine And Religion*. New York: Oxford University Press, 1996.

Moody, R. *Elvis After Life*. Atlanta, Ga: Peachtree Publishers, Ltd., 1987.

Morse, M. L. "Near-death Experiences Of Children." *Journal of Pediatric Oncology Nursing* 11 (1994): 139~144; discussion 145.

Morse, M. L. "Near-Death Experiences And Death-Related Visions In Children: Implications For The Clinician." *Current Problems in Pediatrics* 24 (1994): 55~83.

Morse, M., P. Castillo, D. Venecia, J. Milstein, D. C. Tyler. "Childhood Near-Death Experiences." *American Journal of Diseases of Childen* 140 (1986): 1110~1114.

Nelson, K. R., M. Mattingly, S. A. Lee, F. A. Schmitt. "Does The Arousal System Contribute To Near Death Experience?" *Neurology* 66 (2006): 1003~1009.

Pasricha, S., I. Stevenson. "Near-Death Experiences In India. A Preliminary Report." *Journal of Nervous and Mental Disease* 174 (1986): 165~170.

Petito, C. K., E. Feldmann, W. A. Pulsinelli, F. Plum. "Delayed Hippocampal Damage In Humans Following Cardiorespiratory Arrest." *Neurology* 37 (1987): 1281~1286.

Plato, H. D., P. Lee. *The Republic*, 2nd ed. (revised). Harmondsworth, England; Baltimore: Penguin, 1987.

The Innocence Project. Available at:http://www.innocenceproject.org/.

Russell, B. *Mysticism And Logic*. Mineola, N.Y.: Dover Publications, 2004.

Seymour, J. May 23, 2005. Available at:http://transcripts.cnn.com/Transcripts/050523/lkl.01.html.

Stone, S. Available at:http://transcripts.cnn.com/Transcripts/0505/23/lkl.01.html.

Symonds, J. A., H. F. Brown. *John Addington Symonds : A Biography*. London: J. C. Nimmo, 1895.

Taylor, E. "Life=Passion." *America's AIDS Magazine* 2003 February.

Thompson-Cannino, J. *Picking Cotton : Our Memoir Of Injustice And Redemption*. New York: St. Martin's Press, 2009.

Walker, F. O. "A Nowhere Near-Death Experience: Heavenly Choirs Interrupt Myelography." *Journal of the American Medical Association* 261(1989):3245~3246.

Wilhelm, R., and C. F. Baynes. *The I Ching Or Book of Changes*, 3rd.ed. Princeton, NJ.: Princeton University Press for the Bollingen Foundation, 1967.

Yamamura, H. [Implication Of Near-Death Experience For The Elderly In Terminal Care]. *Nippon Ronen Igakkai Zasshi* 35 (1998): 103~115.

5장

Barrera-Mera, B., E. Barrera-Calva. "The Cartesian Clock Metaphor For Pineal Gland Operation Pervades The Origin Of Modern Chronobiology." *Neuroscience and Biobehavioral Reviews* 23 (1998): 1~4.

Benson, A. J. "Spatial Disorientation-Common Illusions." In: Ernsting J., Nicholson A. N., Rainford D.J., ed. *Aviation Medicine*, 3rd ed. Oxford: Butterworth & Heinmann, 1999: 437~454.

Blackmore, S. "Out-Of-Body Experiences In Schizophrenia. A Questionnaire Survey." *Journal of Nervous and Mental Disease* 174 (1986): 615~619.

Blackmore, S. J. *Beyond the Body: An Investigation of Out-of-the-Body Experiences*. Chicago: Academy Chicago Publishers, 1992.

Blanke, O., T. Landis, L. Spinelli, M. Seeck. "Out-Of-Body Experience And Autoscopy of Neurological Origin." *Brain* 127 (2004): 243~258.

Blanke, O, S. Ortigue, T. Landis, M. Seeck. "Stimulating Illusory Own-Body Perceptions." *Nature* 419 (2002): 269~270.

Brugger, P., M. Regard, T. Landis, O. Oelz. "Hallucinatory Experiences In Extreme-Altitude Climbers." *Neuropsychiatry, Neuropsychol, and Behavioral Neurology* 12 (1999): 67~71.

Cobcroft, M. D., C. Forsdick. "Awareness Under Anaesthesia: The Patients' Point Of View." *Anaesthesia and Intensive Care* 21 (1993): 837~843.

Damasio, A. R. "Descartes' Error : Emotion, Reason, And The Human Brain". New York: Avon Books, 1995.

Descartes, R., J. Cottingham, B. A. O. Williams. *Meditations On First Philosophy : With Selections From the Objections And Replies*, Rev. ed. New York: Cambridge University Press, 1996.

Devinsky, O., F. Feldmann, K. Burrowes, E. Bromfield. "Autoscopic Phenomena With Seizures." *Archives Of Neurology* 46 (1989): 1080~1088.

Finger, S. "Descartes And The Pineal Gland In Animals: A Frequent Misinterpretation." *Journal of the History of the Neurosciences* 4 (1995): 166~182.

Firth, P. G., H. Bolay. "Transient High Altitude Neurological Dysfunction: An Origin In The Temporoparietal Cortex." *High Altitude Medicine and Biology* 5

(2004): 71~75.
Greyson, B. "Incidence And Correlates Of Near-Death Experiences In A Cardiac Care Unit." *General Hospital Psychiatry* 25 (2003): 269-276.
Gupta, S. *Cheating Death: The Doctors and Medical Miracles that Are Saving Lives Against All Odds.* New York: Hachette Book Group, 2009.
Harper, C. M., and K. R. Nelson. "Intraoperative Electrophysiological Monitoring In Children." *Journal of Clinical Neurophysiology* 9 (1992): 342~356.
Heimer, L., G. W. Van Hoesen. "The Limbic Lobe And Its Output Channels: Implications For Emotional Functions And Adaptive Behavior." *Neuroscience and Biobehavioral Reviews* 30 (2006): 126~147.
Horstmann, A., S. Frisch, R. T. Jentzsch, K. Muller, A. Villringer, and M. L. Schroeter. "Resuscitating The Heart But Losing The Brain: Brain Atrophy In The Aftermath Of Cardiac Arrest." *Neurology* 74 (2010): 306~312.
Hotchkiss, R. S., A. Strasser, J. E. McDunn, and P. E. Swanson. "Cell Death." *New England Journal of Medicine* 361 (2009): 1570~1583.
Jackson, D. A., "Out-Of-Body Experience In A Patient Emerging From Anesthesia." *Journal of Post Anesthesia Nursing* 10 (1995): 27~28.
Jansen, K. L. "Neuroscience And The Near-Death Experience: Roles For The NMSA-PCP Receptor, The Sigma Receptor And The Endopsychosins." *Medcal Hypotheses* 31 (1990): 25~29.
Lambert, E. H., and E. H. Wood. "The Problem Of Blackout and Unconsciousness In Aviators." *Medical Clinics of North America* 30 (1946): 833~844.
Lempert, T., M. Bauer, D. Schmidt. "Syncope: A Videometric Analysis Of 56 Episodes of Transient Cerebral Hypoxia." *Annals of Neurology* 36 (1994): 233~237.
Lempert, T., M. Bauer, and D. Schmidt. "Syncope And Near-Death Experience." *Lancet* 344 (1994): 829~830.
Lokhorst, G. J., and T. T. Kaitaro. "The Originality Of Descartes' Theory About the Pineal Gland." *Journal of the History of the Neuroscience* 10 (2001): 6~18.
Mano, H., and Y. Fukada. "A Median Third Eye' Pineal Gland Retraces Evolution Of Vertebrate Photoreceptive Organs." *Photochemistry And Photobiology*. phot. allenpress.com 2006:DOI:10.1562/2006-1502-1524-IR-1813.
Maronde, E., and J. H. Stehle. "The Mammalian Pineal Gland: Known Facts,

Unknown Facets." *Trends in Endocrinology and Metabolism* 18 (2007): 142~149.

Mitchell, J. P. "Activity In Right Temporo-Parietal Junction Is Not Selective for Theory-of-Mind." *Cerebral Cortex* 18 (2008): 246~271.

Moody, R. *Life after life*. Covington, GA: Mockingbird Books, 1975.

Morse, M., P. Castillo, D. Venecia, J. Milstein, and D. C. Tyler. "Childhood Near-Death Experiences." *American Journal of Diseases of Children* 140 (1986): 1110~1114.

Near Death Research Foundation(NDER). Available at:http://www.nderf.org/NDERF/Surveys/polls.htm.

Ohayon, M. M. "Prevalence Of Hallucinations And Their Pathological Associations in the General Population." *Journal of Psychiatry Research* 97 (2000): 153~164.

Owens, J. E., E. W. Cook, and I. Stevenson. "Features Of 'Near-Death Experience' In Relation to Whether or Not Patients Were Near Death." *Lancet* 336 (1990): 1175~1177.

Pal, H. R., N. Berry, R. Kumar, and R. Ray. "Ketamine Dependence." *Anaesthesia and Intensive Care* 30 (2002): 382~384.

Parker-Pope, T. "'Choking' Game Deaths on the Rise." Available at:http://well.blogs.nytimes.com/2008/02/14/choking-game-deaths-on-the-rise/.

Parnia, S., D. G. Waller, R. Yeates, and P. Fenwick. "A Qualitative and Quantitative Study of The Incidence, Features and Aetiology of Near-Death Experiences In Cardiac Arrest Survivors." *Resuscitation* 48 (2001): 149~156.

Penfield, W. "Ferrier Lecture." *Proceedings Royal Society of London* 134 (1947): 329~347.

Penfield, W. "The Twenty-ninth Maudsley Lecture: The Role of the Temporal Cortex in Certain Psychical Phenomena." *Journal of Mental Science* 101 (1955): 451~465.

Podoll, K., and D. Robinson. "Out-of-Body Experiences and Related Phenomena in Migraine Art." *Cephalalgia* 19 (1999): 886~896.

Posner, J. B., C. B. Saper, N. D. Schiff, F. Plum. *Plum and Posner's Diagnosis Of Stupor and Coma*. In: *Contemporary Neurology Series* 71. 4th ed. Oxford and New York: Oxford University Press, 2007: xiv, 401 p.

Rohricht, F., and S. Priebe. "Disturbances of Body Experience in Schizophrenic

Patients." *Fortschritte der Neurologie-Psychiatrie* 65 (1997): 323~336.

Ruby, P., and J. Decety. "Effect of Subjective Perspective Taking During Simulation of Action: A PET Investigation of Agency." *Nature Neuroscience* 4 (2001): 546~550.

Ruby, P., and J. Decety. "How Would You Feel Versus How Do You Think She Would Feel? A Neuroimaging Study of Perspective-Taking with Social Emotions." *Journal of Cognitive Neuroscience* 16 (2004): 988~999.

Sabom, M. B. *Light and Death*. Grand Rapids, Michigan: ZondervanPublishingHouse, 1998.

Sagan, C. *Broca's Brain : Reflections on The Romance of Science*, 1st ed. New York: Random House, 1979.

Sandin, R. H., G. Enlund, P. Samuelsson, C. Lennmarken. "Awareness During Anaesthesia: A Prospective Case Study." *Lancet* 355 (2000): 707~711.

Saxe, R., and A. Wexler. "Making Sense of Another Mind: The Role of The Right Temporo-Parietal Junction." *Neuropsychologia* 43 (2005): 1391~1399.

Schnipper, J. L., and W. N. Kapoor. "Diagnostic Evaluation and Management of Patients with Syncope." *Medical Clinics of North America* 85 (2001): 423~456, xi.

Smith, C. U. "Descartes' Pineal Neuropsychology." *Brain and Cognition* 36 (1998): 57~72.

Van Lommel, P., R. van Wees, V. Meyers, and I. Elfferich. "Near-Death Experience In Survivors of Cardiac Arrest: A Prospective Study In The Netherlands." *Lancet* 358 (2001): 2039~2045.

6장

Aston-Jones, G., J. Rajkowski, J. Cohen. "Locus Coeruleus And Regulation of Behavioral Flexibility and Attention." *Progress in Brain Research* 126 (2000): 165~182.

Aston-Jones, G., J. Rajkowski, and J. Cohen. "Role of Locus Coeruleus in Attention and Behavioral Flexibility." *Biological Psychiatry* 46 (1999): 1309~1320.

Balter, M. "Did *Homo Erectus* Tame Fire First?" *Science* 268 (1995): 1570.

Benison, S., A. C. Barger, and E. L. Wolfe. *Walter B. Cannon: The life and Times of a Young Scientist*. Cambridge, Mass.: Belknap Press, 1987.

Bradford Cannon Papers 1923~2003 H MS c240 Harvard Medical Library, Francis A. Countway Library of Medicine, Boston, Mass.

Brewin, C. R. "What Is It That a Neurobiological Model of PTSD Must Explain?" *Progress in Brain Research* 167 (2008): 217~228.

Cevik, C., M. Otahbachi, E. Miller, S. Bagdure, and K. M. Nugent. "Acute Stress Cardiomyopathy and Deaths Associated with Electronic Weapons." *International Journal of Cardiology* 132 (2009): 312~317.

Corbetta, M., G. Patel, and G. L. Shulman. "The Reorienting System of the Human brain: From Environment to Theory of Mind." *Neuron* 58 (2008): 306~324.

Damasio, A. R. "Descartes' Error: Emotion, Reason, And The Human Brain." New York: Avon Books, 1995.

Darwin, C., and N. Barlow. *The Autobiography of Charles Darwin, 1809-1882*. New York,: Norton & Co., 1969.

Dostoyevsky, F., trans. C. Garnett. *The Idiot*. New York: Dell, 1959.

Eagleman, D. M. "Human Time Perception and Its Illusions." *Current Opinion Neurobiology* 18 (2008): 131~136.

Frank, J. *Dostoevsky, the Years of Ordeal, 1850-1859*. Princeton, N.J.: Princeton University Press, 1983.

The Free Fall Research Page. Available at:http://www.greenharbor.com/fffolder/ffresearch.html.

Grabenhorst, F., E. T. Rolls, and A. Bilderbeck. "How Cognition Modulates Affective Responses To Taste And Flavor: Top−Down Influences on the Orbitofrontal and Pregenual Cingulate Cortices." *Cerebral Cortex* 18 (2008): 1549~1559.

Heims, H. C., H. D. Critchley, R. Dolan, C. J. Mathias, and L. Cipolotti. "Social and Motivational Function Is Not Critically Dependent on Feedback of Autonomic Responses: Neuropsychological Evidence from Patients with Pure Autonomic Failure." *Neuropsychologia* 42 (2004): 1979~1988.

James, W. "The Physical Basis of Emotion." *Psychological Review* 1 (1894): 516~529.

Jung, C. G., translated by A. Jaffé. *Memories, Dreams, Reflections*, rev. ed. New York:

Vintage Books, 1989.

Leakey, R. E. *The Origin of Humankind*. New York: BasicBooks, 1994.

McGaugh, J. L. "The Amygdala Modulates the Consolidation of Memories of Emotionally Arousing Experiences." *Annual Review Neuroscience* 27 (2004): 1~28.

Price, J. L. "Free Will Versus Survival: Brain Systems That Underlie Intrinsic Constraints on Behavior." *Journal of Comparative Neurology* 493 (2005): 132~139.

Rolls, E. T., and C. McCabe. "Enhanced Affective Brain Representations of Chocolate in Cravers vs. Non-Cravers." *European Journal of Neuroscience* 26 (2007): 1067~1076.

Samuels, M. A. "'Voodoo' Death Revisited: The Modern Lessons of Neurocardiology." *Cleveland Clinic Journal of Medicine* 74 (2007) Suppl 1: S8~16.

Sara, S. J. "The Locus Coeruleus and Noradrenergic Modulation of Cognition." *Nature Reviews Neuroscience* 10 (2009): 211~223.

Stetson, C., M. P. Fiesta, and D. M. Eagleman. "Does Time Really Slow Down During a Frightening Event?" PLoS ONE (2007): e1295.

Tsuchiya, N., F. Moradi, C. Felsen, M. Yamazaki, R. Adolphs. "Intact Rapid Detection of Fearful Faces in the Absence of the Amygdala." *Nature Neuroscience* 2 (2009): 1224~1225.

Usher, M., J. D. Cohen, D. Servan-Schreiber, J. Rajkowski, and G. Aston-Jones. "The Role of Locus Coeruleus in the Regulation of Cognitive Performance." *Science* 283 (1999): 549~554.

Wolfe, E. L., A. C. Barger, and S. Benison. *Walter B. Cannon, Science and Society*. Cambridge, Mass.: Boston Medical Library in the Francis A. Countway Library of Medicine and distributed by the Harvard University Press, 2000.

7장

Alderson, H. L., V. J. Brown, M. P. Latimer, P. J. Brasted, A. H. Robertson, and P. Winn. "The Effect of Excitotoxic Lesions of the Pedunculopontine Tegmental Nucleus on Performance of a Progressive Ratio Schedule of Reinforcement." *Neuroscience* 112 (2002): 417~425.

Aldrich, M. S. "The Clinical Spectrum of Narcolepsy and Idiopathic Hypersomnia." *Neurology* 46 (1996): 393~401.

Arnulf, I., A. M. Bonnet, P. Damier, et al. "Hallucinations, REM Sleep, and Parkinson's Disease: A Medical Hypothesis." *Neurology* 55 (2000): 281~288.

Augustine, Chadwick H.(translator). *Confessions*. Oxford: Oxford University Press, 1991.

Bandler, R., K. A. Keay, N. Floyd, and J. Price. "Central Circuits Mediating Patterned Autonomic Activity During Active vs. Passive Emotional Coping." *Brain Research Bulletin* 53 (2000): 95~104.

Benson, A. J. "Spatial Disorientation—Common Illusions." In: Ernsting J. Nicholson A. N., and Rainford D. J., ed. *Aviation Medicine*, 3rd ed. Oxford: Butterworth & Heinmann, 1999: 437~454.

Blackmore, S. J. *Beyond the Body: An Investigation of Out-of-the-Body Experiences*. Chicago: Academy Chicago Publishers, 1992.

Bootzin, R. R., J. F. Kihlstrom, and D. L. Schacter. *Sleep And Cognition*, 1st ed. Washington, D.C.: American Psychological Association, 1990.

Braun, A. R., T. J. Balkin, N. J. Wesensten, F. Gwadry, R. E. Carson, M. Varga, P. Baldwin, et al. "Dissociated Pattern of Activity in Visual Cortices and Their Projections During Human Rapid Eye Movement Sleep." *Science* 279 (1998): 91~95.

Braun, A. R., T. J. Balkin, N. J. Wesenten, R. E. Carson, M. Varga, P. Baldwin, S. Selbie, et al. "Regional Cerebral Blood Flow Throughout the Sleep—Wake Cycle. An H2(15)O PET Study." *Brain* 120 (1997): 1173~1197.

Broughton, R., V. Valley, M. Aguirre, J. Roberts, W. Suwalski, and W. Dunham. "Excessive Daytime Sleepiness and the Pathophysiology of Narcolepsy—Cataplexy: A Laboratory Perspective." *Sleep* 9 (1986): 205~215.

Buzzi, G. "Near—Death Experiences." *Lancet* 359 (2002): 2116~2117.

Calvo, J. M., S. Datta, J. Quattrochi, and J. A. Hobson. "Cholinergic Microstimulation of the Peribrachial Nucleus in the Cat. II. Delayed and Prolonged Increases in REM Sleep." *Archives of Italian Biology* 130 (1992): 285~301.

Cami, J., and M. Farre. "Drug Addiction." *New England Journal of Medicine* 349 (2003): 975~986.

Cheyne, J. A., and T. A. Girard. "The Body Unbound: Vestibular-Motor Hallucinations and Out-of-Body Experiences." *Cortex* 45 (2009): 201~215.

Cheyne, J. A., S. D. Rueffer, and I. R. Newby-Clark. "Hypnagogic and Hypnopompic Hallucinations During Sleep Paralysis: Neurological and Cultural Construction of the Night-Mare." *Consciousness and Cognition* 8 (1999): 319~337.

Cicogna, P. C., and M. Bosinelli. "Consciousness During Dreams." *Consciousness and Cognition* 10 (2001): 26-41.

Cochen, V., I. Arnulf, and S. Demeret, M. L. Neulat, V. Gourlet, X. Drouot, S. Moutereau, et al. "Vivid Dreams, Hallucinations, Psychosis and REM Sleep in Guillain-Barré Syndrome." *Brain* 128 (2005): 2535~2545.

Dahan, L., B. Astier, N. Vautrelle, N. Urbain, B. Kocsis, G. Chouvet. "Prominent Burst Firing of Dopaminergic Neurons in the Ventral Tegmental Area During Paradoxical Sleep." *Neuropsychopharmacology* 32(2007):1232~1241.

Datta, S., J. A. Hobson. "Neuronal Activity in the Caudolateral Peribrachial Pons: Relationship to PGO Waves and Rapid Eye Movements." *Journal of Neurophysiology* 71 (1994): 95~109.

Datta, S., and J. A. Hobson. "Suppression of Ponto-Geniculo-Occipital Waves by Neurotoxic Lesions of Pontine Caudo-Lateral Peribrachial Cells." *Neuroscience* 67 (1995): 703~712.

Datta, S., E. H. Patterson, and D. F. Siwek. "Brainstem Afferents of the Cholinoceptive Pontine Wave Generation Sites in the Rat." *Sleep Research Online* 2 (1999): 79~82.

Datta, S., J. M. Calvo, J. Quattrochi, and J. A. Hobson. "Cholinergic Microstimulation of the Peribrachial Nucleus in the Cat. I. Immediate and Prolonged Increases in Ponto-Geniculo-Occipital Waves." *Archives of Italian Biology* 130 (1992): 263~284.

Fernandez-Guardiola, A., A. Martinez, A. Valdes-Cruz, V. M. Magdaleno-Madrigal, D. Martinez, and R. Fernandez-Mas. "Vagus Nerve Prolonged Stimulation in Cats: Effects on Epileptogenesis (Amygdala Electrical Kindling): Behavioral and Electrographic Changes." *Epilepsia* 40 (1999): 822~829.

Forster, E. M., and J. E. Whinnery. "Recovery From Gz-Induced Loss of Consciousness: Psychophysiologic Considerations." *Aviation, Space, and*

Envinronmental Medicine 59 (1988): 517~522.

Foutz, A. S., J. P. Ternaux, J. J. Puizillout. "Les Stades de Sommeil de la Preparation 'Encephale Isole': II. Phases Paradoxales. Leur Declenchement par la Stimulation des Afferences Baroceptives." *Electroencephalography and Clinical Neurophysiology* 37 (1974): 577~588.

French, C. C., J. Santomauro, V. Hamilton, R. Fox, and M. A. Thalbourne. "Psychological Aspects of the Alien Contact Experience." *Cortex* 44 (2008): 1387~1395.

Fukuda, K., A. Miyasita, M. Inugami, and K. Ishihara. "High Prevalence of Isolated Sleep Paralysis: Kanashibari Phenomenon in Japan." *Sleep* 10 (1987): 279~286.

Greyson, B., and N. E. Bush. "Distressing Near-Death Experiences." *Psychiatry* 55 (1992): 95~110.

Greyson, B.. "Consistency of Near-Death Experience Accounts Over Two Decades: Are Reports Embellished Over Time?" *Resuscitation* 73 (2007): 407~411.

Greyson, B. "Posttraumatic Stress Symptoms Following Near-Death Experiences." *American Journal of Orthopsychiatry* 71(2001): 368~373.

Greyson, B. "Varieties of Near-Death Experience." *Psychiatry* 56 (1993): 390~399.

Hishikawa, Y., H. Koida, K. Yoshino, H. Wakamatsu, Y. Sugita, and S. Iijima. "Characteristics of REM Sleep Accompanied by Sleep Paralysis and Hypnagogic Hallucinations in Narcoleptic Patients." *Waking Sleeping* 2 (1978): 113~123.

Hobson, J. A. *Dreaming as Delirium How the Brain Goes Out of Its Mind*, 1st MIT Press ed. Cambridge, Mass.: MIT Press, 1999.

Hobson, J. A., S. A. Hoffman, R. Helfand, and D. Kostner. "Dream Bizarreness and the Activation-Synthesis Hypothesis." *Human Neurobiology* 6 (1987): 157~164.

Hobson, J. A. "REM Sleep and Dreaming: Towards a Theory of Protoconsciousness." *Nature Reviews Neuroscience* 10 (2009): 803~813.

Holden, K. J., and C. C. French. "Alien Abduction Experiences: Some Clues from Neuropsychology and Neuropsychiatry." *Cognitive Neuropsychiatry* 7 (2002): 163~178.

Kahn, D., E. Pace-Schott, J. A. Hobson. "Emotion and Cognition: Feeling and Character Identification in Dreaming." *Consciousness and Cognition* 11 (2002):

34~50.

Kahn, D., R. Stickgold, E. F. Pace-Schott, and J. A. Hobson. "Dreaming and Waking Consciousness: A Character Recognition Study." *Journal of Sleep Research* 9 (2000): 317~325.

Kaur, S., S. Thankachan, S. Begum, M. Liu, C. Blanco-Centurion, and P. J. Shiromani. "Hypocretin-2 Saporin Lesions of the Ventrolateral Periaquaductal Gray (vlPAG) Increase REM Sleep in Hypocretin Knockout Mice." *PLoS ONE* 4 (2009): e6346.

Keay, K. A., C. I. Clement, W. M. Matar, D. J. Heslop, L. A. Henderson, and R. Bandler. "Noxious Activation of Spinal or Vagal Afferents Evokes Distinct Patterns of Fos-like Immunoreactivity in the Ventrolateral Periaqueductal Gray of Unanaesthetised Rats." *Brain Research* 948(2002):122~130.

Kumar, R., S. Behari, J. Wahi, D. Banerji, K. Sharma. "Peduncular Hallucinosis: An Unusual Sequel to Surgical Intervention in the Suprasellar Region." *British Journal of Neurosurgery* 13 (1999): 500~503.

LaBerge, S., D. J. DeGracia. "Vareties of Lucid Dreaming Experience." In: R. G. Kunzendorf, and B. Wallace, eds. *Individual Differences in Conscious Experience*. Amsterdam: John Benjamins, 2000.

LaBerge, S., and H. Rheingold. *Exploring the World of Lucid Dreaming*. New York: Ballantine, 1990.

LaBerge, S., L. E. Nagel, W. C. Dement, and V. P. Zarcone Jr. "Lucid Dreaming Verified by Volitional Communication During REM Sleep." *Perceptual and Motor Skills* 52 (1981): 727~732.

LaBerge, S. *Lucid Dreaming*, 1st ed. Los Angeles, Boston: J. P. Tarcher, 1985.

LaBerge, S. "Lucid Dreaming: Psychophysiological Studies of Consciousness During REM Sleep." In: Bootzin R. R., J. F. Kihlstrom, and D. L. Schacter, eds. *Sleep and Cognition*, 1st ed. Washington, D.C.: American Psychological Association, 1990: xvii, 205.

LaBerge, S. "Lucid Dreaming as a Learnable Skill: A Case Study." *Perceptual and Motor Skills* 51 (1980): 1039~1042.

LaBerge, S., L. Levitan, A. Brylowski, and W. Dement. "'Out-of-Body' Experiences Occurring in REM Sleep." *Sleep Research* 17 (1988): 115.

Lambert, E. H., and E. H. Wood. "The Problem of Blackout and Unconsciousness in Aviators." *Medical Clinics of North America* 30 (1946): 833~844.

Laureys, S., G. Tononi. O. Blankes, and S. Dieguez. "Leaving Body and Life Behind: Out-of-Body and Near-Death Experience." *The Neurology of Consciousness : Cognitive Neuroscience and Neuropathology*, 1st ed. Amsterdam, Boston, and London: Academic, (2009): 303~325.

Lu, J., D. Sherman, M. Devor, and C. B. Saper. "A Putative Flip-flop Switch for Control of REM Sleep." *Nature* 441(2006): 589~594.

Mahowald, M. W., and C. H. Schenck. "Dissociated States of Wakefulness and Sleep." *Neurology* 42 (1992): 44~51.

Mahowald, M. W. "What State Dissociation Can Teach Us About Consciousness and the Function of Sleep." *Sleep Medicine* 10 (2009): 159~160.

Malow, B. A., J. Edwards, M. Marzec, O. Sagher, D. Ross, and G. Fromes. "Vagus Nerve Stimulation Reduces Daytime Sleepiness in Epilepsy Patients." *Neurology* 57 (2001): 879~884.

Manford, M., and F. Andermann. "Complex Visual Hallucinations. Clinical and Neurobiological Insights." *Brain* 121(1998): 1819~1840.

Maquet, P., P. Ruby, A. Maudoux, G. Albouy, V. Sterpenich, T. Dang-Vu, M. Desseilles, et al. "Human Cognition During REM Sleep and the Activity Profile Within Frontal and Parietal Cortices: A Reappraisal of Functional Neuroimaging Data." *Progress in Brain Research* 150 (2005): 219~227.

McCarley, R. W., and E. Hoffman. "REM Sleep Dreams and the Activation-Synthesis Hypothesis." *American Journal of Psychiatry* 138 (1981): 904~912.

McCarley, R. W., O. Benoit, and G. Barrionuevo. "Lateral Geniculate Nucleus Unitary Discharge in Sleep and Waking: State-and Rate-Specific Aspects." *Journal of Neurophysiology* 50 (1983): 798~818.

Merritt, J. M., R. Stickgold, E. Pace-Schott, E. F. Williams, and J. A. Hobson. "Emotion Profiles in the Dreams of Young Adult Men and Women." *Consciousness and Cognition* 3 (1994): 46~60.

Nelson, K. R., M. Mattingly, and F. A. Schmitt. "Out-of-Body Experience and Arousal." *Neurology* 68 (2007): 794~795.

Nelson, K. R., M. Mattingly, S. A. Lee, and F. A. Schmitt. "Does the Arousal

System Contribute to Near-Death Experience?" *Neurology* 66 (2006): 1003~1009.

Ness, R. C. "The Old Hag Phenomenon as Sleep Paralysis: A Biocultural Interpretation." *Culture, Medicine, and Psychiatry* 2 (1978): 15~39.

Nielsen, T. A. "Mentation During Sleep: The NREM / REM distinction." In: Lydic. R., and H. A. Baghdoyan, eds. *Handbook of Behavioral State Control: Molecular and Cellular Mechanisms.* Boca Raton, Fla.: CRC Press, (1999): 101~128.

Nofzinger, E. A., M. A. Mintun, M. Wiseman, D. J. Kupfer, and R. Y. Moore. "Forebrain Activation in REM Sleep: An FDG PET study." *Brain Research* 770 (1997): 192~201.

Noyes, R., Jr., and R. Kletti. "Depersonalization in the Face of Life-Threatening Danger: A Description." *Psychiatry* 39 (1976): 19~27.

Oakman, S. A., P. L. Faris, P. E. Kerr, C. Cozzari, and B. K. Hartman. "Distribution of Pontomesencephalic Cholinergic Neurons Projecting to Substantia Nigra Differs Significantly From Those Projecting to Ventral Tegmental Area." *Journal of Neuroscience* 15 (1995): 5859~5869.

Ohayon, M. M., R. G. Priest, J. Zulley, S. Smirne, and T. Paiva. "Prevalence of Narcolepsy Symptomatology and Diagnosis In The European General Population." *Neurology* 58 (2002): 1826~1833.

Olmstead, M. C., E. M. Munn, K. B. Franklin, and R. A. Wise. "Effects of Pedunculopontine Tegmental Nucleus Lesions on Responding for Intravenous Heroin Under Different Schedules of Reinforcement." *Journal of Neuroscience* 18 (1998): 5035~5044.

Overeem, S., E. Mignot, J. G. van Dijk, and G. J. Lammers. "Narcolepsy: Clinical Features, New Pathophysiologic Insights, and Future Perspectives." *Journal of Clinical Neurophysiolosy* 18 (2001): 78~105.

Overney, L. S., S. Arzy, and O. Blanke. "Deficient Mental Own-Body Imagery in a Neurological Patient with Out-of-Body Experiences Due to Cannabis Use." *Cortex* 45 (2009): 228~235.

Owens, J. E., E. W. Cook, and I. Stevenson. "Near-Death Experience." *Lancet* 337 (1991): 1167~1168.

Persson, B., and T. H. Svensson. "Control of Behaviour and Brain Noradrenaline Neurons By Peripheral Blood Volume Receptors." *Journal of Neural Transmission* 52

(1981): 73~82.

Puizillout, J. J., and A. S. Foutz. "Characteristics of the Experimental Reflex Sleep Induced by Vago-Aortic Nerve Stimulation." *Electroencephalography and Clinical Neurophysiology* 42 (1977): 552~563.

Puizillout, J. J., and A. S. Foutz. "Vago-Aortic Nerves Stimulation and REM Sleep: Evidence for a REM-Triggering and a REM-Maintenance Factor." *Brain Research* 111 (1976): 181~184.

Rechtschaffen, A., B. M. Bergmann, C. A. Everson, C. A. Kushida, and M. A. Gilliland. "Sleep Deprivation in the Rat: X. Integration and Discussion of the Findings." *Sleep* 12(1989):68~87.

Revonsuo, A. "The Reinterpretation of Dreams: An Evolutionary Hypothesis of the Function of Dreaming." *Behavioral and Brain Sciences* 23 (2000): 877~901; discussion 904~1121.

Reynolds, M., and C. R. Brewin. "Intrusive Memories in Depression and Posttraumatic Stress Disorder." *Behavior Research and Therapy* 37 (1999): 201~215.

Ribary, U. "Dynamics of Thalamo-Cortical Network Oscillations and Human Perception." *Progress in Brain Research* 150 (2005): 127~142.

Sabom, M. B. Recollections of Death: A Medical Investigation. New York: Harper & Row, 1982.

Saito, H., K. Sakai, and M. Jouvet. "Discharge Patterns of the Nucleus Parabrachialis Lateralis Neurons of the Cat During Sleep and Waking." *Brain Research* 134 (1977): 59~72.

Semba, K., and H. C. Fibiger. "Afferent Connections of the Laterodorsal and the Pedunculopontine Tegmental Nuclei in the Rat: A Retro-and Antero-Grade Transport and Immunohistochemical Study." *Journal of Comparative Neurology*. 323 (1992): 387~410.

Siegel, J. M. "The REM Sleep-Memory Consolidation Hypothesis." *Science* 294 (2001): 1058~1063.

Siegel, J. M. "Clues to the Functions of Mammalian Sleep." *Nature* 437 (2005): 1264~1271.

Solms, M. *The Neuropsychology Of Dreams: A Clinico-Anatomical Study*. Mahwah, N. J.: Erlbaum, 1997.

Stickgold, R., J. A. Hobson, R. Fosse, M. Fosse. "Sleep, Learning, and Dreams: Off-Line Memory Reprocessing." *Science* 294 (2001): 1052~1057.

Tachibana, M., K. Tanaka, Y. Hishikawa, and Z. Kaneko. *A Sleep Study Of Acute Psychotic States Due To Alcohol And Meprobamate Addiction*. New York: Spectrum Publications, 1975: 177~205.

Takeuchi, T., A. Miyasita, Y. Sasaki, M. Inugami, and K. Fukuda. "Isolated Sleep Paralysis Elicited by Sleep Interruption." *Sleep* 15 (1992): 217~225.

Tsukamoto, H., T. Matsushima, S. Fujiwara, and M. Fukui. "Peduncular Hallucinosis Following Microvascular Decompression for Trigeminal Neuralgia: Case Report." *Surgical Neurology* 40 (1993): 31~34.

Vagg, D. J., R. Bandler, K. A. Keay. "Hypovolemic Shock: Critical Involvement of a Projection from the Ventrolateral Periaqueductal Gray to the Caudal Midline Medulla." *Neuroscience* 152 (2008): 1099~1109.

Valdes-Cruz, A., V. M. Magdaleno-Madrigal, D. Martinez-Vargas D, R. Mas-Fernández, S. Almazán-Alvarado, A. Martinez, A. Fernández – Guardiola, et al. "Chronic Stimulation Of The Cat Vagus Nerve: Effect On Sleep And Behavior." *Progress in Neuro-psychopharmacology and Biological Psychiatry* 26(2002):113~118.

Valli, K., A. Revonsuo. "The Threat Simulation Theory in Light of Recent Empirical Evidence: A Review." *American Journal of Psychology* 122 (2009): 17~38.

Voss, U., R. Holzmann, I. Tuin, and J. A. Hobson. "Lucid Dreaming: A State of Consciousness with Features of Both Waking and Non-lucid Dreaming." *Sleep* 32 (2009): 1191~1200.

Whinnery, J. E., A. M. Whinnery. "Acceleration-Induced Loss of Consciousness. A Review of 500 Episodes." *Archives of Neurology* 47 (1990): 764~776.

Yeomans, J. S., and A. Mathur, and M. Tampakeras. "Rewarding Brain Stimulation: Role of Tegmental Cholinergic Neurons That Activate Dopamine Neurons." *Behavioral Neuroscience* 107 (1993): 1077~1087.

8장

표9 스테이스의 분류에 기초한 신비경험의 특징들

외향성 신비경험
통일을 깨달음 — 감각을 통해 지각하는 만물이 하나라는 것을 깨달음. 만물에서 일자一者를 구체적으로 이해함.

내향성 신비경험
합일 의식;시간과 공간을 벗어난 "순수 의식", 일자.

신비경험 일반
객관적 실재를 감지함
행복, 평화, 또는 기쁨
성스럽거나 신적인 것과 접촉한 느낌
역설적임
형언할 수 없음*

*스테이스는 외향성 신비경험의 형언 가능성을 유보적으로만 고려한다.

Aghajanian, G. K., and G. J. Marek. "Serotonin and Hallucinogens." *Neuropsychopharmacology* 21(1999): 16S~23S.

Amat, J., M. V. Baratta, E. Paul, S. T. Bland, L. R. Watkins, and S. F. Maier. "Medial Prefrontal Cortex Determines How Stressor Controllability Affects Behavior and Dorsal Raphe Nucleus." *Nature Neuroscience* 8 (2005): 365~371.

Arzy, S., I. Molnar-Szakacs, and O. Blanke. "Self in Time: Imagined Self-location Influences Neural Activity Related to Mental Time Travel." *Journal of Neroscience* 28 (2008): 6502~6507.

Beauregard, M., and V. Paquette. "Neural Correlates of a Mystical Experience in Carmelite Nuns." *Neuroscience Letters* 405 (2006): 186~190.

Belzen, J. A., and R. W. Hood. "Methodological Issues in the Psychology of Religion: Toward Another Paradigm?" *Journal of Psychology* 140 (2006): 5~28.

Bonson, K. R., J. W. Buckholtz, and D. L. Murphy. "Chronic Administration of Serotonergic Antidepressants Attenuates the Subjective Effects of LSD in Humans." *Neuropsychopharmacology* 14 (1996): 425~436.

Borg, J., B. Andree, H. Soderstrom, and L. Farde. "The Serotonin System and Spiritual Experiences." *American Journal of Psychiatry* 160 (2003): 1965~1969.

Bucke, R. M. *Cosmic Consciousness : A Study in the Evolution of the Human Mind*. Philadelphia: Innes & sons, 1901.

Burris, C. T. "The Mysticism Scale: Research Form D (M Scale)." In: Hill P. C., and R. W. J. Hood, eds. *Measures of Religiosity*. Birmingham, Alabama: Religious Education Press, 1999: 363~367.

Carhart-Harris, R. L., Williams, T. M. Sessa, B. Tyacke, R. J. Rich, A. S. Feilding, D. J., Nutt. "The Administration of Psilocybin to Healthy, Hallucinogen-Experienced Volunteers in A a Mock-Functional Magnetic Resonance Imaging Environment: A Preliminary Investigation of Tolerability." *Journal of Psychopharmacology* (2010).

Devinsky, O., and G. Lai. "Spirituality and Religion in Epilepsy." *Epilepsy & Behavior* 12 (2008): 636~643.

Dostoyevsky, F., trans. C. Garnett. *The Idiot*. New York: Dell, 1959.

Eckhart, trans. R. B. Blakney. *Meister Eckhart, a Modern Translation*. New York,: Harper & Row, 1941.

Erritzoe, D., V. G. Frokjaer, S. Haugbol, L. Marner, C. Svarer, K. Holst, W. F. Barré, et al. "Brain Serotonin 2A Receptor Binding: Relations to Body Mass Index, Tobacco and Alcohol Use." *Neuroimage* 46 (2009): 23~30.

Fay, R., and L. Kubin. "Pontomedullary Distribution of 5-HT2A Receptor-Like Protein in the Rat." *Journal of Comparative Neurology* 418 (2000): 323~345.

Fisher, P. M., C. C. Meltzer, J. C. Price, R.L. Coleman, S. K. Ziolko, C. Becker, E. L. Moses-Kolko, et al. "Medial Prefrontal Cortex 5-HT(2A) Density Is Correlated with Amygdala Reactivity, Response Habituation, and Functional Coupling." *Cerebral Cortex* 19 (2009): 2499~2507.

Frokjaer, V. G., E. L. Mortensen, F. A. Nielsen, S. Haugbol, L. H. Pinborg, K. H. Adams, C. Svarer, et al. "Frontolimbic Serotonin 2A Receptor Binding in Healthy Subjects Is Associated with Personality Risk Factors for Affective Disorder." *Biological Psychiatry* 63 (2008): 569~576.

Gouzoulis-Mayfrank, E., M. Schreckenberger, O. Sabri, C. Arning, B. Thelen, M. Spitzer, K. A. Kovar, et al. "Neurometabolic Effects of Psilocybin, 3,4-Me thylenedioxyethylamphetamine (MDE) and D-Methamphetamine in Healthy Volunteers. A Double-Blind, Placebo-Controlled PET Study with [18F]FDG." *Neuropsychopharmacology* 20 (1999): 565~581.

Griffiths, R., W. Richards, M. Johnson, U. McCann, and R. Jesse. "Mystical-Type Experiences Occasioned by Psilocybin Mediate the Attribution of Personal Meaning and Spiritual Significance 14 Months Later." *Journal of Psychopharmacology* 22 (2008): 621~632.

Griffiths, R. R., W. A. Richards, U. McCann, and R. Jesse. "Psilocybin Can Occasion Mystical-Type Experiences Having Substantial and Sustained Personal Meaning and Spiritual Significance." Psychopharmacology (Berl) 187 (2006): 268~283.

Gross, C., and R. Hen. "The Developmental Origins of Anxiety." *Nature Reviews Neuroscience* 5 (2004): 545~552.

Hood R. W., N. Ghorbani, P. J. Watson, A. F. Ghramaleki, M. N. Bing, H. K. Davison, R. J. Morris, et al. "Dimensions of the Mysticsm Scale: Confirming the Three-Factor Structure in the United States and Iran." *Journal for the Scientific Study of Religion* 40 (2001): 691~705.

Hughes, J. R. "The Idiosyncratic Aspects of the Epilepsy of Fyodor Dostoevsky." *Epilepsy & Behavior* 7 (2005): 531~538.

Hurlemann, R., T. E. Schlaepfer, A. Matusch, H. Reich, N. J. Shah, K. Zilles, W. Maier, et al. "Reduced 5-HT(2A) Receptor Signaling Following Selective Bilateral Amygdala Damage." *Social Cognitive & Affective Neuroscience* 4 (2009): 79~84.

Inge, W. R. *The philosophy of Plotinus; the Gifford lectures at St. Andrews, 1917~1918*. 3d ed. London, New York [etc.]: Longmans, Green and Co., 1948.

James, W., M. E. Marty. *The Varieties of Religious Experience : Astudy in Human Aature*. Harmondsworth, Middlesex, England and New York: Penguin Books, 1982.

James, W. Letter from William James to Benjamin Paul Blood, June 28, 1896, bMS Am 1092.9 (752), Houghton Library, Harvard University.

James, W. Letter from William James to Henry James, June 11, 1896, bMS Am 1092.9 (2770), Houghton Library, Harvard University.

James, W. *The Will to Believe and Other Essays in Popular Philosophy, and Human Immortality.* [New York]: Dover Publications, 1956.

Janik, V. M., L. S. Sayigh, and R. S. Wells. "Signature Whistle Shape Conveys Identity Information to Bottlenose Dolphins." *Proceedings of the National Academy of Science* 103 (2006): 8293~8297.

Jiang, X., Z. J. Zhang, S. Zhang, E. H. Gamble, M. Jia, R. J. Ursano, H. Li, et al. "5-HT2A Receptor Antagonism by MDL 11,939 During Inescapable Stress Prevents Subsequent Exaggeration of Acoustic Startle Response and Reduced Body Weight in Rats." *Journal of Psychopharmacology* (2009).

Johnson, M., W. Richards, and R. Griffiths. "Human Hallucinogen Research: Guidelines for Safety." *Journal of Psychopharmacology* 22 (2008): 603~620.

Jung, C. G., translated by A. Jaffé. *Memories, Dreams, Reflections*, rev. ed. New York: Vintage Books, 1989.

Kupers, R., V. G. Frokjaer, A. Naert, R. Christensen, E. Budtz-Joergensen, H. Kehlet, G. M. Knudsen, et al. "A PET [18F]Altanserin Study of 5-HT2A Receptor Binding in the Human Brain and Responses to Painful Heat Stimulation." *Neuroimage* 44 (2009): 1001~1007.

Lilly, J. C. *The Center of the Cyclone.* New York: Julian Press, 1972.

Magalhaes, A. C., K. D. Holmes, L. B. Dale, L. Comps-Agrar, D. Lee, P. N. Yadav, L. Drysdale, et al. "CRF Receptor 1 Regulates Anxiety Behavior Via Sensitization of 5-HT2 Receptor Signaling." *Nature Neuroscience* 13 (2010): 622~629.

Meyer, J. H., A. A. Wilson, P. Rusjan, M.Clark, S. Houle, S. Woodside, J. Arrowood, et al. "Serotonin2A Receptor Binding Potential in People with Aggressive and Violent Behaviour." *Journal of Psychiatry Neuroscience* 33 (2008): 499~508.

Monti, J. M., and H. Jantos. "Effects of Activation and Blockade of 5-HT2A/2C Receptors in the Dorsal Raphe Nucleus on Sleep and Waking in the Rat." *Progress in Neuropsychopharmacol and Biologycal Psychiatry* 30 (2006): 1189~1195.

Moresco, F. M., M. Dieci, A. Vita, C.Messa, C. Gobbo, L. Galli, G. Rizzo, et al. "In Vivo Serotonin 5HT(2A) Receptor Binding and Personality Traits in Healthy Subjects: A Positron Emission Tomography Study." *Neuroimage* 17 (2002):

1470~1478.

Morilak, D. A., and R. D. Ciaranello. "5-HT2 Receptor Immunoreactivity on Cholinergic Neurons of The Pontomesencephalic Tegmentum Shown by Double Immunofluorescence." *Brain Research* 627 (1993): 49~54.

Nair, D. G. "About being BOLD." *Brain Research Reviews* 50 (2005): 229~243.

Nalivaiko, E., and A. Sgoifo. "Central 5-HT Receptors in Cardiovascular Control During Stress." *Neuroscience & Biobehavioral Reviews* 33 (2009): 95~106.

Otto, R., B. L. Bracey, and R. C. Payne. *Mysticism East And West: A Comparative Analysis of the Nature of Mysticism.* London: Macmillan and Co., Ltd., 1932.

Pinborg, L. H., H. Arfan, S. Haugbol, K. O. Kyvik, J. V. Hjelmborg, C. Svarer, V. G. Frokjaer, et al. "The 5-HT2A Receptor Binding Pattern in the Human Brain Is Strongly Genetically Determined." *Neuroimage* 40 (2008): 1175~1180.

Plotinus, A. H. Armstrong, P. Henry, and H-R. Schwyzer. *Plotinus.* Cambridge, Mass. London: Harvard University Press;W. Heinemann, 1966.

Plotinus, Armstrong A. H. *Plotinus*, rev. ed. Cambridge, Mass.: Harvard University Press, 1994.

Rasmussen, H., D. Erritzoe, R. Andersen, B. H. Ebdrup, B. Aggernaes, B. Oranje, J. Kalbitzer, et al. "Decreased Frontal Serotonin2a Receptor Binding in Antipsychotic-Naive Patients with First-Episode Schizophrenia." *Archives of General Psychiatry* 67 (2010): 9~16.

Reiss, D., and L. Marino. "Mirror Self-Recognition in the Bottlenose Dolphin: A Case of Cognitive Convergence." *Proceedings of the National Academy of Science* 98 (2001): 5937~5942.

Russell, B. *Mysticism and Logic.* Mineola, N.Y.: Dover Publications, 2004.

Saver J. L., and J. Rabin. "The Neural Substrates of Religious Experience." *Journal of Neuropsychiarty & Clinical Neuroscience* 9 (1997): 498~510.

Serafetinides, E. A. "The Significance of The Temporal Lobes and of the Hemispheric Dominance in the Production of the LSD-25 Symptomatology in Man: A Study of Epileptic Patients Before and After Temporal Lobectomy." *Neuropsychologia* 3 (1965): 69~79.

Soloff, P. H., J. C. Price, N. S. Mason, C. Becker, C. C. Meltzer. "Gender, Personality, and Serotonin-2A Receptor Binding in Healthy Subjects." *Psychiatry*

Research 181 (2010): 77~84.

Stace, W. T. *Mysticism and Philosophy*. London: Macmillan, 1960.

Stace, W. T. *The Teachings of the Mystics : Being Selections from the Great Mystics and Mystical Writings of the World*. New York: New American Library, 1960.

Stockmeier, C. A. "Involvement of Serotonin in Depression: Evidence from Postmortem and Imaging Studies of Serotonin Receptors and the Serotonin Transporter." *Journal of Psychiatric Research* 37 (2003): 357~373.

Teresa, Peers E. A. *Interior Castle*, Image ed. New York: Doubleday, 2004.

Trimble, M., and A. Freeman. "An Investigation of Religiosity and the Gastaut-Geschwind Syndrome in Patients with Temporal Lobe Epilepsy." *Epilepsy & Behavior* 9 (2006): 407~414.

Urgesi, C., S. M. Aglioti, M. Skrap, F. Fabbro. "The Spiritual Brain: Selective Cortical Lesions Modulate Human Self-Transcendence." *Neuron* 65 (2010): 309~319.

Vaughan, R. A. *Hours with the Mystics, A Contribution to the History of Religious Opinion*, 6th ed. New York,: Chas. Scribner's Sons, 1893.

Vollenweider, F. X., M. F. Vollenweider-Scherpenhuyzen, A. Babler, H. Vogel, and D. Hell. "Psilocybin Induces Schizophrenia-Like Psychosis in Humans Via a Serotonin-2 Agonist Action." *Neuroreport* 9 (1998): 3897~3902.

Voon, V., C. Gallea, N. Hattori, M. Bruno, V. Ekanayake, and M. Hallett. "The Involuntary Nature of Conversion Disorder." *Neurology* 74 (2010): 223~228.

Weisstaub, N. V., M. Zhou, A. Lira, E. Lambe, J. González-Maeso, J. P. Hornung, E. Sibille, et al. "Cortical 5-HT2A Receptor Signaling Modulates Anxiety-Like Behaviors in Mice." *Science* 313 (2006): 536~540.

Wood, J. N., and J. Grafman. "Human Prefrontal Cortex: Processing And Representational Perspectives." *Nature Reviews Neuroscience* 4 (2003): 139~147.

Yoon, H. K., J. C. Yang, H. J. Lee, Y. K. Kim. "The Association Between Serotonin-related Gene Polymorphisms and Panic Disorder." *Journal of Anxiety Disorders* 22 (2008): 1529~1534.

에필로그

Hume D. *Of Miracles*. La Salle, Ill.: Open Court, 1985.
Tierney J. "Hallucinogens Have Doctors Tuning In Again." *New York Times*. April 11, 2010.

ART

Addis, D. R., M. Moscovitch, M. P. McAndrews. "Consequences of Hippocampal Damage Across the Autbiographical Memory Network in Left Temporal Lobe Epilepsy." *Brain* 130 (2007): 2327~2342. Adopted with permission.

Bradford Cannon Papers, 1923~2003, H MS c240. Harvard Medical Library, Francis A. Countway Library of Medicine Boston, Mass.

Damasio, H., T. Grabowski, R. Frank, A. M. Galaburda, A. R. Damasio. "The Return of Phineas Gage:Clues About the Brain from the Skull of a Famous Patient." *Science* 264 (1994): 1102~1105.

Gazzaniga, M. S., J. LeDoux. *The Integrated Mind*. New York:Plenum Press, 1978.

Maquet, P., P. Ruby, A. Maudoux, G. Albouy, V. Sterpenich, T. Dang-Vu, M. Desseilles, M. Boly, F. Perrin, P. Peigneux, S. Laureys. "Human Cognition During REM Sleep and the Activity Profile Within Frontal and Parietal Cortices: A Reappraisal of Functional Neuroimaging Data." *Progress in Brain Research* 150 (2005): 219~227. Adopted with permission.

Zeman, A. "Persistent Vegetative State." *Lancet* 350 (1997): 795~799. Adopted with permission.

감사의 말

이 책을 실현하기 위해 얼마나 많은 사람들이 협력했는지를 책을 완성하고 난 지금에야 깨닫는다. 안타깝게도 지면이 모자라 내가 진 빚을 모두 열거할 수는 없다.

가장 고마운 분들은 나의 가족이다. 이 책을 쓰는 동안 아름다운 아내 앤과 딸 사라, 제시카, 아들 매튜가 내 곁을 지켰다.

개리 핸드워크와 로저스 스미스의 수십 년에 걸친 우정이 없었다면 이 책을 쓸 상상조차 할 수 없었을 것이다. 그들은 내 생각을 다듬는 데 결정적으로 기여했고 가장 필요할 때 나를 확고하게 지지해주었다.

내가 처음으로 임상신경학에 관심을 두게 된 것은 얼 페링가 덕분이다. 나는 조지프 비크넬 밑에서 임상신경학자가 되었다. 그는 내가 뿌리와 중심에서 너무 멀리 벗어나지 않게 이끌어주었다. 데이비드 B. 클라크는 신경학적 질환의 이면에 있는 인간을 더 예리하게 보는 법을 가르쳐주었다.

조지프 레바는 나로 하여금 처음으로 존 릴리에 관심을 두게 했다. 짐 클라크는 옳은 방향을 자주 일러주었다.

앨런 흡슨은 나를 격려해주었을 뿐 아니라 주관적 경험의 중요성을 명확하게 일깨워주었고 렘 의식의 정체에 대한 의견도 제시했다.

켄터키 대학교의 동료들, 특히 릭 로프그렌, 폴 드프리스트, 스티븐 라이언(특히 많은 도움을 주었다), 니콜라스 피에게 감사한다. 이들은 내가 근무 시간을 융통성 있게 운용하여 글 쓸 시간을 낼 수 있게 해주었다.

산후안 강변의 펜션 "Soaring Eagle Lodge"에서 래리 존슨과 레슬리 제드리가 베푼 뉴멕시코 풍의 환대는 이 책을 완성하는 데 엄청난 도움이 되었다. 지미 캘빈과 T. J. 매시는 이 책을 쓰는 동안 나를 격동에서 고요로 이끌었다.

나의 공동연구자 프레더릭 슈미트, 미첼 매팅리, 셔먼 리는 임사체험의 수수께끼를 밝혀내는 데 중요하게 기여했다. 피실험자들을 소개해준 제프 롱과 조디 롱에게 감사한다. 비록 이들은 임사체험의 과학에 대해서 나와 다른 견해를 지녔지만 말이다.

나에게 임상사례들을 알려준 많은 동료, 특히 올리버 색스에게 감사한다.

게일 로스와 하워드 윤은 집필 작업의 가치를 처음부터 믿고 결실을 맺을 때까지 지원했다.

캐런 갈란트는 훌륭한 그림과 도안을 제작했다. 나의 개인 편집자 케네스 와프너는 크고 작은 도움을 주었다. 그는 나를 각성시켜 본능을 극복하고 일인칭 시점으로 글을 쓰게 했다. 펭귄 출판사의 스티븐 모로우는 이 책을 일관된 전체로 만드는 데 어마어마하게 기여했다.

나는 질문과 대답을 둘 다 제시할 의도로 이 책을 썼다. 시간이 지나면 내가 제시한 대답의 일부가 틀렸음이 밝혀질 것이다. 이것이 과학의 참된 아름다움이다. 이 책의 모든 오류는 온전히 나의 몫이다.

나를 신뢰하며 자신의 경험을 이야기해준 분들께 이루 말할 수 없이 감사한다. 나는 그분들의 이야기를 일부만 전하고 나머지는 냉정하게 심사숙고하여 생략했다.

이 책에 등장하는 영적인 여행의 사례들은 불가피하게 변형해야 했다. 환자의 신원을 감춰야 했고, 중요하지 않다고 판단되는 사실들은 생략하거나 바꿔서 책의 일관성을 높이고 독자의 이해를 도와야 했다. 이런 조작은 아무리 좋은 의도로 미묘하게 이루어지더라도 거짓을 지어내기 마련이다. 물론 모든 영적 경험 이야기는 어느 정도 조작의 문제를 안고 있다. 나의 조작을 변명하자면, 적어도 내가 아는 한, 내가 전하는 이야기의 핵심은 더 큰 진리에 확고부동하게 충실하다. 나는 이 사실을 위로로 삼는다. 쪼개지고 연마되어 빛과 사람의 눈길을 사로잡는 다이아몬드는 거친 다이아몬드 원석 덩어리에 못지 않은 다이아몬드다.

옮긴이의 말

변방을 위하여

한마디로 변방에 바치는 헌사와도 같은 책이다. 의식의 변방, 생명의 변방에 어스름하게나마 빛을 비추기 위해 한 명의 과학자가 감히 과학의 경계를 넘나든다. 임사체험이라는 접경지역의 숲 한가운데 선 과학자가 손에 든 것은 고출력 탐조등이 아니라 어른거리는 촛불이다. 황당한 이야기들을, 중앙에는 얼씬도 안 하는 지혜를, 온갖 괴물과 도깨비와 귀신을 오히려 더 아름답게 비추는 촛불. 이상하게 들리더라도 '정다운 과학'이라는 표현을 쓰게 만드는 책이다.

권력과 질서의 자리인 중앙, 수도, 본토와 비교하면 변방은 현실적으로 보잘것없는 곳인데 왜 때때로 마법 같은 힘으로 우리를 사로잡는 것일까? 비유를 들자면, 왜 정오의 찬란한 햇빛보다 어스름한 노을이 때로는 더 매혹적일까? 변방은 꿈과 이야기가 깃든 곳, 무의식과 욕망이 날것 그대로 표출되는 자리라는 쉬운 대답에서 한걸음 더 나가보자. 질서와 꿈을 분리하여 각각 중앙과 변방에 할당하는 식의 사고는 지루함을 불러올 뿐이다. 어느 철학자의 말마따나 진실은 전체다. 더 과감해지자. 변방이 매력적이라면, 그것은 혹시 진실 혹은 전체의 본래 거처가 중앙이 아니라 오히려 변방임을 우리가 어렴풋이 감지하기 때문이 아닐까?

실제로 유한한 것의 본질은 그것의 한계와 동일하다는 철학적 견해가 있다. 예컨대 서울의 본질은 서울 변두리의 풍경과 동일하다는 것인데, 서울 중심부의 휘황찬란함을 사랑하는 사람은 터무니없는 얘기라고 반발할 법하다. 하지만 한 사람의 본질을 보려면 그의 죽음을 보아야 한다는 얘기는 어떨까? 아마도 꽤 많은 이들이 고개를 끄덕이지 싶다. 흥미롭게도 우리가 보기에 가장 대표적인 유한자는 우리 자신이다. 그러므로 인간의 본질, 인간의 진실, 인간 전체를 죽음 근처에서 탐색하는 것은 어떤 의미에서 당연하고 또한 지혜롭다. 요컨대 임사체험에 대한 관심은 기괴한 취향이 아니라 심오한 지혜에서 비롯된 것일 수 있다. 어쩌면 임사체험 자체도 인간이 자신의 유한성을 지혜롭게 마주하는 방식의 하나일 수 있겠다. 이 책의 저자가 임사체험을 우리의 "가장 인간적인 면"으로 지목하는 것은 지극히 정당하다. 진짜 자아를 만나기 위해 자아의 변방을 여행하는 것, 그런 여행을 한 사람들의 이야기에 귀를 기울이는 것보다 더 인간적인 활동을 꼽기는 어려울 성싶다.

물론 이 책의 중심에는 이런 알쏭달쏭한 철학이 아니라 뇌 과학과 구체적인 임상사례들이 있다. 신경과 임상의사인 저자는 임사체험에 흔히 포함되는 요소들을 하나씩 명쾌하게 해명해간다. 큰 줄기의 결론도 상당히 분명하게 제시된다. 임사체험은 객관적이거나 주관적인 위기 상황에서 뇌가 보이는 반응이며, 그 반응의 핵심은 렘 의식과 깨어 있는 의식의 혼합이라는 것 정도가 그 결론이다. 더 나아가 변방에 헌정하는 책답게 철학자 윌리엄 제임스가 중요하게 등장하고, 서양사상사의 주요 신비주의자들도 언급된다.

그래서 결국 임사체험의 신비는 완전히 풀어헤쳐지고 뇌 속 변연계의 뉴런들이 점멸하는 광경만 남게 될까? 천만에, 그렇지 않다. 정다운 과학자인 저자는 책을 마무리하면서 "영적인 기관으로서의 뇌에 대한 지식은 우리의 의미 추구 활동을 북돋고 성숙한 영성을 보완한다"는 개인적인 믿음을 밝힌다. 빛의 파장을 안다고 해서 무지개의 찬란함이 눈앞에서 사라질 리 없듯이, 변연계의 위기 대처 메커니즘을 안다고 해서 임사체험의 신비가 사라질 리 없다. 이 책의 과학은 인간의 진실을 찾아 의식과 생명의 변방을 탐색하는 과정에서 과학 자신의 한계 곧 진실에도 도달하는 듯하다. 결국 유한한 인간의 과학이므로, 당연한 일이라 하겠다.

   변방을 위한, 변방의 과학을 담은 이 책을 과학과 영성의 진정한 어울림을 꾀하는 이들에게 권한다.

찾아보기

ㄱ

가나시바리 243
가사상태 168, 181, 183~184
가위눌림 243
가자니가, 마이클 103, 106
각성 6, 51, 63~66, 68, 72~75, 104, 161, 167, 190, 194~195, 197, 199, 208, 219, 230~231, 234, 248, 250, 256~257, 262, 273~274, 294, 315, 318, 337
 ~시스템 64~66, 72~75, 104, 161, 167, 190, 194, 199, 208, 230~231, 234, 248, 250, 256, 262, 273~274, 315, 318
간극연접 331
간질 35, 42~43, 94, 98~99, 103~104, 113, 171~172, 174, 176, 186, 211, 216, 301, 310~314, 334, 338
 ~발작 35, 42, 49, 171~172, 174, 216
감각 박탈 294~295
감각 유령 93
감각 호문쿨루스 95
감각지도 94~96, 175
감금 증후군 97
감성 지능 222
감정 16, 21, 36, 47, 56, 62, 75, 83, 94, 98, 100, 107~110, 120, 130, 160~161, 179, 188, 204~205, 211, 215, 217, 222~223, 226~227, 233, 236, 239, 243, 267~268, 276, 291, 295, 303, 315, 327, 332~333
감정계 42
강렬함 12, 48, 312
건강염려증 68
게슈윈드, 노먼 326~327
게이지, 피니스 99, 100~101, 223, 305

격리 탱크 294~296, 299
결백 프로젝트 146
경험의 주관적 측면(퀄리아) 56
고무 팔 92~93, 98
골상학 102
골지, 카밀로 325
공감 179, 327
공명 에너지 240
공포 6, 7, 25~26, 28, 31, 49, 112, 160, 164, 170~172, 187~189, 200, 202, 204~205, 210~211, 213~218, 221~222, 227, 233, 236, 241, 243, 246, 257, 259, 265, 268, 273~276, 278, 295, 301, 304~305, 307, 309, 311, 315, 331~332
공황장애 304
과호흡 164
관자마루엽 접합부 176~180, 184,186~187, 198, 227, 235, 256~257, 261, 269, 287~288, 291
관자엽 83~84, 171~172, 176, 301~302, 311, 313, 326, 329, 337
교통사고 28, 154, 238, 256
굽타, 산제이 167
그레이슨, 브루스 130~133, 137, 149, 248, 250, 267, 335~336, 346
그리피스, 롤런드 298~299, 304
금빛 252, 295
기독교 27, 36, 39, 119, 227, 278, 283~285, 288
기면병 241~242, 244~245, 251~252, 257,333
 ~ 반사 255
기쁨 47, 111, 192, 220, 237, 268, 274,

278~279, 312
기시감 171~172, 311
기억 9, 13, 15, 28, 31, 45, 48, 55~56, 69, 76, 83~85, 87, 100, 103, 105, 108, 110, 121, 125, 136, 138, 140, 142, 145~147, 151~153, 155, 157, 160~161, 165, 170, 173, 179, 181, 184~185, 187, 195, 198, 210, 214~218, 220~221, 230, 233, 237, 242~243, 253, 257~258, 260, 262, 265, 270, 276, 282, 286~287, 290~291, 311~312, 324, 326~327, 329
~ 형성 85, 326
기저핵들 331
기적 11, 14, 114, 119, 222, 320~321, 329
기절 놀이 156
긴장 29, 128, 193
길랭-바레 증후군 252~253, 255
깨달음 28, 30, 40, 94, 114, 131, 179, 218, 220~221, 224, 243, 274, 281, 287, 322
깨어 있는 렘 이미지 241
깨어 있음 19, 52, 57, 63~64, 75, 182, 194, 196, 198~199, 240~241, 244~245, 248, 250~251, 253, 261, 265
꿈 7, 11~13, 19~20, 36, 53, 56~57, 59, 65, 70, 75~76, 96, 110, 120, 135, 141, 145, 157, 163, 170, 194~195,

ㄴ
나노기술 62
내향성 신비경험 277, 282, 284, 286~288, 291, 296, 308, 335, 364
내부환경 70, 83, 250, 206~207, 209, 215, 325
내장반사 190
내출혈 53
네안데르탈인 318
노르아드레날린 194~200, 205, 208~209, 240, 245, 261, 300, 331

노르에피네프린 331
뇌 부상 73, 103, 223
뇌 손상 28, 43, 45, 55, 88, 113, 155, 181, 304
뇌 해부학 57
뇌간 16, 18, 20~21, 49, 52, 64~67, 71~75, 78, 97, 104, 120, 159, 167, 181, 183, 190~191, 194~195, 198~199, 208, 215, 222, 231~232, 234, 244~246, 252, 254~255, 262, 274, 294, 300, 302, 315, 317, 331
뇌교 232
뇌량 91, 102~105
뇌사 14, 58, 165~167, 181
뇌전도 58, 181, 184, 331
뇌졸중 10, 68, 89~91, 97~98, 110, 124, 146, 154, 181, 211, 252, 263, 327~328
뇌출혈 112, 122
뉴런 51, 59, 61, 63, 66, 70, 83, 137, 163, 167~168, 195~196, 217, 244, 329
뉴펀들랜드 243
니체, 프리드리히 77, 325~326, 333, 338

ㄷ
다마시오, 안토니오 223, 332
다빈치, 레오나르도 10, 86~87
다윈, 찰스 205~206, 212~213
다자(多者) 283
다중처리 70
단식 315
당뇨병 9, 87
대뇌피질 15~16, 18, 20~21, 64~68, 72, 76, 98~99, 102, 109~110, 159, 170, 181, 183, 190, 215, 232, 247
대상피질 84, 160
대상회 155, 160
데르비시 40
데카르트 15~16, 169, 328, 330

도스토옙스키, 표도르 218~221, 224, 227, 311~313
도파민 66, 334
돌고래 81, 296
둔주 상태 29~30, 44
뒤 바깥쪽 앞이마엽 피질 233, 235, 239, 319
뒤솔기핵 300
뒤쪽 대상피질 84, 100, 102, 111, 179, 233
뒤통수엽 18, 84, 147, 176, 232
드레이크 방정식 320

ㄹ

라마찬드란, V. S. 94~96
라베르지, 스티븐 239, 257
라빈, 존 338
라텍스 알레르기 154
램버트, 에드워드 162~164, 166, 329~330
러셀, 버트런드 136, 277, 329
 ~의 『신비주의와 논리』 277
레이놀즈, 팜 181
렘 마비 18, 241~244, 249, 260, 269
렘 상태 18~19, 49, 240, 244, 246, 251, 255~256, 266, 269~270, 274
렘 수면 19, 52, 57, 65, 75, 194, 196, 198~199, 209, 228, 232~233, 235~237, 239~241, 244~247, 250~251, 253, 257, 259, 261~263, 266~267, 287, 300, 303, 333
렘 스위치 198, 244~246, 250~251, 261~262, 274, 333~334
렘 의식 19, 52, 228, 231, 238~240, 244, 246~257, 261, 263~266, 268~269, 288, 291, 334, 372, 375
렘 침입 19, 243~244, 249~252, 254, 256, 260~263, 269, 274
렘 행동장애 333
렘 환시 249~250
렘페르트, 토마스 157~159, 161, 167

르두, 조지프 106
르보르뉴 35
리버, 찰스 62
리빙스턴, 데이비드 246, 333~334
릴리, 존 294~296, 298~299, 336, 371

ㅁ

마가렛 133~135
마군, 호레이스 64, 294
마귀 253
마루엽 91~92, 172, 176, 327
마르, 도라 10, 86
마비 17~19, 28, 54, 58, 87, 89, 97, 105, 110, 124, 125~126, 132, 139~140, 211, 233, 240~243, 247~251, 255, 259~261, 265, 327, 333
마약 44, 106, 158, 314, 321, 329
마음 이론 327
마취 83, 181, 184~185, 232
 ~제 54, 87, 133, 152, 297
마틴 부인 17~18, 161
망막 147, 164, 262~263, 269
망상 14, 25, 112~113, 123, 306, 309, 311, 313
매슬로우, 에이브러햄 40
매시, 웨인 112~113
머리 외상 154, 211
멀미 176
메스칼 296~298
메칭거, 토마스 115
명상 78, 80, 158, 291, 299, 315
명시적 자아 81~82
모나리자 10, 86~87, 147, 291
모루치, 주제페 64, 294
모르핀 312, 321~322
모스, 멜빈 142~143, 239
 ~의 『빛에 더 가까이』 142
목격자의 증언 145

목적 엇갈림 104
몰아지경 311, 338
몽환적 상태 35, 41, 47, 99
무디, 레이먼드 17, 121, 129, 158~159, 161
  ~의 『삶 뒤의 삶』 17
무릎반사 58~59, 61, 74
  ~ 영성 317
무아 상태 42~43, 48~49
무의식 53, 55, 74~76, 140~141, 145, 151, 158, 329
물리적 사건 153
미래를 봄 132
미주신경 254~255, 334
미첼, S. 위어 93, 96, 297

ㅂ
바겐홀름, 애나 168
바깥쪽 부완 구역 334
바비튜레이트 181, 183
반사 렘 기면병 255
반흔조직 94
베르나르, 클로드 205, 325
벼락 154
변연계 16, 20~21, 42, 84, 100, 107, 155, 159~161, 190, 195, 198, 215~216, 221~223, 227~228, 233, 267~269, 274, 293, 300~305, 311, 313, 315, 318, 327, 334, 337~338
병렬 분산 처리 70~71
병적인 영성 44
보건, R. A. 335
보겐, 조지프 103
보겔, 필립 103
보레가드 289, 291
보비 327
보상 144, 222~228, 237, 263~264, 270, 277, 303, 305, 318, 332, 334, 338

  ~ 시스템 223~228, 263~264, 269, 277, 305, 318, 332, 338
보트비닉, 매튜 92
볼레이, 헤이러니사 174
부교감신경계 207~209, 245, 254
부두 죽음 208, 211
부시, 게리 122
부신 205~207, 209, 211, 332
분리 뇌 103, 105, 110, 326
분신환시 175
불교 79, 227, 278, 306
불신 36~37, 62
불안 41, 164, 215, 217, 257, 299, 322
불확실성 29
브로카, 폴 16, 35, 160
블랑케, 올라프 176, 179, 184, 186, 257
블랙모어, 수전 148, 173
블러드, 폴 297
비렘 수면 52, 58, 194, 253, 333
빈도 133, 257
빛 6, 16, 18~19, 26, 34, 45, 55, 57, 71, 120~123, 127~132, 134, 136~137, 140, 147, 149, 151~152, 158~159, 161, 163, 170, 182, 188, 192, 200, 206, 214, 221, 228, 230, 237~238, 262~263, 265, 267, 269, 282, 289~290, 296, 298, 307~308, 317, 330, 347

ㅅ
『사자의 서』 119
사회적 보상 225
사후세계 14, 20, 113, 115, 119, 122, 142, 144, 238, 277, 318
산소 151~153, 179, 181, 186, 205~206, 245, 254, 315, 324
산타클로스 143
생존 16, 70, 119, 132, 161, 190~191, 194~195, 203~204, 206, 213~217, 223,

226, 231, 245, 266~267, 305, 315, 326
샤르코, 마르탱 35
샤이보, 테리 73, 167
성 금요일 실험 298
세라페티니데스, 유스테이스 301, 337
세로토닌 66, 299~305, 308, 337
　~-2 수용체 300~305, 337
　~-2a 337
　~-2c 337
　~성 신경 300
세이건, 칼 152
세이모어, 제인 128~129, 132, 139, 142, 328
세이버, 제프리 338
세이봄, 마이클 183
세이퍼, 클리프 245
섹스 13, 106, 161, 223, 236, 243, 264
셰링턴, 찰스 59~62, 66, 83, 163, 170~171, 325, 328
셰스, 사이머 36
소뇌 71
소리 17, 114~115, 121, 125, 128, 130, 171, 176, 182, 193, 200~201, 225, 230, 237, 242, 296, 299, 308
소음 130, 159, 170, 242, 249
소질 251
소크라테스 325~326
소통 40, 60~61, 63, 72, 79, 83, 105~106, 110, 137, 152, 239, 296, 327, 329, 332
솔방울샘 15~16, 169, 330
쇼크 44, 53~54, 128, 164, 210~211, 230, 246
수녀 연구 289, 291
수동성 48
수면 18~19, 52, 54, 63~64, 73, 75, 81, 135, 174, 194, 196, 198~199, 209, 232~233, 235~236, 238, 240~248, 250~251, 253, 259~263, 265, 308, 333,
337
　~발작 244
　~ 부족 174
　~의 빠른 안구운동 단계 18
숙취 275, 297, 336
슈미트, 프레데릭 105
스베덴보리, 에마누엘 311, 324
스타벅, 에드윈 324
스테이스, 월터 277, 279, 281~282, 288, 296, 308, 335, 364
　~의 『신비주의와 철학』 277
　~의 『신비주의자들의 가르침』 279
스테트슨, 체스 213~215
스톤, 샤론 122
스트레스 195~196, 208, 211, 217, 256, 299, 301, 304, 332
스틱스 강 136, 139, 142
스페리, 로저 103
스피노자의 추측 324
스피리투스 27
슬상체 232
시각 시스템 18, 147, 232, 263
시간 조절기 71
시간 지각 214, 292
시교차상핵 330
시냅스 60~62, 66, 70, 83, 153, 163, 171, 217, 286, 326, 331
시먼즈 41~44, 46~49, 123, 324~325, 328
시상 65~68, 70~75, 87, 104, 160, 167, 232, 234, 240, 286~287, 294, 333, 337
시상하부 333
시프, 니콜라스 72, 74, 167
식물 상태 73~74
식물성 기능 64, 207, 254
신 13~17, 20, 25, 29, 30~31, 36~37, 52~53, 79, 110, 112, 119, 123, 128~129, 138, 222, 285~286, 289~290, 308, 312~315, 319, 321, 329, 338

~의 입 16
~ 충동 119
신경생리학자 17, 19, 162, 294
신경전달물질 300, 334
신경화학 28, 34, 300, 330
신비경험 46~49, 75, 79, 80, 114, 274, 277~279, 281~285, 287~293, 296, 299~305, 308, 310, 312~313, 315, 321, 335~337, 364
신앙 25~26, 30, 147, 220, 284, 314, 319, 320
신체 반응 333
신체 이탈 44, 80, 98, 120, 123, 126~127, 129~132, 142, 148~149, 152, 158~159, 168, 170, 172~175, 177~179, 186, 188, 198, 227, 230, 235, 238, 256~262, 266, 270, 287~288, 311, 318, 320, 330
신체도식 175, 198
신체적 표지 223, 332
실로사이빈 298~302, 304, 307~309, 321, 337
실상 10
실신 153~159, 161, 163~165, 167, 174, 181, 185, 188, 219, 221, 227~228, 245, 255~256, 264~265, 331, 334
실행적 의사결정 15
심령론 39, 324
심리학 28, 35, 38, 40, 56~57, 78, 92, 105, 114, 145, 148, 173, 213, 277~278, 289, 297, 307, 309, 313, 324, 335
심장 16~18, 26, 29, 54~55, 64, 69, 72~73, 75, 98, 124~127, 132~133, 136~137, 139~140, 147, 151, 153, 155, 161~162,165~168, 180, 183, 185, 187~188, 190, 202, 205~208, 211, 215, 222, 227~228,245, 252~256, 259, 264, 275, 301, 304, 307, 322, 328~329, 331~332

~마비 11, 124~125, 127, 132, 139~140
~박동 64, 69, 73, 125~126, 136, 161, 207, 252, 255, 328
~정지 17, 26, 147, 151, 155, 165~166, 185, 187~188, 227~228, 245, 329, 331
심폐우회기 183
싸움-또는-도주 64, 206, 208, 210, 217, 221~222, 226, 233, 245~247, 254, 256, 263, 269~270, 274, 305, 332

ㅇ

아나필락시스 128
아동의 임사체험 142~143
아드레날린 66, 128, 194~195, 197, 199, 202~203, 205~211, 217, 221, 245, 252~253, 274~275, 300, 305, 315, 332
아르눌프 253
아모바비탈 105
아산화질소 123, 297, 337
아세틸콜린 66, 198~199, 207~209, 217, 234, 240, 245, 255~256, 261, 264, 300, 334
아시아코끼리 81
아우구스티누스 234~235, 238, 283~284
악마 9, 11, 25, 112, 139, 180, 310, 321
안와 앞이마엽 222~226, 233, 303, 333
안쪽 앞이마엽 111, 222~223, 226~227, 305
알아챔 52, 59, 75, 276, 287
알츠하이머병 85
암묵적 자아 81~82
암전 154, 162~164
앞이마엽 36, 84, 99, 100, 102, 179, 198, 222~227, 233, 239, 303, 333~334
앞쪽 대상피질 302, 333
앞쪽 맞교차섬유 327
약물 과다 투여 154
어둠의 기관 15

어지럼증 126
언어 106, 109~111, 119, 143, 151, 169, 225, 247, 267~268, 277, 280, 283, 314~315, 318, 321, 327
에르난데스, 조 9
에머슨, 왈도 37
에이어, 알프레드 135~139, 142, 168, 185, 328~329
에크하르트, 마이스터 284~286, 288, 299, 303, 308, 310, 312, 336
에피네프린 332
엔도르핀 152
여분의 팔다리 97
연민 36~37, 56, 62, 85, 100
영(靈) 27, 169
영구 혼수 58, 167
영상화 35, 56~57, 73, 291
영성 13, 15, 20~21, 28, 38~39, 43, 76, 120, 124, 141, 238, 269, 277, 306~307, 311, 314~315, 317~319, 323, 376
영장류 110, 318
영적 경험 6, 21, 25~28, 30~32, 34~35, 37, 39~44, 46~50, 52~53, 55, 59~61, 63, 67~68, 71~72, 74~78, 80, 82, 85, 88, 92~93, 96~98, 100, 103, 111, 114, 120, 129, 146, 148~149, 179, 185~188, 194, 200, 203, 212, 215, 218, 222~224, 227~228, 247, 259, 263, 267, 273~274, 282, 285, 289, 291~293, 296, 298~300, 305~307, 310~311, 313~318, 320, 324, 335, 338, 373
영적 충동 21
영혼 11~12, 15~16, 25, 27, 48, 120, 123, 126, 138, 141, 144, 169, 184, 237, 283, 289, 325
~의 자리 15~16
예수 11, 49, 139, 143, 220, 310, 325
오른쪽 관자엽 176
오른쪽 마루엽 91~92
오웬스, 저스틴 188
올리버 색스 10, 53, 133, 326, 372
외계인 팔다리 90
~ 증후군 90
외상 49, 53, 55, 153~154, 211, 217, 256, 332
~ 후 스트레스 장애 217, 256, 332
외향성 신비경험 277, 281~282, 335, 364
왼쪽 관자엽 83, 326
왼쪽 마루엽 327
우뇌 18, 100, 102~107, 109~111, 113, 169, 177, 216, 327
~잡이 104
우드, 얼 163, 329
우반구 102~105, 107, 109, 111, 327
우울증 112~113, 299, 301, 332
우측 관자엽 171
『우파니샤드』 279
원초의식 266
위건, 아서 102
위너리, 제임스 265
윌슨, 도널드 106
윌슨, 빌 47,
유령 팔다리 93, 96~97, 175, 330
유아 반사 45~46, 325
유인원 81, 191, 225, 318
융, 카를 139~142, 144~145, 148, 169, 185, 189, 273, 329
~의 『기억, 꿈, 사상』 140
으뜸 시계 330
의식 6, 14, 17~20, 26, 28, 34~35, 38~39, 41~42, 48~60, 62~83, 88, 90, 98, 102, 104~105, 108, 110, 114~115, 120, 122~123, 126~128, 137~138, 141, 143, 145, 155~156, 158, 161~169, 171, 176, 178~182, 184~186, 190~191, 194~195, 207~209, 217, 228, 230~231, 235~236,

239~241, 244~256, 261~266, 268, 279~283, 286~288, 293~296, 298, 300, 306~310, 313, 315, 317~320, 337
~의 변방 75, 230, 240, 265, 315, 374
~의 흐름 38, 170~171
의학적 위기 49, 57, 129, 152, 187~188
이마엽 45~46, 84, 99, 311, 324~325, 327, 337
이야기 짓기 109, 187
이인증 311
익사 위기 153~154
인간 본성 16, 316
인도 121, 283
인터넷 71, 248
일본 97, 120, 243
일산화탄소 중독 154
일인칭 57, 76, 115, 139, 179, 335, 372
일자(一者) 282~283, 285, 326, 364
임모르디노-양, 매리 헬렌 36
임사체험 6, 11, 13~20, 26, 38, 44~45, 49, 52, 55, 58~59, 77, 105, 114~115, 119~124, 126~133, 135~136, 138~149, 151~159, 161~162, 165~167, 171, 174, 178~181, 184~191, 203~204, 211, 215, 218, 221, 224, 227~230, 232, 235, 237~238, 245, 247~251, 253~254, 256, 260, 262~265, 267~269, 273, 277, 288, 295, 305~306, 320, 328~329, 331, 334, 346, 372, 374~376
임상 관찰 34
입체파 10

ㅈ

자각몽 235~240, 243, 257, 260, 263, 265
자기상환시 173
자기인식 98, 100, 111
자서전적 기억 142, 195, 217, 221, 288
자아 6, 9~10, 20, 29, 41, 53, 62, 76~83,
85~90, 92~93, 96, 98~99, 102~103, 107~115, 126, 137, 143, 146, 157, 168~170, 175, 179~181, 186~187, 189, 226, 241, 256, 266, 280~288, 291, 296, 302, 306, 308, 313, 315, 317, 319, 326, 329, 334
~상실 76, 80, 82, 88, 96, 287, 288, 313
자연선택 206
자연재해 211
자유의지 216, 227, 318
자율신경계 205, 207~208, 211~212, 253, 255
자의식 81
잘레스키, 캐럴 144, 151
잠 18, 32, 54, 58~59, 61, 79, 99, 104, 135, 140, 156, 173~174, 185, 194, 198, 218, 228~229, 230~232, 238, 241~244, 249, 251, 253, 255, 258~260, 264, 294, 307, 327, 333
잠재의식 39, 56, 140, 145, 216, 223, 329, 332
잭슨, 존 헐링스 35, 42, 98
전정기관 175~176
전투기 조종사 266
절대자 80, 281, 285
절정 경험 33, 40, 236, 317
접경지역 53, 55, 74, 76, 80, 167, 240~241, 244, 265, 374
정신분열병 113, 301
정신의학 13, 35, 38, 130
제1차 세계대전 210~211
제니퍼 톰슨-카니노 사건 146
제임스, 윌리엄 16~17, 37~42, 46~49, 51, 57, 75~76, 78, 80, 93, 100, 119, 123, 132, 136, 144, 148, 170, 204~205, 273, 277, 279, 296~298, 324~325, 328~329, 332, 335, 337
~의 『심리학원리』 78

~의 『종교적 경험의 다양성』 16, 37~38, 41, 51, 119, 123, 328
조화 33, 127, 132, 277, 312, 335
존스, 짐 306, 321
종교개혁 284, 285
좌뇌 18, 35, 100, 102~104, 106, 109~111, 113, 169, 175, 216, 225, 303, 314, 319, 327
~잡이 104
좌반구 102~105, 109, 111, 327
『주역』 140
주의 문지기 67
주의집중 48, 104, 195~197, 225, 300
죽음 6~7, 12, 18~19, 26, 112, 119~123, 130, 134, 136, 138, 141~143, 149, 157, 165~167, 181, 187~189, 208, 210~212, 219~221, 229, 231, 238, 246, 250, 261, 263, 281, 295, 318, 321~322, 328, 331, 336, 338, 375
중독 47, 49, 154, 224
지속 시간 27, 174
지옥 133~134
진전섬망 252
진화 15~16, 20, 64, 94, 99, 108, 160, 188, 190, 194, 206~207, 213, 216, 223, 226, 232, 266, 318, 330
집중 조명 68, 104

ㅊ

창의 56
처리속도 213
천사 11, 122, 142, 252, 308
청반 194~198, 200, 225, 230, 244~245, 246, 300, 331, 334
초감각적 지각 132~133, 148, 156, 302
초연함 203
초월 27, 29~30, 33~34, 49, 53, 67, 77, 85, 88, 91, 123, 126~127, 130, 132, 146, 184~185, 191, 224, 251, 256, 274, 282~283, 287, 302, 315, 317, 326
~적 경험 30
초자연적 존재 159, 185
추락 154, 168, 177, 187, 212~214, 256, 332
출생 경험 153
출혈 54, 164, 205, 210, 245, 250
측좌핵 334

ㅋ

카그라스 망상증 113
카르멜 수도회 288~290
카할, 산티아고 라몬 이 60, 325
칼슘 154, 166
캐넌, 월터 B. 37, 204~208, 210~211, 332
캔델, 에릭 25
케타민 152, 296
케탄세린 301
코끼리 193
코언, 마크 36.
코언, 조너선 92
코타르, 쥘 111~113, 327
~ 증후군 112~114, 287
코흐, 크리스토프 71
콜린성 기저 전뇌 핵들 332
쾌락 223~226, 234, 236, 264, 278, 303, 333
퀄리아 56
크라이턴-브라운, 제임스 42~43, 325
~의 『몽환적 정신 상태에 관한 캐번디시 강의』 42
클리프 28~31, 34, 44, 47~48, 203, 245, 274, 276

ㅌ

타인이 곁에 있다는 느낌 241, 261, 311
터널 120~122, 127, 130, 134, 159,

161~165, 182, 188, 227, 230, 238, 252, 262~263, 269
~ 시야 164~165, 227, 262, 269
테레사(아빌라의 성녀) 288
~의 『내면의 성』 289
테이저건 211
테일러, 엘리자베스 122
통증 28, 53~54, 57~58, 68, 74, 93, 125, 128, 133, 205, 239, 245~246, 250, 268, 301, 303, 322
통찰 20, 29~30, 40, 47, 92, 103, 108, 148, 189, 191, 277, 297
트래널, 대니얼 85
트림블, 마이클 38, 313
티벳 불교 236

ㅍ

파울라 44~46, 139, 185
파게트, 빈센트 289, 291
파킨슨병 113, 252, 333
판 롬멜, 핌 166, 181
판케, 월터 298
패트릭 124, 126~127, 129, 132, 139, 142, 260
퍼스, 폴 174
페요테선인장 298
펜필드, 와일더 94~95, 170~172, 175~176, 179, 216, 330
편도체 160, 195, 215~218, 222~223, 233, 301~302, 305, 326, 332, 334, 337
편집망상 304
평화 26, 122, 130~132, 143, 158~159, 197, 260, 274~275, 279, 295, 308, 336, 347, 364
폐 16, 53, 64, 128, 136, 179, 190, 206, 208, 215, 222, 253~254, 301, 309, 322
포도당 181, 205, 254, 276
포스터, 에스트렐라 265, 334

포유동물 64, 79, 190~191, 255, 266, 318
폴 105~108, 110
프랭크 307~310, 313
프레슬리, 엘비스 121
프렌치, 크리스토퍼 145, 243
프로이트, 지그문트 13, 35
프리먼, 앤서니 313
프리스트, 빌 73
플라톤 144, 147, 189, 283
~의 『국가』 144
플로티노스 282~285, 299, 312, 326, 335
피격 사건 202
피셔, 패트릭 305
피질 15~16, 64~68, 70~75, 84, 87, 90, 97, 100, 102, 104, 111, 120, 160, 167, 176, 178~179, 218, 226, 232~233, 235, 239~240, 247, 263, 302, 305, 319, 326, 334
피카소 10, 12, 86~87
핀볼 6, 25, 31~32

ㅎ

하이먼, 브래들리 85
합리적인 의사결정 100
합일 7, 13, 20, 77~78, 131~132, 143, 149, 273~274, 276~277, 279, 281~283, 285~290, 295, 299, 312, 314, 321~322, 335~336, 347, 364
항상성 205
해리스, 샘 36
해마 84, 155, 160, 195, 198, 215~217, 221,230, 233, 270, 301~302, 326~327, 329, 332, 334, 337
해탈 20
행동신경학 9~10
행복감 13, 85, 111, 152, 157, 222, 237, 265, 276~277, 299, 312, 322
허탈발작 243

혈류 35, 113, 136, 147, 153, 155, 157, 161~162, 164~166, 181, 187, 190, 227, 245, 252, 265, 269, 291~292, 294, 324, 331, 334
  ~량 164, 166
혈압 30, 44, 53~55, 128~129, 164, 206, 210~211, 230, 245~246, 253~256, 262, 334
호모에렉투스 191~194, 197~198, 200, 202~203, 216, 223~224, 226, 229~231, 246~247
호모테리움 193~194, 197~198
호프만, 알베르트 295
혼, 로이 123, 328
혼수 52, 55, 58, 64, 68, 72~73
  ~상태 28, 44, 57~59, 136, 139, 155, 167, 294~295, 329
홉슨, 앨런 196, 234, 266, 372
환각 11~12, 19, 25, 49, 123, 152, 158, 174, 242, 250~252, 265, 296~298, 304, 311
  ~제 297~298, 304
환시 251, 253
환희 7, 132, 143, 189, 203, 218, 263, 270, 295, 314, 322, 336
황홀경 40, 236, 311~312, 322, 338
황홀경 40, 236, 311~312, 322, 338
  ~ 간질 311~312
회의주의자 120, 135
후드, 랄프 277, 282, 313, 336
후디니, 해리 324
후삭 160
흄, 데이비드 78, 320, 329
히데아키, 다나카 97
히포크라테스 15, 34, 310~311

fMRI 13, 324
LSD 32, 295~296, 298~302, 304, 336~337
M측정법 277~278, 282, 288, 299, 313, 336
MRI 35~37, 62, 65, 74, 100, 112, 224, 233, 264, 278, 289, 290~293, 302
NMDA 152, 329
PET 13, 74, 233, 235, 291, 302, 305
PGO 파동 232, 255, 333
vlPAG 245~246, 250, 333, 335

A~Z
EGG 58

옮긴이 전대호

서울대학교 물리학과와 동대학원 철학과에서 박사과정을 수료했다. 독일 쾰른 대학교에서 철학을 공부했다. 1993년 조선일보 신춘문예 시 부문에 당선되어 등단했으며, 현재는 과학 및 철학 분야의 전문번역가로 활동 중이다. 저서로는 『가끔 중세를 꿈꾼다』 『성찰』 등이 있으며, 번역서로는 『양자 불가사의』 『데미안』 『수학 시트콤』 『물리학 시트콤』 『로지코믹스』 『위대한 설계』 『스티븐 호킹의 청소년을 위한 시간의 역사』 『기억을 찾아서』 『생명이란 무엇인가』 『수학의 언어』 『산을 오른 조개껍질』 『아인슈타인의 베일』 『푸앵카레의 추측』 『초월적 관념론 체계』 등이 있다.

뇌의 가장 깊숙한 곳

1판 1쇄 2013년 3월 15일
1판 2쇄 2022년 1월 28일

지은이   케빈 넬슨
옮긴이   전대호
펴낸이   김정순
책임편집   허영수, 손성실
마케팅   이보민, 양혜림, 이다영

펴낸곳   (주)북하우스 퍼블리셔스
출판등록   1997년 9월 23일 제406-2003-055호
주소   04043 서울시 마포구 양화로 12길 16-9(서교동 북앤빌딩)

전자우편   henamu@hotmail.com
홈페이지   www.bookhouse.co.kr
전화번호   02-3144-3123
팩스   02-3144-3121
ISBN 978-89-5605-643-2 03400